UTB 8320

Eine Arbeitsgemeinschaft der Verlage

Beltz Verlag Weinheim · Basel
Böhlau Verlag Köln · Weimar · Wien
Wilhelm Fink Verlag München
A. Francke Verlag Tübingen und Basel
Haupt Verlag Bern · Stuttgart · Wien
Lucius & Lucius Verlagsgesellschaft Stuttgart
Mohr Siebeck Tübingen
C. F. Müller Verlag Heidelberg
Ernst Reinhardt Verlag München und Basel
Ferdinand Schöningh Verlag Paderborn · München · Wien · Zürich
Eugen Ulmer Verlag Stuttgart
UVK Verlagsgesellschaft Konstanz
Vandenhoeck & Ruprecht Göttingen
Verlag Barbara Budrich Opladen · Farmington Hills
Verlag Recht und Wirtschaft Frankfurt am Main
WUV Facultas Wien

Udo Koppelmann

Marketing

Einführung in Entscheidungsprobleme
des Absatzes und der Beschaffung

8., neubearbeitete Auflage

Lucius & Lucius · Stuttgart

Anschrift des Autors:

Professor Dr. Udo Koppelmann
Universität zu Köln
Seminar für Allg. BWL
Albertus-Magnus-Platz
50923 Köln

1. Auflage	1974
2. Auflage	1990
3. Auflage	1991
4. Auflage	1995
5. Auflage	1997
6. Auflage	1999
7. Auflage	2002

Bibliografische Information der Deutschen Bibliothek

Die Deutsche Bibliothek verzeichnet diese Publikation in der Deutschen Nationalbibliografie;
detaillierte bibliografische Daten sind im Internet über http://dnb.ddb.de abrufbar

ISBN 3-8282-0332-9 (Lucius & Lucius)

© Lucius & Lucius Verlagsgesellschaft mbH Stuttgart 2006
 Gerokstr. 51, D-70184 Stuttgart
 www.luciusverlag.com

Druck und Einband: Pustet, Regensburg

Printed in Germany

UTB-Bestellnummer: 3-8252-8320-8

Vorwort

Am Beginn der Arbeit an einer Neuauflage steht die Frage der Konzeption: Was soll man ändern, was beibehalten? Die gewählte Struktur (Problemanalyse, Ziel- und Potentialplanung, Aktionsplanung, Kotrollplanung) wurde ebenso beibehalten wie eine umfassende und nicht nur auf den Absatzmarkt bezogene Betrachtung. Entsprechend der wachsenden Bedeutung der Dienstleistung wurden auch die Ansprüche der Dienstleistung und die Mittel zu ihrer Realisation (→ Gestaltungsmittel) neu in die Überlegungen einbezogen.

Im Übrigen wurden vielfältige Detailverbesserungen vorgenommen und Aktualisierungen (z. B. Sinus-Milieus 2005) vorgenommen. Besonderen Wert wurde auf die Beibehaltung des Umfangs gelegt – Einführungen in ein Themengebiet müssen kurz und knapp sein!

Köln, im Januar 2006

Prof. Dr. Udo Koppelmann

1   Der Handlungsraum

Alle fortentwickelten Volkswirtschaften, und damit auch die deutsche, befinden sich im Umbruch. Der industrielle Bereich schrumpft, der Dienstleistungsbereich wächst. Wachstumsimpulse sind eher überschaubar. Bleiben den Markt überzeugende Ideen aus, ist eigenes Wachstum nur durch Verdrängung der Konkurrenz möglich – die Konkurrenzintensität wächst. Diese Verdrängung erfolgt häufig durch Preissenkung – man kann auch von „Aldisierung" des Konsums sprechen. Will man als Anbieter Verluste vermeiden, muß man die Kosten senken. Das konzentriert sich meist auf die Arbeitskosten und fördert die internationale Arbeitsteilung mit der Folge globaler Beschaffungsmärkte.

1.1   Handlungssituation

Marketing beschäftigt sich mit Märkten, genauer mit der **Beeinflussung** von Märkten. Aus dem bisher Gesagten lassen sich einige Schwerpunkte des Handelns auf Märkten herausfiltern. Sie beeinflussen das weitere Denken und Handeln quasi als Handlungsrahmen:

(1) Kostenprobleme

Einer der Gründe, weshalb Kunden nicht wiederkaufen, liegt darin, daß ihnen das Angebot zu teuer ist. Sie schauen nun nach Alternativen. Das kann dann ein ähnliches Angebot eines Konkurrenten sein, das aber billiger ist. Oder es ist das gleiche Angebot, das woanders billiger erhältlich ist (z. B. übers Internet, im factory outlet, im Sonderverkauf). Der Preisdruck führt zu Kostendruck, wenn man seine Marge beibehalten will, die man zur eigenen Zielerfüllung benötigt. So entstehen Angebote nach dem Prinzip des **„target-pricing"**. Man bemüht sich, den Preis herauszufinden, den der Kunde (Neukunde oder bisheriger Kunde) höchstwahrscheinlich noch akzeptieren wird (→ **Preisbewilligungsbereitschaft**). Das komplette Angebot muß dann so entwickelt werden, daß es weniger als dieser erzielbare Preis kostet (**target-costing**), als Differenzgröße verbleibt der geplante Gewinn.

Einen Maßstab bilden Konkurrenzpreise. Sinken diese, entsteht im Regelfall Preisdruck und damit Kostendruck. Kosten entstehen im eigenen Unternehmen (z. B. Entwicklung, Produktion, Absatz) und im Rahmen der Versorgung mit Produktionsfaktoren. Ein bedeutsames Ziel der Beschaffung liegt im ständigen Bemühen, die Versorgungskosten zu senken. Dabei wird alles auf den Prüfstand gestellt, beispielsweise wird die Produktion beschafft (→ Outsourcing). Auf die Absatzperspektive bezogen bedeutet Kostensenkung den Verzicht auf alles, wofür der Kunde nicht bezahlen will.

(2) Erlösprobleme

Der Konkurrenzdruck führt dazu, daß die eigenen bisher am Absatzmarkt erzielten Preise unter Druck geraten – „Geiz ist geil". Der Handel bietet Produkte mit hohen Rabatten an. Der Konsument gewöhnt sich an das Rabattfeilschen. Auch der Versuch der Automobilindustrie, durch Sonderausstattung eine erkleckliche Erlössteigerung bei konstantem Grundpreis zu erzielen, gelingt immer weniger. Die Faszination des Angebotes muß so groß sein, daß der Kunde gar nicht auf die Idee kommt, einen niedrigeren Preis zu fordern bzw. keine Chancen hat, ihn durchzusetzen, oder daß der Kunde zurückscheut, die Lieferantenbeziehung abzubrechen, wenn er den Preis nicht wie gewünscht reduzieren kann. Im Rahmen von Maßnahmen der Kundenbindung soll dies erreicht werden. Absatzseitig spricht man von **customer-relationship-management** (CRM), beschaffungsseitig von **supplier-relationship-management** (SRM). Daraus ergibt sich ein anderer Handlungskomplex als bei der Bewältigung der Kostenprobleme.

(3) Zeitprobleme

„Wer zu spät kommt, den bestraft das Leben". Was Gorbatschow einmal sagte, gilt auch im Marketing für Unternehmen. Wer Marktentwicklungen verschläft, tut sich schwer, Versäumtes erfolgreich nachzuholen. Die deutsche Automobilzuliefererindustrie hat zu lange über die „richtige" Rußfiltertechnologie für Dieselmotoren diskutiert. Peugeot hat sich frühzeitig für eine Lösung entschieden und konnte, als es der Markt verlangte, erhebliche Marktanteilsgewinne erzielen.

Neben dem „Zu Spät" gibt es auch das „Zu Früh". Wenn der Markt für ein neues Produkt noch nicht reif ist, muß der Anbieter große Widerstände überwinden. Das kostet Geld und Zeit – das und die muss man haben.

(4) Ideenprobleme

Bereits Schumpeter sprach von der Kraft der schöpferischen Zerstörung – das Neue als Feind des Alten. Wenn man in einem gesättigten Markt wachsen will, muß man dem Kunden etwas Neues bieten, das ihn fasziniert. Apple hat mit dem iPod zu neuer Stärke zurückgefunden. Aber nicht alles Neue ist erfolgreich. Das Neue mag zwar einer technischen Revolution gleichkommen, wenn es aber beim Kunden nicht ankommt, ist es trotz seiner Brillianz ein Flop (Mißerfolg). Dazu gehört auch die Dosierung neuer Angebote: Zuviel in zu kurzer Zeit führt zu Widerständen (Reaktanzen) beim Kunden – er fühlt sich überfordert. Es gibt allerdings auch Beispiele, die etwas Anderes zeigen. In der Bekleidungsindustrie bietet z. B. Zara ständig Neues an und hat gerade damit bei seinen jungen Kunden viel Erfolg.

(5) Akzeptanzprobleme

Unternehmen sind Teile eines sozialen Systems. Wer nur damit glänzt, höchste Rentabilitätskennziffern auszuweisen und zur Zielverwirklichung harte Personalkürzungen vornimmt, stolz mitteilt, nicht nur keine Steuern zu zahlen, sondern im Gegensatz Rückforderungen stellt, darf sich über eine zunehmende soziale Distanz nicht beklagen. Verunsicherte Mitarbeiter, Kunden und Lieferanten kündigen bisher positive Beziehungen auf, verlieren Vertrauen, wenden sich ab. Es ist sehr teuer, gestörte interne und externe Beziehungen wieder aufzubauen. Das vielfach propagierte share-holder-Prinzip schafft Interaktionsprobleme, die bei Beachtung des stake-holder-Prinzips nicht entstünden.

1.2   Zur Struktur des Handlungsfeldes

Neben dem Denkrahmen muss auch der „Denkort" geklärt werden – der Bereich, in dem gehandelt wird.

Entstanden sind die Marketingüberlegungen in **Unternehmen**. Unternehmen befinden sich im **Wettbewerb**. Durch **Fremdbedarfs**deckung wollen sie ihre Ziele, meist Überschüsse (→ Gewinne) erreichen. Neben den Überschußzielen muß auch der **Liquiditätserhalt** gesichert werden – es muß die Zeit von der Zahlungsausgabe bis zur Zahlungseinnahme überbrückt werden. Neben der Fremdbedarfsdeckung spielt die **Eigenbedarfs**deckung insofern eine Rolle, als Produktionsfaktoren benötigt werden, um Fremdbedarfe decken zu können. Wir haben es also mit Input- und Output-Prozessen zu tun:

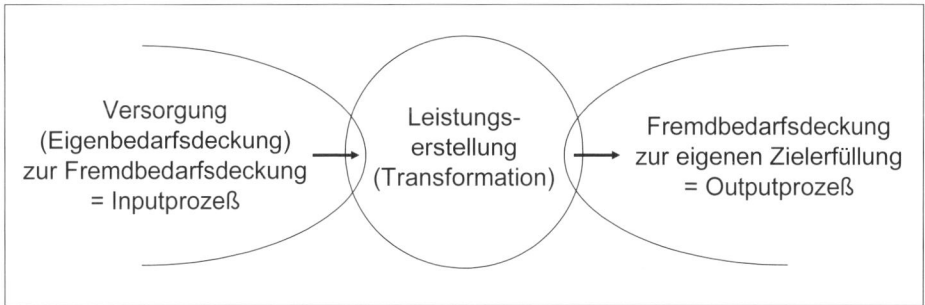

Übersicht 1: Input-Output-Prozesse bei Realgüterprozessen

Der realgüterwirtschaftliche Input-/Outputprozeß wird kompensiert durch einen gegenläufigen Zahlungsstrom (Input vom Absatzmarkt, Output an Beschaffungsmarkt). Für das Überleben des Unternehmens ist es wichtig, daß der Zahlungsinput größer ist als der Zahlungsoutput bzw. der Realgüterinput kleiner ist als der

Realgüteroutput, daß so ein **Mehrwert** geschaffen wird. Daraus lässt sich das **ö-konomische Prinzip** ableiten, das in zwei Ausprägungen bedeutsam sein kann:

- Beim **Minimalprinzip** soll ein definierter Output mit minimalem Input erzielt werden
- Beim **Maximalprinzip** soll bei gegebenem Input ein maximaler Output erreicht werden

Nun gilt es, die abstrakten Begriffe Input und Output mit Inhalt zu füllen. Was kann ein Unternehmen ein- und verkaufen?

Als Interaktionsobjekte kommen in Frage:

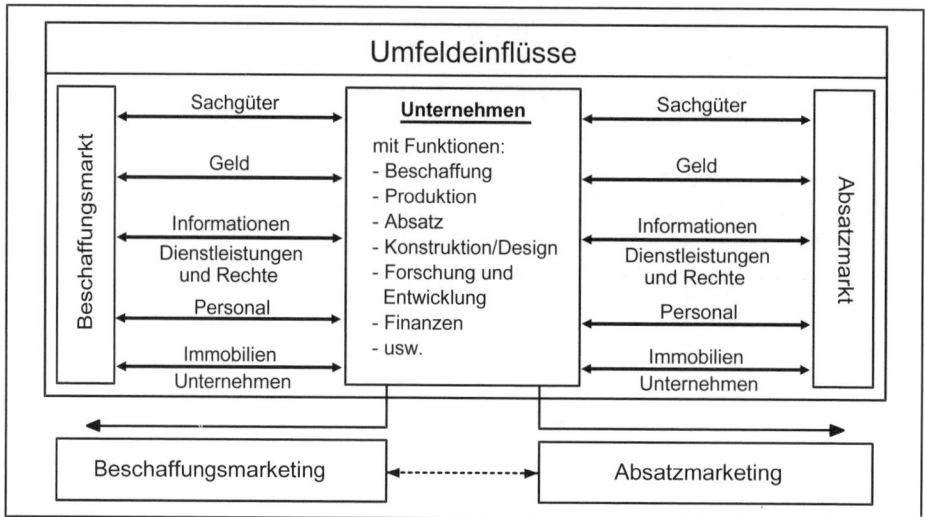

Übersicht 2: Die Beschaffungs- und Absatzobjekte (Interaktionsobjekte eines Unternehmens auf Märkten)

Wenn man überlegt, was gehandelt wird, dürften die in Übersicht 2 genannten Kategorien (Sachgüter usw.) kaum überraschen. Eher erklärungsbedürftig sind die Pfeile, weil sie immer in beide Richtungen weisen. In der B2C-Interaktion (business to consumer) erwartet man z. B., daß Sachgüter hin- und Geld hergegeben werden. Wird der Sachgüterverkauf jedoch mit einem Kredit finanziert, wird in der ersten Interaktionsphase neben dem Sachgut auch Geld hingegeben und erst später nur Geld zurückgezahlt. Die Hin- und Hergabe von Sachgütern erfolgt z. B. bei der sogenannten Inzahlungnahme, wenn bei einem PKW-Neukauf das Altauto in das Eigentum des Verkäufers übergeht und der Gegenwert zu einer Preisreduktion führt. Sachgüter können sowohl auf dem Beschaffungs- wie auch auf dem Absatzmarkt getauscht werden. Will Dupont Lacke an Ford verkaufen, erwartet umgekehrt Ford, daß Dupont als Gegengeschäft Ford-PKW beschafft. In der Perspektivenumkehr gilt das auch für den Beschaffungsmarkt. Personal kann dem Absatzmarkt z. B. zur Verkaufsunterstützung befristet zur Verfügung gestellt werden (→ Spielzeugverkäufer für den Handel im Weihnachtsgeschäft). Umgekehrt kann der Konsument an der Leistungserstellung (z. B. als Erntehelfer) mitwirken. Neben der Beschaffung von Personal kann auch dem Lieferanten eigenes Personal (z. B. für Entwicklungsaufgaben) befristet überlassen werden. Bei Dienstleistungsunternehmen können Dienstleistungen an die Stelle der Sachgüter treten. Für das Marketing ist der Erwerb und die Überlassung von Rechten (z. B. Markenrechten) bedeutsam. Je weiter Anbieter und Kunden voneinander entfernt sind, um so notwendiger ist der Erwerb von Informationen. Es handelt sich um 4 unterschiedliche Schwerpunkte:

- Das beschaffende Unternehmen will wissen, was und wo sich die besten Beschaffungsquellen befinden.
- Das beschaffende Unternehmen teilt seinen Bedarf dem Beschaffungsmarkt mit (z. B. über das Internet).
- Das absetzende Unternehmen will wissen, was der Absatzmarkt benötigt.
- Das absetzende Unternehmen informiert den Kunden über seine Angebote (z. B. durch Werbung).

Nur in wenigen Fällen (private Equity-Unternehmen) gehört es zum Geschäftsprinzip eines Unternehmens, Immobilien oder ganze Unternehmensteile zu verkaufen. Im Rahmen von „Verschlankungsbemühungen" (Konzentration auf Kernkompetenzen) spielt der Verkauf von Unternehmensteilen eine Rolle. Umgekehrt kommt auch der Unternehmenserwerb vor. So hat sich die nationale Deutsche Post AG zur Post World Net AG gemausert.

Für all diese Interaktionsobjekte gibt es Märkte, nicht alle werden jedoch im Marketing behandelt. Das liegt zum Teil an Marktbesonderheiten und zum anderen an Berührungsempfindlichkeiten. Der Geld- und Kapitalmarkt wird von der Finanzwirtschaft oder Abteilung Finanzen bearbeitet. Personal als Interaktionsobjekt ähnlich einer Ware zu betrachten, widerstrebt manchem. Der Personalmarkt wird von der Personalabteilung bearbeitet. Da Beschaffung und Absatz von Immobilien in Unternehmen nur selten zur Zielsetzung (Sachziel) des Unternehmens gehören, werden Käufe und Verkäufe vielfach ad hoc, aber auch von der Finanzwirtschaft geregelt.

Das Marketing konzentriert seine Arbeit im Wesentlichen auf die Interaktionsobjekte Sachgüter, Dienstleistungen und Informationen. Geld spielt jeweils als Gegenleistung eine erhebliche Rolle.

Im Vordergrund der folgenden Überlegungen werden die Sachgüter stehen, deshalb lohnt sich eine weitere Differenzierung. Dazu eignet sich die folgende Übersicht:

Produkt-kategorien ╲ Arbeitsfelder	Konsumsektor (Konsumgüter)	Industriesektor (Industriegüter)
Verbrauchsprodukte (verschwinden bei der Nutzung)	Tiefkühlkost Körperpflege Heizöl, Benzin (Convenience goods)	Betriebsstoffe
Gebrauchsprodukte (bleiben bei der Nutzung erhalten)	Bekleidung Wohnungseinrichtung Transport- und Informationsobjekte (shopping + speciality goods)	Maschinen Anlagen Werkzeuge
Verarbeitungsprodukte (werden bei der Herstellung verändert)	Werkstoffe für DIY-Bedarf Backzutaten	Roh- und Hilfsstoffe

Übersicht 3: Sachproduktkategorien

Gebrauchsprodukte werden iterierend benutzt, es entstehen allenfalls Gebrauchsspuren (z. B. Schrammen, Flecken). Verbrauchsprodukte werden nur einmal benutzt (z. B. Zahnpasta), die Verpackungsgröße kann eine mehrmalige mengenreduzierende Nutzung zulassen. Verarbeitungsprodukte gehen in einen Verarbeitungs- oder Produktionsprozeß ein, sie können im Endprodukt mehr oder minder enthalten sein. Das hat nicht unbeträchtliche Auswirkungen auf das Marketing. Bleibt das beschaffte Teil im Endprodukt sichtbar erhalten, dann kann über „ingredient branding" nachgedacht werden. So wirbt der Chiphersteller Intel mit dem Slogan „intel inside" bei gebrauchsfertigen Computern. Reifenhersteller bemühen sich um die Erstausstattung, obwohl sie eher verlustträchtig ist, um einen möglichst hohen Anteil am gewinnträchtigen Ersatzgeschäft zu erzielen. Während bei Verbrauchsprodukten das Verpackungsdesign dominiert, spielt bei Gebrauchsprodukten das Design des einzelnen Objekts eine größere Rolle.

1.3 Die Handlungssprache

Nachdem das Handlungsfeld eingegrenzt und auch andeutungsweise beschrieben wurde, können wir uns der Terminologie zuwenden. Auch hier müssen wir uns um eine Struktur bemühen, um nicht im uneinheitlichen Sprachgebrauch unterzugehen.

Der Marketingbegriff hat eine längere Geschichte. Er drang aus der amerikanischen Literatur in den deutschen Sprachraum ein und löste trotz heftiger Diskussionen den Begriff **Absatz** ab. Der 2. Band aus Gutenbergs Standardwerk „Grundlagen der Betriebswirtschaftslehre" heißt von der 1. (1954) bis zur letzten Auflage

(17. Aufl. 1984) schlicht „Der Absatz". Der 1. Band heißt „Die Produktion", was bereits die Dominanz dieser Funktion in der Nachkriegszeit andeutet. Faßt man nun **funktionale** und **institutionale** Aspekte zusammen, dann kann man auch von **Absatzwirtschaft** sprechen. Noch 1974 lautet der Titel der 1. Auflage des im Rahmen der Enzyklopädie der Betriebswirtschaftslehre von Tietz herausgegebenen „Handwörterbuch der Absatzwirtschaft", die 2. Auflage von 1995 (Tietz/Köhler/Zentes) lautet dann schlicht „Marketing". Der erste Lehrstuhl für Marketing wurde 1969 in Münster etabliert.

Die Sprache Gutenbergs gibt eine funktionale Sicht wieder. Sie konzentriert sich auf die materiale Leistungserstellung und Leistungsverwertung:

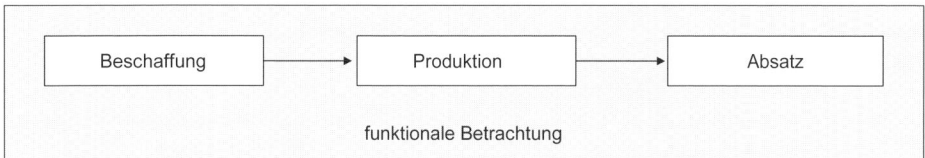

Übersicht 4: Der materiale Planungsprozeß

Der physische Ablauf beginnt mit der Beschaffung als Leistungsversorgung und führt über die Produktion als Leistungserstellung zum Absatz als Leistungsverwertung. Andere Funktionsbereiche, wie die Gestaltung (Forschung und Entwicklung, Konstruktion, Design usw.), werden selten oder gar nicht in der Betriebswirtschaftslehre untersucht. Aufgabe des Absatzes ist es hier, die erstellten Produkte bestmöglich „an den Mann" zu bringen. Damit steht bei dieser Betrachtung das absatzpolitische Instrumentarium im Mittelpunkt der Betrachtung – die Beeinflussung der Kunden. Die Sicht erhielt dann auch ihre institutionale Ergänzung: Absatzwirtschaft, Produktionswirtschaft, Materialwirtschaft. Diese und ähnliche Bezeichnungen findet man auch heute noch in Unternehmen.

In der schnellebigen Marketingwelt wirkt diese Betrachtung inzwischen als altertümlich. Heute steht eine prozeßorientierte Sichtweise im Mittelpunkt des Interesses. Entsprechend dem von Gutenberg formulierten Ausgleichsgesetz der Planung (1984, S. 163 ff.) beginnt die Unternehmensplanung am **Engpaß**. Das ist in Wettbewerbswirtschaften im Regelfall der Absatzmarkt und damit das Absatzmarketing, das den Kunden in den Mittelpunkt seiner Planung rückt. Deshalb verläuft der Denk- und Planungsprozeß entgegen der bisher bereits geschilderten materialen Leistungsverwertung:

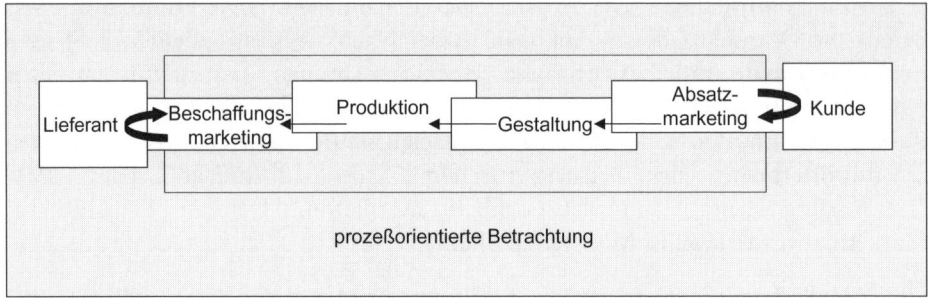

Übersicht 5: Der zeitliche Planungsprozess

Innerhalb dieser Funktionsbereiche gibt es nun unterschiedliche Gliederungen für Teilaufgaben:

- Absatzmarketing: Produktentwicklung, Werbung, Vertrieb, Kundendienst, Verkaufsförderung, Marktforschung (Bruhn 1997, S. 272)
- Beschaffungsmarketing: Bedarfsmanagement, Lieferantenmanagement, Informationsmanagement

Die Teilaufgaben werden häufig auch noch unterschiedlich bezeichnet (z. B. Vertrieb = Verkauf). Neben der besonderen Sichtweise hängt das auch von der Unternehmenshistorie ab. Es soll uns hier nicht weiter interessieren.

Was heißt nun aber Marketing? Auch das Marketingverständnis hat sich im Zeitablauf gewandelt (siehe hierzu Meffert 2000, S. 5). Statt dies nachzuzeichnen, wollen wir das diesem Buch zugrundeliegende Verständnis erläutern:

- Marketing ist eine ökonomisch fundierte Lehre über die Interaktionsbeziehungen zwischen Marktpartnern. Das können Institutionen (z. B. Unternehmen) oder Personen sein.

- Marketing befaßt sich mit der Beeinflussung der Marktpartner, die damit ihre Ziele erreichen wollen.

- Dies gelingt um so besser, je mehr man von den Ansprüchen der Marktpartner ausgeht, sie zum Ausgangspunkt der eigenen Planung macht.

Der Interaktionsprozeß wird wesentlich leichter und damit erfolgreicher, wenn man sich darum bemüht, die Kundenprobleme zu definieren, um dann nach kundengerechten Problemlösungen Ausschau zu halten, die man dann anbietet. Wenn man weiß, was der Kunde will, muß man bei entsprechendem Angebot keine großen Widerstände mehr beseitigen. So einfach das aussieht, so schwierig ist es. Vielfach weiß der Kunde gar nicht, was er will. Fragt man ihn, so erhält man Auskünfte darüber, was er gestern gelernt hat. Man will aber erfolgreiche Angebote für morgen entwickeln. Im Regelfall verfügt der Konsument nicht über die Phantasie, sich vorzustellen, was morgen für ihn wichtig sein könnte. Das ist ein **Prognoseproblem**. Prognosen erstrecken sich auf die **Problemdeckung** (welche Probleme können beim Kunden morgen eine Rolle spielen?) und auf die **Problemlösung** (welche Problemlösungen werden morgen bevorzugt?). Dabei ist die Problemdeckung zumindest ebenso gewichtig wie die Problemlösung.

Im Laufe der Marketinggeschichte beobachten wir eine ständige Ausweitung des Tätigkeitsfeldes. Schaut man sich die Lehrbücher über Marketing an, so handelt es sich mehrheitlich um das Absatzmarketing im Konsumgüterbereich. Wählt der Autor einen anderen Schwerpunkt, so wird das besonders betont (z. B. Industriegütermarketing, Handelsmarketing, Beschaffungsmarketing). Inzwischen wird der Marketinggedanke auch im sozialen Kontext benutzt. Die Evangelische Kirche öffnet sich dem Marketing; Greenpeace ist eine Organisation mit professionellem Marketing. In jüngerer Vergangenheit ist neben das auf externe Märkte gerichtete Außenmarketing der Gedanke getreten, in großen Unternehmen für die Durchsetzung neuer Ideen (z. B. Führungsverhalten) die Denkweise des Marketing zu nutzen (Innenmarketing). Ein Ende der Tätigkeitsfelderweiterung ist nicht abzusehen.

Versucht man nun eine Ordnung in die verschiedenen Handlungsfelder zu bringen, dann kann das Abstraktionsniveau Anhaltspunkte liefern (vgl. Übersicht 6).

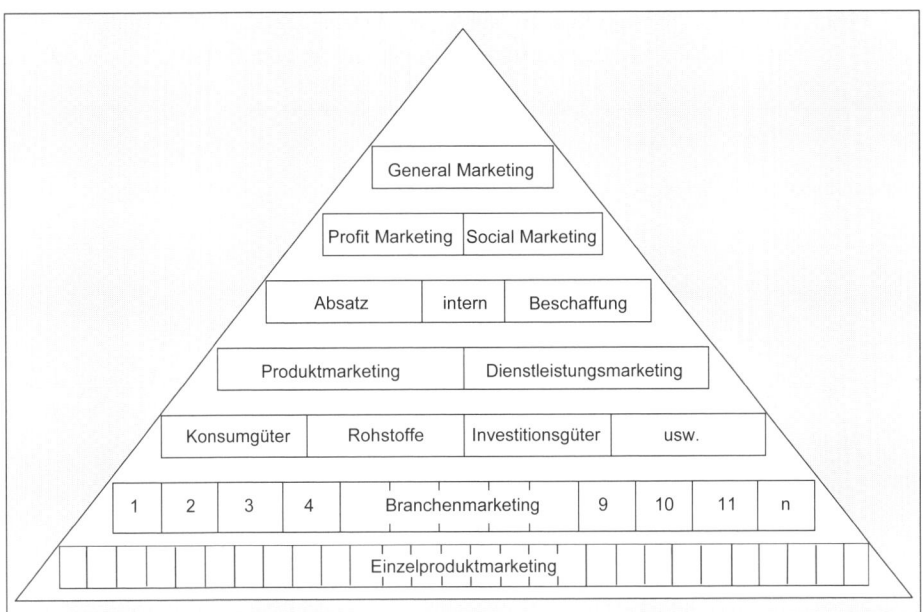

Übersicht 6: Abstraktionsgrade im Marketing

Während der Produktmanager X im Unternehmen Y auf der untersten Ebene des Einzelproduktmarketing handelt, bewegen wir uns hier auf der profitorientierten Absatz- und Beschaffungsmarketingebene. Damit müssen die folgenden Ausführungen deutlich abstrakter (allgemeingültiger) sein als die über das Marketing für Konsumgüter. Ein Buch über General Marketing muß erst noch geschrieben werden.

1.4 Die Wettbewerbsorientierung

In Wettbewerbsmärkten muß man grundsätzlich davon ausgehen, daß prinzipiell jedes Unternehmen für sich betrachtet überflüssig sein kann. Daraus folgt, daß jedes Unternehmen danach trachten muß, mit seinen Angeboten vom Markt nicht als überflüssig abgelehnt zu werden. Das gilt um so mehr, je intensiver der Wettbewerb wird. Globale Märkte werden dazu beitragen.

Hinzu kommt, daß die Marktsättigung zunimmt, die meisten Märkte nur wenig wachsen, der Kampf um das Halten oder Steigern der eigenen Marktanteile heftiger wird. Dieses Handlungsfeld ist dem Marketing-/Produktmanager bekannt: Profilierung durch Marketing. Häufig wird nach der so genannten „unique selling proposition" gefragt.

(1) Das Wettbewerbsdreieck

Wir können zunächst von einer einfachen Dreierbeziehung ausgehen:

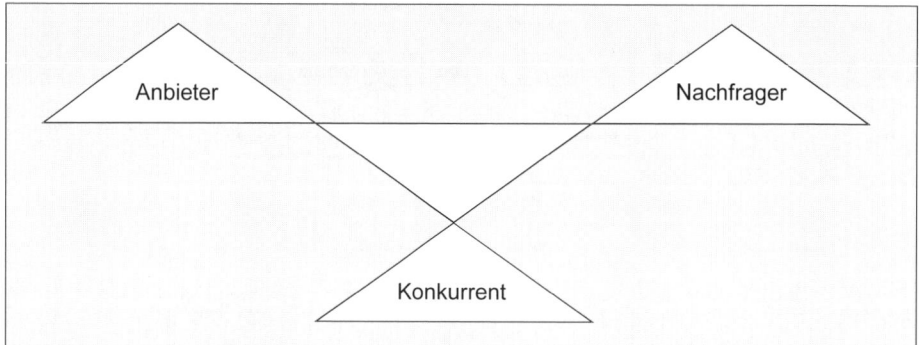

Übersicht 7: Wettbewerbsprofilierung

Zunächst muß der Nachfrager die Leistungen des Anbieters wahrnehmen (→ Wahrnehmungsgebot). Alle Leistungen, die der Kunde nicht wahrnimmt, sind überflüssig, verstoßen gegen das ökonomische Prinzip. Die wahrgenommenen Leistungen müssen für den Kunden wichtig sein, sein Interesse daran muß weckbar sein, sonst sind auch sie überflüssig (→ Wichtigkeitsgebot). Profilieren wird nur das, was der Kunde als gegenüber dem Konkurrenzangebot vorteilhaft erlebt (→ Vorteilhaftigkeitsgebot). Und schließlich muß der Kunde das ihm vorteilhaft Erscheinende auch wieder entdecken können (→ Identifikationsgebot). Dazu tragen Markierung und Werbung bei.

Damit wird offenkundig, daß über den Markterfolg vorrangig <u>subjektive</u> Bewertungen des Partners entscheiden. Um so wichtiger ist es ihn zu verstehen.

(2) Die Profilierungsdimensionen

Der Anbieter muß mehrere Teilfragen beantworten:

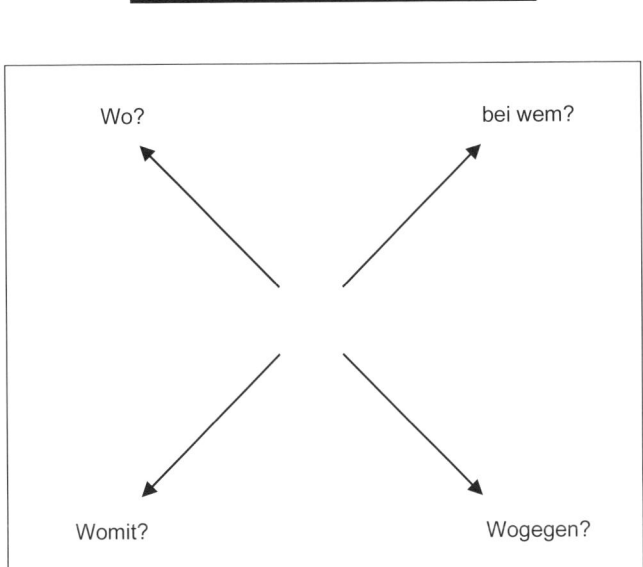

Übersicht 8: Profilierungsdimensionen

Die wichtigste Aufgabe liegt in der Identifikation, Analyse und Beschreibung der Zielgruppe (bei wem?). Das kann zu differenzierter Marktsegmentierungsarbeit führen (siehe Abschnitt 2.4). Dann muß geklärt werden, wer als Konkurrent gesehen wird (siehe Abschnitt 2.6). Die Wo-Frage erstreckt sich auf das Marktfeld, das man bearbeiten will (siehe Abschnitt 2.1). Und das Womit soll schließlich die strategische Positionierung erklären (siehe Abschnitt 3.25).

(3) Die Mittler als Mitspieler

Das Wettbewerbsdreieck soll in ein Marktparallelogramm erweitert werden, weil zumindest eine weitere Gruppe von Akteuren in die Überlegungen einbezogen werden muß: die Mittler (vgl. Übersicht 9).

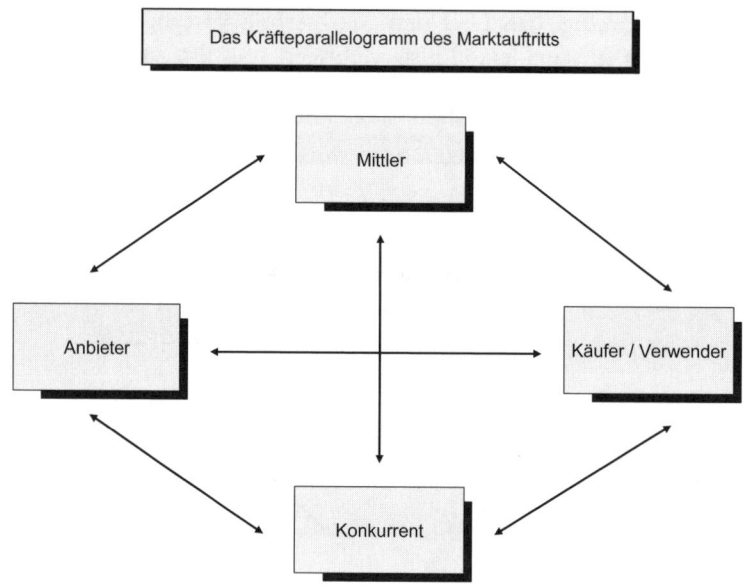

Übersicht 9: Das Kräfteparallelogramm des Marktauftritts

Neben Händlern (→ indirekter Absatz) kommen Agenten, Medien usw. in Frage. Sie haben ihre eigenen Ziele. Je mehr es gelingt, die Ziele aufeinander abzustimmen, um so eher ist gleichgerichtetes Handeln erwartbar. Als interessenungebunden erlebte **Mediatoren** gelten als glaubwürdig, ihr Urteil wird entgegen einer Werbeaussage nicht sofort bezweifelt.

(4) Der Standort im Wettbewerb

Wir wollen uns noch einen Schritt weiter an die Realität herantasten. Es ist nicht ganz gleichgültig, an welcher Stufe der Wertschöpfungskette sich das eigene Unternehmen befindet. Bosch kann mit seinen Benzineinspritzpumpen, die an DaimlerChrysler geliefert werden, nur wenig direkt zum Erfolg des eigenen Absatzes beitragen, wenn man davon ausgeht, daß die vereinbarten Leistungen erbracht werden. Bosch hat in diesem Fall keinen Kontakt zum Endkunden/Konsumenten. Bosch lebt davon, daß sich das jeweilige Fahrzeug gut verkauft. Das verantwortet in diesem Falle DaimlerChrysler. Das erschwert die Marketingarbeit von Bosch ganz beträchtlich. Intel hat in dem bereits beschriebenen Fall „intel inside" einen möglichen Weg gewiesen, der nur ganz wenigen Unternehmen offen steht.

Anhand der Wertschöpfungskette muß das jeweilige Unternehmen festmachen, wo es sich mit seiner Lieferanten-/Abnehmerbeziehung befindet, um die bestmöglichen Ansatzpunkte für eine Beeinflussung zu finden:

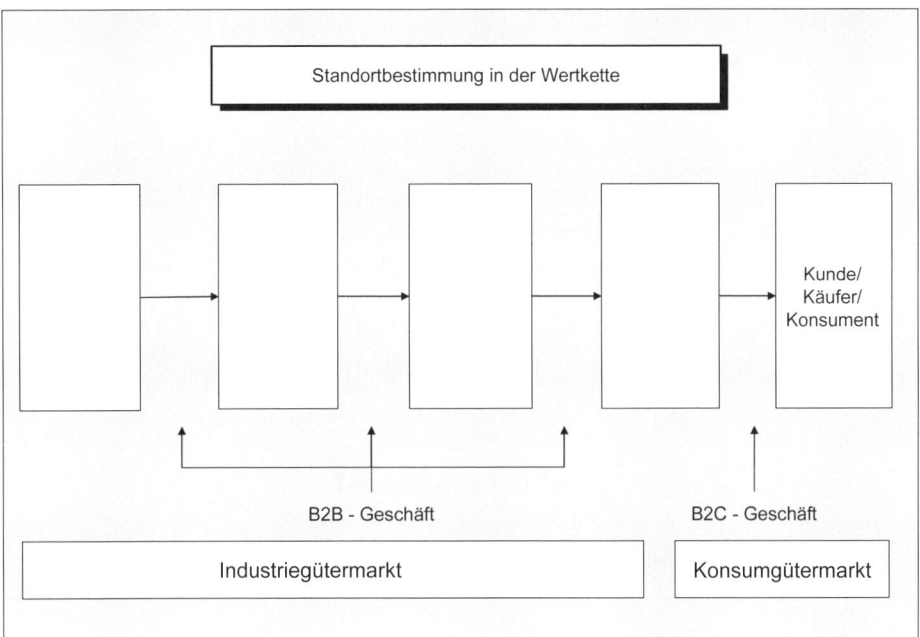

Übersicht 10: Standortbestimmung in der Wertkette

1.5   Planungsaspekte

1.51   Allgemeine Überlegungen

Planung kann zeitpunkt- oder zeitraumbezogen erfolgen. Wir wählen die zweite Alternative und müßten deshalb genauer von Prozeßplanung sprechen. In einem statischen Umfeld ist Planung einfach. Insbesondere Märkte sind jedoch durch hohe Dynamik gekennzeichnet. Aufgabe der Planung ist es nun, ein Bild (Szenario) von morgen (Zukunft) zu generieren und darauf Schritte (Maßnahmen) auszuwählen, die geeignet sind, die morgige Situation im Sinne der Zielsetzung des Unternehmens zu beherrschen. Ausgangspunkte sind also Prognose und Analyse, um dann zu überlegen, wie welche Handlungen auf der Zeitachse miteinander verknüpft werden. Dazu benötigen wir eine Struktur. Kosiol (1966, S. 187 ff.) wählt folgende Phaseneinteilung:

- Planung
- Realisation
- Kontrolle

Hahn (1993, Sp. 3185/86) differenziert diese Einteilung bei der Planung, stellt neben die Realisation die Steuerung und umfaßt Steuerung und Kontrolle mit Durchführung. Wir wollen von folgender Grundstruktur ausgehen. Es steht unter dem bekannten Motto: Erst denken, dann handeln:

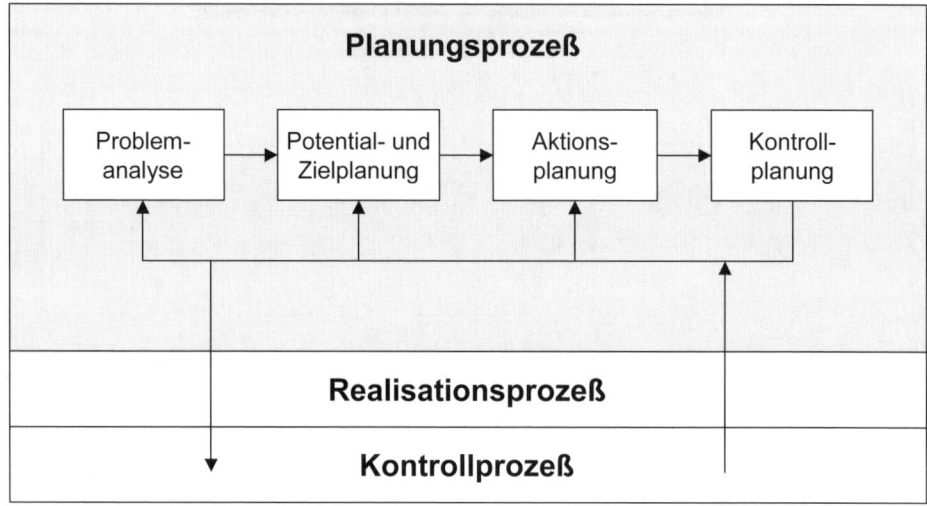

Übersicht 11: Stufen des Planungsprozesses

(1) Problemanalyse

Vor der Problemlösung, vor der Suche nach neuen Ideen für die Lösung, steht die Analyse des Problems. Wo liegt ein Problem (→ **Problemdefinition**), worauf soll der Blick gerichtet werden? Nach der Problemdefinition folgt die möglichst genaue **Problembeschreibung**. Danach muß geprüft werden, worin das Problem besteht (→ **Problemuntersuchung**). Dazu gehört auch die Frage, wer das Problem hat. Damit ist diese Phase stark durch die Informationsgewinnung gekennzeichnet. Das 2. Kapitel dieses Buches ist vorrangig dieser Fragestellung gewidmet.

(2) Potential- und Zielplanung

Unternehmerisches Handeln sollte zielorientiert sein. Man muß wissen, wo man hin will. Der Markt bestimmt die Probleme. Lediglich die Probleme, die man auf Märkten für interessant hält (→ Problemauswahl), können durch Ziele gefiltert werden. Somit sind Ziele als Filtergrößen nachgeordnet. Die eigenen Fähigkeiten (Potentiale) bilden einen weiteren Filter. Die Potentialgrenzen bestimmen den eigenen Handlungsraum. Dabei wird zu prüfen sein, ob und zu welchen Bedingungen das vorhandene Potential erweiterbar ist und was das bewirkt. Damit werden wir uns im 3. Kapitel befassen.

(3) Aktionsplanung

Nachdem man festgelegt hat, „wohin die Reise gehen" soll, muß die Problemlösung geplant werden. In dieser Phase steht der Einsatz von Instrumenten im Vordergrund. Das wird uns im 4. und 5. Kapitel beschäftigen.

(4) Kontrollplanung

Weil unternehmerisches Handeln zielorientiert ist, muß kontrolliert werden, ob man die gesetzten Ziele erreicht hat. Nur dadurch kann Handeln verbessert werden. Bereits in der Planung muß gesagt werden, worauf sich die Kontrolle erstreckt und welche Kontrollinstrumente gewählt werden sollen, um Kontrollwillkür zu vermeiden. Dem werden wir im 6. Kapitel nachgehen. Daraus müssen dann Planungskonsequenzen für das Handeln gezogen werden. Das betrifft alle vorher genannten Prozeßstufen.

Die daraus abzuleitende Planungsstruktur für die verschiedenen Marketingpläne soll mehrere Zwecke erfüllen:

- Durch eine problemgerechte Detailstrukturierung soll die Komplexität (z. B. Entwicklung und Vermarktung eines neuen Produktes) in der Weise reduziert werden, daß die an der Problemlösung Beteiligten einen bewältigbaren Handlungspfad erkennen.
- Um Zeit und damit auch Kosten zu sparen, soll die Rekursivität der Planung (drei Schritte vor, zwei zurück usw.) reduziert werden.
- Durch die Planungstransparenz soll die Planungsvernetzung mit verschiedenen Funktionsträgern (z. B. aus der Produktion, Konstruktion, dem Design) erleichtert werden; das dient der Planungsqualität.
- Im Mittelpunkt des Marketinginteresses stehen die Planungsüberlegungen.

1.52   Absatzmarketingplanung

Unter dem Stichwort Marketingplanung findet man vielfältige Vorschläge für Absatzmarketingpläne. Man kann von folgendem Planungsgerüst ausgehen (vgl. Übersicht 12):

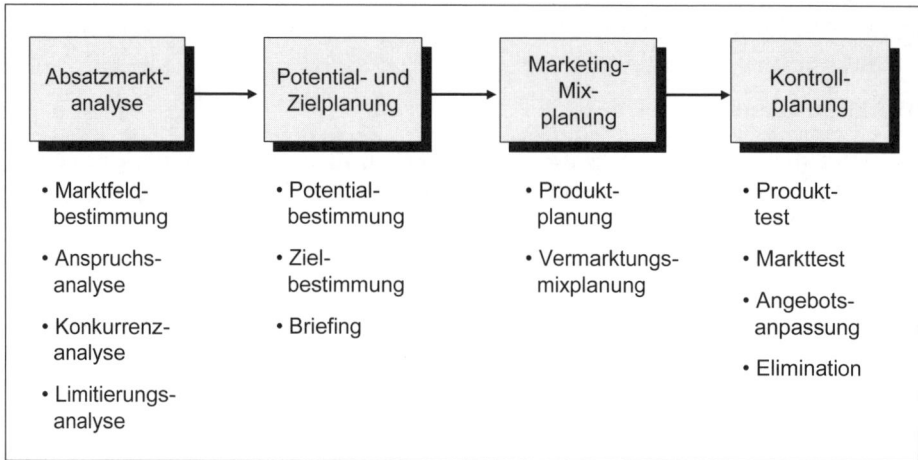

Übersicht 12: Stufen des Absatzmarketingplanes

Man wählt ein Marktfeld aus, weil man dort ein Problem identifiziert, dessen Lösung für das eigene Unternehmen Erfolg verspricht. Dazu ist es nötig, die in den unbefriedigten Ansprüchen steckenden Problemursachen zu entdecken. Um das Hase-und-Igel-Spiel nicht zu verlieren, muß man wissen, was die Konkurrenz bereits tut und morgen voraussichtlich tun wird. Schon an dieser Stelle muß geklärt werden, welche rechtlichen Rahmenbedingungen auf den jeweiligen Märkten berücksichtigt werden müssen.

Im nächsten Schritt müssen die identifizierten Marktmöglichkeiten an den eigenen Möglichkeiten gespiegelt werden. Reichen die vorhandenen Potentiale nicht aus, wird man überlegen, ob sich eine Potentialveränderung lohnt. Dann geht es darum, ob das identifizierte Marktproblem in den bisherigen Zielkontext paßt, ob man etwas ändern sollte und welche konkreten Detailziele und Strategien sich daraus ergeben. Im Briefing wird dann die Aufgabenstellung für die nächste Phase zusammengefaßt.

Zweckmäßig ist es, mit der Produktplanung als dem Kern des Marketing-Mix, der Zusammenfügung der Marketinginstrumente, zu beginnen. Aus dem geplanten Produkt ergibt sich, welche Maßnahmen der Service-, Distributions-, Entgelt- und Kommunikationspolitik dazu passen.

In der letzten Stufe wird kontrolliert, ob das Angebot auch mit den ursprünglichen Vorstellungen und fixierten Zielen übereinstimmt. Im Produkttest wird geprüft, ob das neue Produkt den Ansprüchen der Käufer/Nutzer entspricht, im Markttest wird das Gesamtangebot auf die Akzeptanz am Markt überprüft. Fällt das Ergebnis negativ aus, muß eine Anpassung erfolgen. Im Marktlebenszyklus kann eine Produktdifferenzierung, eine Produktvariation (→ Relaunch), eine Vermarktungsmixvariation, eine Veränderung der Zielgruppe sinnvoll sein. Verspricht auch eine Veränderung keinen Erfolg, muß man das Angebot streichen (→ Elimination).

1.53   Beschaffungsmarketingplanung

Auch hier wollen wir wieder einen ursprünglich ausführlicheren Plan (Koppelmann 2004, S. 35 ff.) auf wenige Aspekte reduzieren:

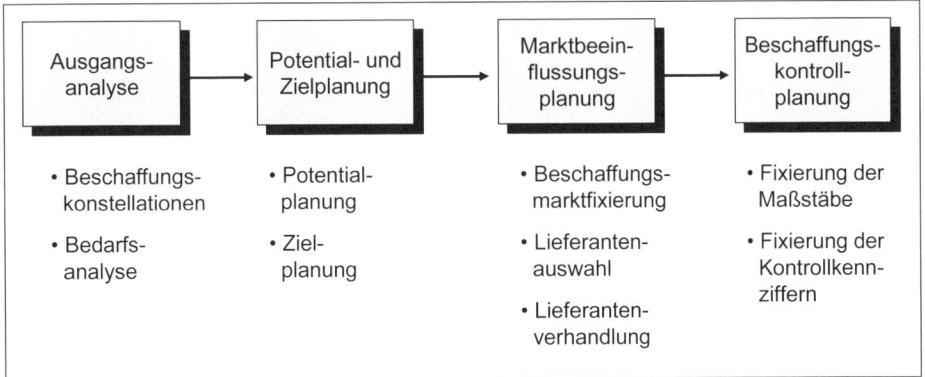

Übersicht 13: Stufen des Beschaffungsmarketingplanes

Auch hier zeigt sich die Eignung der bereits gewählten Planstruktur: Beschaffungskonstellationen beschreiben das Umfeld, die Bedingungen des Beschaffungsmarktes, welche das Beschaffungshandeln erleichtern oder erschweren (z. B. Überangebot, Verknappungserscheinungen, Änderungen der Währungsrelationen). Die Bedarfsanalyse erfaßt die Abstimmung des Beschaffungsbedarfs zwischen den verschiedenen am Beschaffungsprozeß beteiligten Abteilungen des Unternehmens. Die in der Bedarfsanalyse getroffenen Entscheidungen bestimmen ganz wesentlich den Erfolg der Beschaffungsplanung. Noch so intensive Optimierungsbemühungen, vor allem in der Marktbeeinflussungsplanung, bringen wenig, wenn man von einer schlechten Bedarfsfixierung ausgeht – man erhält allenfalls „optimierten Mist".

Die Bedarfskonkretisierung erfolgt mit Hilfe der Potential- und Zielplanung. Paßt der geäußerte Bedarf zum eigenen Möglichkeitsrahmen? Muß der Rahmen oder der Bedarf angepaßt werden? Darauf baut die Zielplanung auf.

Nachdem man weiß, was man will, klärt man die Marktmöglichkeiten. Man prüft die Märkte, die in Frage kommen könnten, die Lieferanten, wählt die interessantesten aus, um dann schließlich mit ihnen zu verhandeln. All dies erfolgt auf dem Planungsniveau – es wird also festgelegt, wie, was, von wem, wann erledigt werden soll.

Schließlich muß wiederum die Kontrolle geplant werden, um auch andere vom eigenen Erfolg zu überzeugen oder um besser zu werden.

1.6   Entscheidungscharakteristika

Betriebswirtschaftliches Denken und Handeln kann sehr unterschiedlich betrachtet werden. Neben dem **Begründungszusammenhang**, der Erläuterung also, warum man sich diesem oder jenem Phänomen zuwendet, interessieren der **Erklärungszusammenhang**, der Versuch, eine theoretische Basis für ein Geschehen zu finden oder zu schaffen, sowie der **Verwendungszusammenhang**, indem versucht wird, die Nutzbarkeit der neuen Erkenntnis darzulegen. Im Rahmen der jüngeren Betriebswirtschaftslehre konzentrieren sich die Verwendungsüberlegungen auf **Entscheidungen**.

1.61   Entscheidungsmerkmale

(1) Das Alternativenproblem

Von Entscheidungen spricht man nur dann, wenn man über Alternativen verfügt, aus denen man unter Beachtung der Entscheidungssituation auswählen kann. Es müssen also faktisch wählbare Alternativen sein. Diese Alternativen können sich auf mehrere Entscheidungsfelder erstrecken: Märkte, Zielgruppen/Lieferanten, Konstellationen, Potentialaspekte, Zielaspekte, Marktbeeinflussungsinstrumente, Methoden.

Die folgenden Kapitel dienen in starkem Maße dazu, den Alternativenraum im Marketing weit zu spannen. Je größer der Alternativenraum, um so höher ist die Wahrscheinlichkeit, die passende Auswahl zu treffen.

(2) Alternativenmaßstab

Um aus der noch zu zeigenden Alternativenvielfalt vernünftig auswählen zu können, benötigt man Maßstäbe. Maßstäbe werden wir im 3. Kapitel über die Ziele in ihren verschiedenen Facetten erarbeiten. Und im Abschnitt 4.73 wird gezeigt, wie Alternativen anhand von Zielen ausgewählt werden können.

(3) Wahlfreiheit

Was eigentlich selbstverständlich ist, muß dennoch immer wieder betont werden. Nicht alles, was theoretisch an Alternativen denkbar ist, steht auch in der praktischen Situation zur Verfügung. Zwar ist man auch in Konzernen darum bemüht, die Handlungsspielräume zu erweitern; aber immer wieder stößt man an Handlungsgrenzen. Da wird das Tochterunternehmen A als Lieferant für die Leistung Z vorgeschrieben. Im Absatzplan kann man in das bereits vorhandene Werbekonzept eines anderen Produktes eingebunden sein. Der Forderung nach hoher Entscheidungsfreiheit steht das Bemühen zum Beispiel um Nutzung von Instrumentalsynergien gegenüber. So kann die Nutzung eines schon verpflichteten Spediteurs Kostendegressionsvorteile mit sich bringen. Außerdem ist durch Limitierungen nicht alles erlaubt, was möglich wäre.

(4) Ungewissheitsprobleme

Märkte sind durch Personen und Institutionen gekennzeichnet. Will man nun Märkte beeinflussen, kann man nur selten davon ausgehen, daß sich der zu Beeinflussende auch so verhält, wie man sich das gedacht hat. Die Merkmale von Entscheidungssituationen vollkommener Märkte (vollkommene Information, keine Präferenzen) liegen nur in Ausnahmefällen vor. Deshalb ist es notwendig, sich durch einen hohen Kenntnisstand des jeweiligen Marktes und der dort handelnden Personen zu vergewissern, daß die eigene Wirkungsvermutung sehr plausibel ist. Je geringer der eigene Kenntnisstand, um so notwendiger ist die ex-ante-Wirkungskontrolle. Über einen Markttest versucht man herauszufinden, ob die vermutete Wirkung auch auf dem als Testmarkt ausgewählten Marktfeld eintritt. Ein solcher Test (Produkttest/Markttest) bereitet wegen der erwünschten Prognoseaussagen große Probleme. So kann man nicht ohne weiteres von heutigem Kundenverhalten auf morgiges (z. B. aufgrund von Lerneffekten) schließen. Außerdem kann sich die Konkurrenz dynamisch verhalten. Auch hier wird wieder die Notwendigkeit guter Prognosen deutlich.

(5) Komplexitätsprobleme

Vielfältige Entscheidungen, die sich gegenseitig beeinflussen (Interdependenzproblematik), müssen gefällt werden. Mehrere Hilfen der Problembewältigung stehen zur Verfügung. Auf die Komplexitätsreduktion durch prozessuale Strukturierung haben wir bereits hingewiesen (Abschnitt 1.5). Eine weitere Hilfe bietet die **Hierarchisierung** der Problemfelder. Hält man z. B. alle Marketinginstrumente (siehe Abschnitt 4.3 ff.) für gleichgewichtig, ist letztlich eine Kombinationslösung nicht möglich, weil alles mit allem vernetzt ist. Rückt man dagegen einen Instrumentalbereich in den Mittelpunkt, läßt sich dann prüfen, welche anderen Instrumente dazu und zueinander passen.

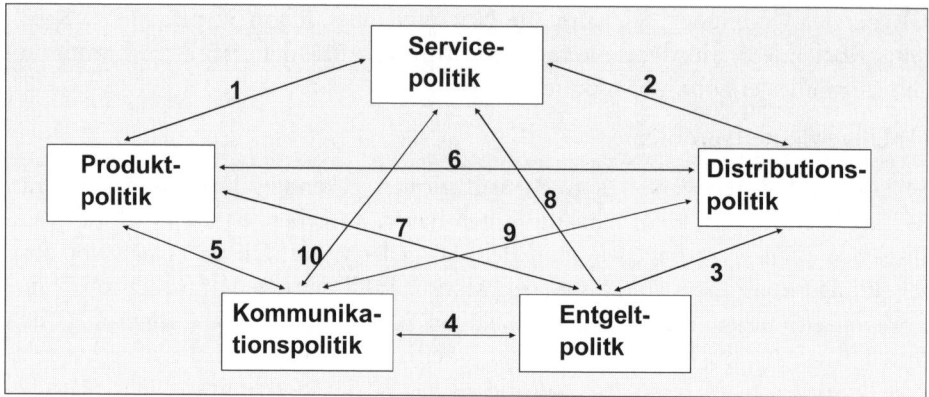

Übersicht 14: Zweierbeziehungen bei Gleichrangigkeit

Berücksichtigt man darüber hinaus, daß bei Gleichrangigkeit alles mit allem gleichgewichtig zusammenhängt, dann ergeben sich 230 Beziehungsstränge: Der Entscheidungspraxis näher kommt die Hervorhebung eines Instrumentes (hier Produktpolitik), das zunächst in seinen Facetten entwickelt wird, um dann nach den dazu geeigneten anderen Instrumenten zu suchen. Das deutet die folgende Übersicht an:

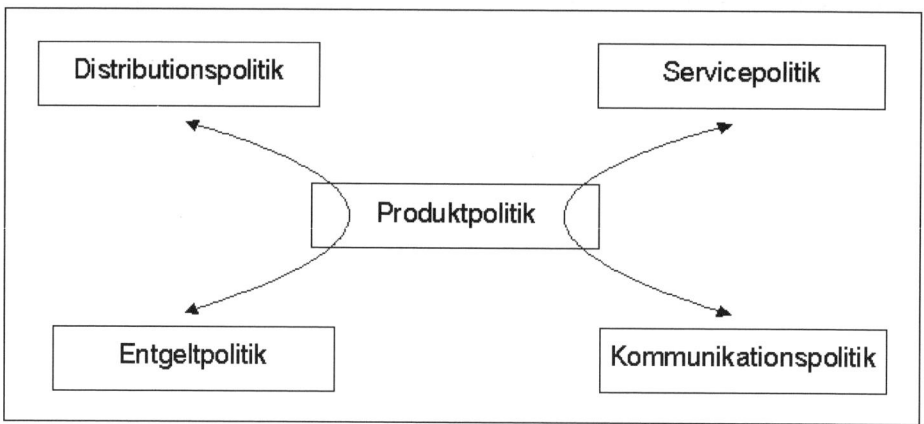

Übersicht 15: Hierarchisierte Instrumentalbeziehung

Und schließlich kann man sich um situative Entscheidungsoperatoren bemühen. Dies können **Entscheidungsfeldtypen** sein. In einer Neukaufsituation wird ein Beschaffungsmanager eher dazu neigen, den gesamten Alternativenraum zu überprüfen, beim modifizierten Wiederholungskauf wird er vorrangig einzelne Problemfelder, die neu sind, untersuchen (→ Kaufklassenkonzept). Ein Produktmanager wird bei einer Produktinnovation den gesamten Planungsprozeß aufrollen, bei einer Produktvariation wird seine Arbeit auf der Kontrollphase basieren. Eine andere Möglichkeit bieten **Merkmale**, die das Interaktionsobjekt charakterisieren (→ Objektmerkmale). Wenn ein Luxusprodukt (z. B. eine Rolex-Uhr) entwickelt und angeboten werden soll, folgen daraus ganz andere Entscheidungen, als wenn man ein billiges Massenprodukt (z. B. eine Swatch-Uhr) auf den Markt bringen will.

1.62   Möglichkeiten der Entscheidungsfindung

Im Prinzip geht es darum, unter Beachtung der eigenen Ziele und Potentiale (→ Unternehmenssphäre) Entscheidungen über die Beeinflussung der Marktpartner zu treffen, die dem ökonomischen Prinzip gerecht werden. Grafisch läßt sich das so darstellen:

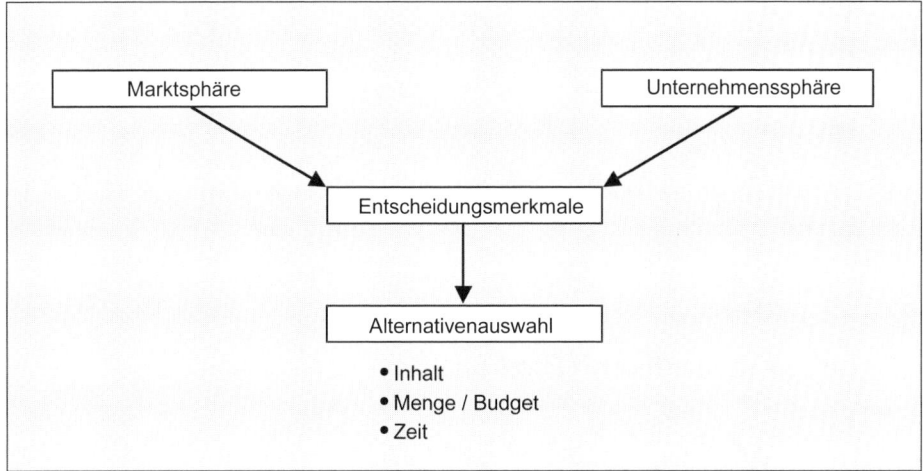

Übersicht 16: Zum Entscheidungsprozeß der Alternativenwahl

Die Marktsphäre bildet Konkurrenten und Kunden ab, die Unternehmenssphäre wird von Zielen und Potentialen geprägt. Entscheidungen werden nach diesem Modell nicht direkt aus der Markt- bzw. Unternehmenssphäre abgeleitet, sondern indirekt über **Entscheidungsmerkmale** (-operatoren) miteinander verknüpft. Darauf gehen wir in Abschnitt 4.73 näher ein. Es gilt im Grundsatz folgendes Entscheidungsmuster:

Wir müssen als Entscheidungsoperatoren dienende Wenn-Komponenten entwickeln, die dem Beschaffungs- oder Absatzmarketingmanager die Alternativenauswahl erleichtern, sie andcrcn transparent machen und bei Abweichungen eine Grundlage für die Entscheidungsdiskussion bieten. Diese Vorgehensweise ist kein Garant für optimale Entscheidungen, sondern für erfahrungsbasierte „Gut"-

Wenn-Komponente → Bedingungs-komponente / Dann-Komponente → Handlungskomponente	A	B	C	Z
1				
2				
3				
n				

Übersicht 17: Eine mögliche Grundform der Entscheidungsmatrix

Entscheidungen, ohne das Komplexitätsproblem durch die Wahl von ceteris-paribus-Bedingungen zu umgehen.

Formal kann man das auch über sogenannte **Marktreaktionsfunktionen** zu lösen versuchen. Dazu benötigt man Informationen über Zusammenhänge zwischen Maßnahmeneinsatz und Wirkung beim Kunden (Bruhn 1997, S. 26). Nur bereitet leider die Messung der Instrumentalwirkung große Probleme, weil sowohl die Instrumentalvernetzung als auch die Marktdynamik eine Wirkungsisolierung verhindern.

1.7   Einige theoretische Bezüge

Für die bisherigen allgemeinen Aussagen benötigen wir ein theoretisches Gerüst, das unser detailliertes Denken lenkt.

(1) Koalitionstheorie

Die bereits erwähnten Austauschbeziehungen legen es nahe, isolierte Betrachtungen zu vernachlässigen, die Beziehungen zu anderen in den Mittelpunkt des Interesses zu rücken. In der behavioristischen Theorie der Unternehmung (Simon 1955; March/Simon 1958; Cyert/March 1963) wird die Unternehmung als offenes, soziales System betrachtet.

Beschaffung und Absatz als betriebliche Teilfunktionen weisen eine interne und eine externe Austauschkomponente auf. Es wird ein theoretischer Bezugspunkt benötigt, der den Erfolg der Austauschbeeinflussung erklärt. Dabei kann man von Übersicht 18 ausgehen.

Eine Unternehmung funktioniert so lange gut, wie die Mitglieder der Koalition langfristig den Eindruck haben, daß sich Leistungen und Gegenleistungen entsprechen. Sieht ein Koalitionsteilnehmer keine Perspektive mehr, dann kündigt er (oder es wird ihm gekündigt). Bei zunehmendem Alter (z. B. über 50 Jahre) kann

das dann die innere Kündigung sein; er bezieht vorwiegend eine Anwesenheits-
prämie. Daß dadurch die Unternehmensdynamik nicht gerade gefördert wird,
bedarf keiner Begründung.

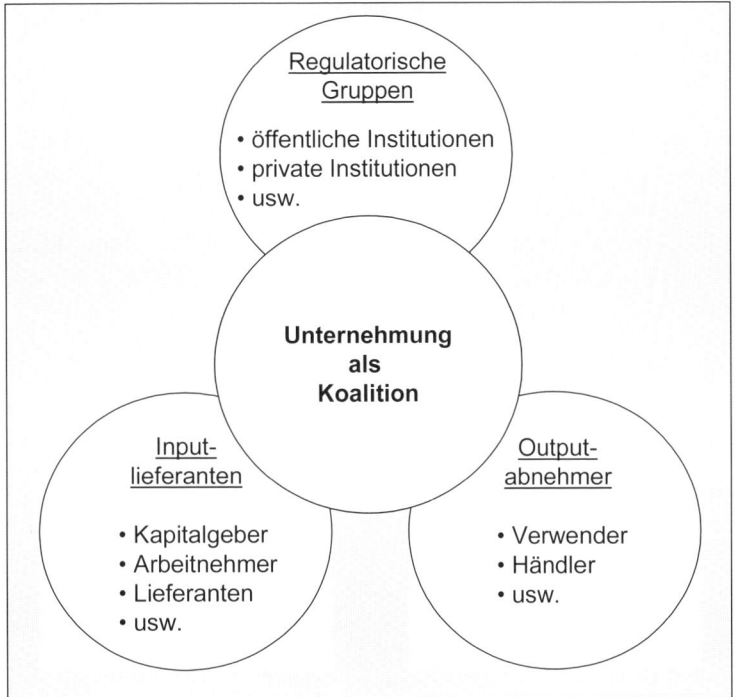

Übersicht 18: Koalitionstheorie

Diese primär auf das unternehmensinterne Geschehen gerichtete Betrachtung wird
dann auch auf die mit dem Unternehmen verknüpften externen Gruppen ausgedehnt (Pfeffer/Salancik 1978).

Die Koalition des Unternehmens mit den Outputabnehmern, mit den Absatzkunden also, hat nur so lange Bestand, wie die Kunden das Angebot des Unternehmens schätzen und kaufen. Die Koalitionstheorie bietet eine theoretische
Grundlage für das Entstehen und Vergehen von Markenbindungen. Daraus sind
in der jüngeren Zeit Überlegungen zum Customer-Relationship-Management
(CRM) entstanden. Kundenbindungsprogramme (z. B. Miles & More, Kunden-
clubs) bauen darauf auf, Produktimagewerbung ist ein seit langem bekanntes Tätigkeitsfeld.

Und auch für das Verhältnis zu den Lieferanten als den „Beschaffungskunden"
gibt es einen guten Erklärungsansatz. Einen Lieferanten, den man aufgrund der
eigenen Nachfragemacht preislich so gedrückt hat, daß er unter Selbstkosten liefern muß, wird irgendwann, wenn sich ihm die Gelegenheit bietet, versuchen,

seine Verluste zumindest auszugleichen – wenn er bis dahin überhaupt überlebt hat – sein Qualitätsbemühen wird sinken, Verbesserungsinvestitionen werden unterlassen. Langfristig erfolgreiche Austauschbeziehungen gründen auf einem anderen Fundament. Im Rahmen des Lieferantenpflegemanagements soll durch Maßnahmen der Früherkennung festgestellt werden, wo sich Probleme anbahnen, durch Maßnahmen des Supplier-Relationship-Management (SRM) sollen Probleme bewältigt werden.

Schließlich entscheidet die Pflege der Öffentlichkeit (Nachbarn, Medien, Politik usw.) darüber, wie man dort mit seinen Wünschen (z. B. Betriebserweiterung, Genehmigung neuer Technologien) Widerhall findet. Wer öffentlichkeitsinteressante Informationen zurückhält (verschweigt), wer gar lügt, darf sich über mangelnde Glaubwürdigkeit, über kritische Berichte, auch in der Fachpresse, nicht wundern. Hier liegt noch manches im Argen.

(2) Anreiz-Beitrags-Theorie

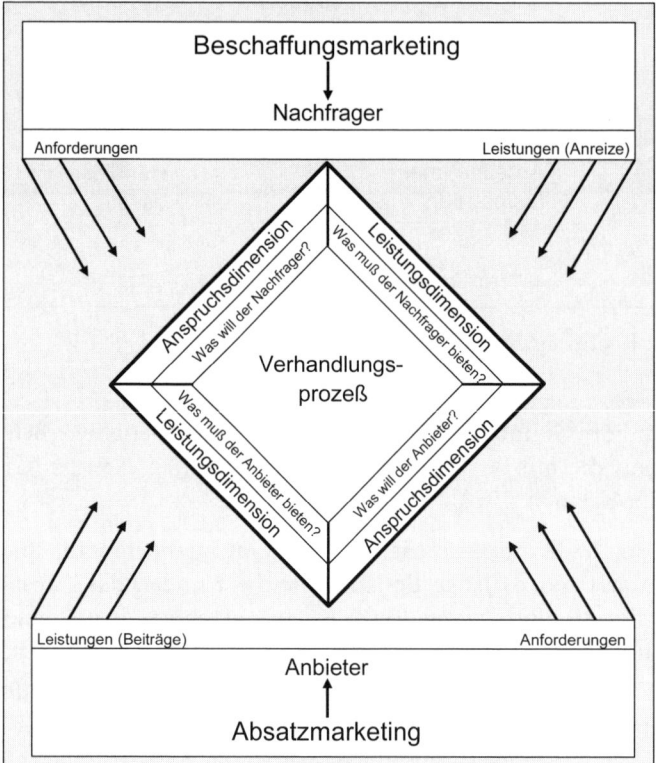

Übersicht 19: Die Marketingstruktur nach der Anreiz-Beitrags-Theorie

Während die Koalitionstheorie eher die Warum-Frage angeht, steht im Mittelpunkt der Anreiz-Beitragstheorie der Lösungsaspekt (Barnard 1938, Fahn 1972,

Biergans 1984). Nur wer interessante Anreize bietet, kann mit entsprechenden Gegenleistungen (Beiträgen) rechnen. In einem Verhandlungsprozess treffen die **Anspruchs-** und **Leistungsdimensionen** der Interaktionspartner aufeinander (vgl. Übersicht 19).

Der Nachfrager kann aus der privaten Sphäre (Konsument) oder der gewerblichen Sphäre (Beschaffer) kommen. In der gewerblichen Sphäre werden die Bedarfsanforderungen im Wesentlichen auf der Nachfrageseite gelöst, in der privaten Sphäre ist das deshalb schwieriger, weil der Konsument häufig nicht so recht weiß, was er will. Hier obliegt es eher dem Anbieter zu überlegen, was der Nachfrager wollen könnte (→ empathische Prognose). Im Konsumbereich kann der Anbieter die Anforderungen (Ansprüche) durch sein Angebot mitprägen.

In der ersten Stufe des Verhandlungsprozesses wird geklärt, ob die Anbieterleistungen prinzipiell den Nachfrageforderungen entsprechen. Das ist im gewerblichen Bereich deshalb ein langwieriger Prozeß, weil meist spezifische Wünsche befriedigt werden sollen; bei Norm- und Katalogprodukten ist dagegen kein Austauschunterschied zwischen gewerblichem und privatem Bereich z. B. im Interneteinkauf festzustellen.

Aus den Anreiz-Beitragsüberlegungen resultieren – hier jetzt dargestellt aus der Beschafferperspektive – folgende Fragenblöcke:

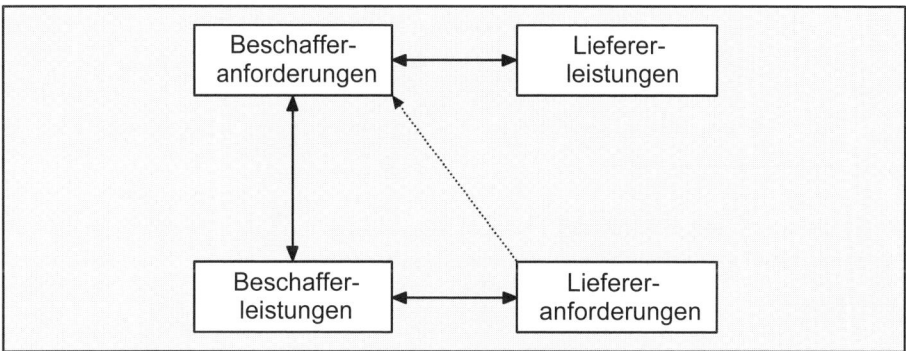

Übersicht 20: Das bipolare Beziehungsgefüge zwischen Beschaffer und Lieferer

Die Beschaffungsanforderungen ergeben sich aus den in Übersicht 5 erwähnten Funktionsbereichen. Das ist ein schwieriger Abstimmungsprozeß, bei dem die Gesamtinteressen des Unternehmens im Hinblick auf die Kundenbefriedigung dominieren. Im Idealfall kann der Lieferant diese Anforderung erfüllen (Lieferleistungen). Dem stehen Anforderungen des Lieferanten, in Sonderheit der Preis gegenüber. Nun beginnen die Verhandlungen, weil entweder die Lieferantenleistung niedriger oder die Preisforderungen höher ausfallen. Hier setzt das Anreiz-Beitrags-Bemühen des Beschaffers an. Bevor er in die Verhandlungen geht, hat er überlegt, was den Lieferanten interessieren könnte. So wie im Absatzbereich Kundenansprüche prognostiziert werden, muß der Beschaffer überlegen, welche Wünsche der Lieferant haben könnte und wie wichtig sie ihm sein könnten. Darauf basiert dann sein Planspiel, was er für Leistungen anbieten könnte, was diese Leistungen ihn kosten. Er macht ein gutes „Geschäft", wenn er vom Lieferanten mehr erhält, als er geben muß. Prinzipiell die gleichen Überlegungen stellt der Lieferant an, auch er möchte eine aus seiner Sicht positive Differenz erzielen. Die Bewertungsdifferenzen ergeben sich aus den jeweils unterschiedlichen Bewertungssituationen von Lieferant und Beschaffer. Man erzielt eine „Win-Win-Situation".

(3) Interaktionstheorie

Als Interaktion kann man nach Staehle (1980, S. 284) eine zweckgerichtete wechselseitige soziale Beziehungen zwischen Interaktionspartnern verstehen. Homans (1972, S. 45 – 64) charakterisiert den Tausch zwischen Menschen so:

1. Wenn die Aktivität einer Person früher während einer bestimmten Reizsituation belohnt wurde, wird diese sich jener oder einer ähnlichen Aktivität um so wahrscheinlicher wieder zuwenden, je mehr die gegenwärtige Reizsituation der früheren gleicht.
2. Je öfter eine Person innerhalb einer gewissen Zeitperiode die Aktivität einer anderen Person belohnt, desto öfter wird jene sich dieser Aktivität zuwenden.
3. Je wertvoller für eine Person eine Aktivitätseinheit ist, die sie von einer anderen Person erhält, desto häufiger wird sie sich Aktivitäten zuwenden, die von der anderen Person mit dieser Aktivität belohnt werden.
4. Je öfter eine Person in jüngster Vergangenheit von einer anderen Person eine belohnende Aktivität erhielt, desto geringer wird für sie der Wert jeder weiteren Einheit jener Aktivität sein.
5. Je krasser das Gesetz der ausgleichenden Gerechtigkeit zum Nachteil einer Person verletzt wird, desto wahrscheinlicher wird sie das emotionale Verhalten an den Tag legen, das wir Ärger nennen.

Für diese Aussagen gibt es wiederum Theorien. Die Sätze können als Fundament für die Maßnahmenplanung im Rahmen des Customer-/Supplier-Relationship-Management benutzt werden.

(4) Netzwerktheorie

Die Theorien zur Informationsasymmetrie, die in der Betriebswirtschaftslehre inzwischen eine beträchtliche Rolle spielen, konzentrieren sich auf die Erklärung **opportunistischen** Verhaltens. Nach diesen Vorstellungen gibt es bei Interaktionsprozessen einen Sieger und einen Verlierer. Wenn man sich im Marketing jedoch um Kunden- und Lieferantenbindung bemüht, sind diese Aussagen kontraproduktiv. Interessanter sind dagegen Überlegungen, wann es zu strategischen Partnerschaften, kollaborativen Marktbeziehungen kommt. Statt einer mißtrauensbasierten Ausgangslage steht hier eine auf Vertrauen gestützte Interaktion im

Vordergrund. Der Aufbau eines Netzwerkes kostet Zeit und Geld. Ein Netzwerk läßt sich als Nutzungspotential geeigneter Partner verstehen. Netzwerke müssen gepflegt werden, dem eigenen Nutzen muß ein Nutzen des Partners gegenüberstehen, die schon erwähnte Win-Win-Situation ist charakteristisch. Durch Verhaltensleitlinien muß sichergestellt werden, daß Personalwechsel nicht zur Beziehungstrübung führt. Nach Sydow (1992) werden bei Netzwerken marktliche Elemente mit hierarchischer Koordination verbunden. Daraus jedoch den Schluß zu ziehen, daß in Netzwerken nur mittlere Maße an Sicherheit, Komplexität und Spezifität vorherrschten (Homburg/Werner 1998, S. 985), wird in dieser Allgemeingültigkeit von der Realität nicht gedeckt. Die externe Produktion und Beschaffung des Porsche Boxter bei Valmet in Finnland wäre ein bekanntes Gegenbeispiel.

2   Der Markt als Tätigkeitsgebiet

Interaktionsprozesse entstehen durch Angebot und Nachfrage. Je nach Perspektive handelt es sich um einen Absatz- (Angebotsperspektive) oder Beschaffungsmarkt (Nachfrageperspektive).

Für den Beschaffungsmarkt ist jeweils die gewerbliche (organisationale Beschaffung) oder die konsumtive Sicht (Konsumentenbeschaffung) möglich. Je nach Konkurrenzschwerpunkt können **Käufermärkte** (hohe Anbieterkonkurrenz, der Käufer kann auswählen, der Kunde ist König) oder **Verkäufermärkte** (geringe Anbieterkonkurrenz, hohe Nachfrage) vorliegen. In Wettbewerbswirtschaften sind Verkäufermärkte eher die Ausnahme. Für den gewerblichen Beschaffer ist es wichtig, daß er nicht davon überrascht wird, daß sein Beschaffungsmarkt vom Käufer- in den Verkäufermarkt umkippt. Erklärungen für ein schlechter werdendes Geschäft, die darin liegen, daß man nicht die benötigten Mengen beschaffen konnte und daß man sich mit starken Preissteigerungen konfrontiert sah, geben kein Ruhmesblatt für die Arbeit des Beschaffers ab. Auch auf dem Absatzmarkt hat man es mit gewerblichen Kunden oder Konsumenten zu tun.

2.1 Marktfeldbestimmung

Um nicht blind im Heuhaufen herumzustochern, muß man prüfen, wo man nach Problemen und damit nach Problemlösungsmöglichkeiten Ausschau halten kann. Die folgende Struktur erleichtert die Antworten:

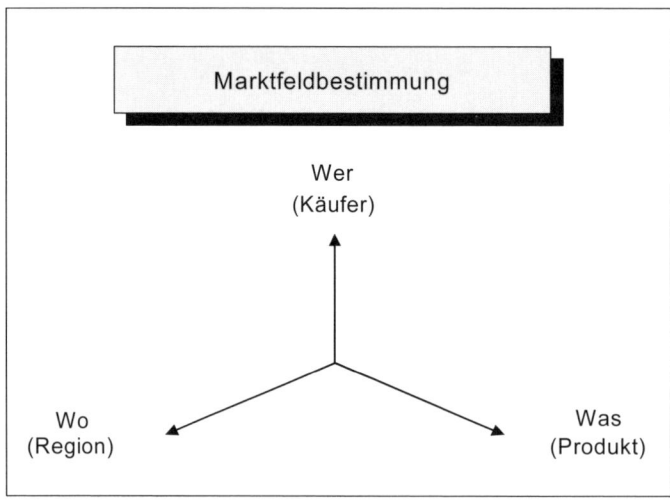

Übersicht 21: Zur Marktfeldbestimmung

(1) Marktsubjektbestimmung (Wer?)

Jedes Unternehmen muß sich darüber klar werden, für wen es **Fremdbedarf** decken, wessen Probleme es lösen will. Damit ist die Kundenfrage gestellt. Wessen Probleme gelöst werden sollen, bestimmt sich aus Absatz- und Beschaffungssicht recht unterschiedlich, wenn wir den aus dem Absatzbereich stammenden Kundenbegriff auch im Beschaffungsbereich verwenden, wie das die Übersicht 22 zeigt.

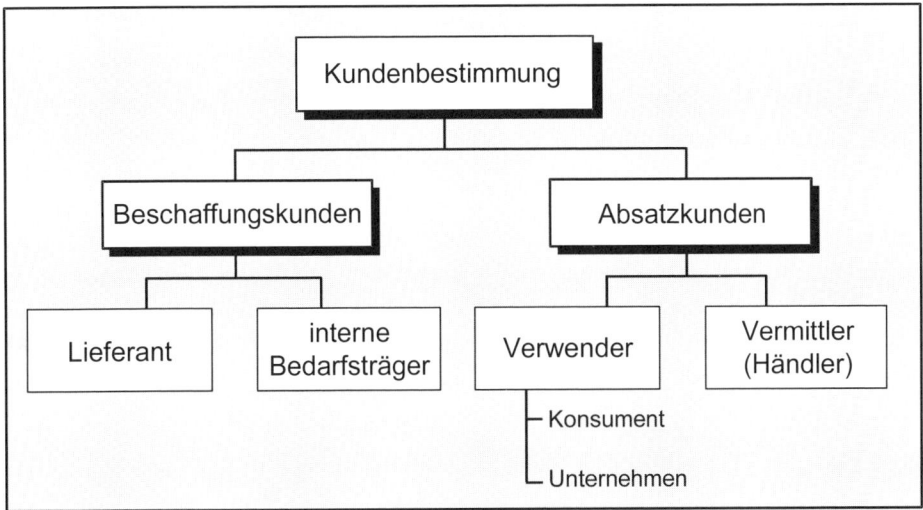

Übersicht 22: Kundenkategorien

Wenn man an Kunden denkt, orientiert man sich automatisch am Absatz. Abstrahiert man von dieser Sicht und fragt stattdessen nach den **Interaktionspartnern**, so kann man auch aus der Beschaffersicht vom Beschaffungskunden sprechen. Der externe Interaktionspartner ist dann der Lieferant, die internen Austauschpartner sind diejenigen, für die man einkauft, oder allgemeiner diejenigen, die am internen Beschaffungsprozeß beteiligt sind (z. B. Produktion, Logistik, Absatz). Man kann sie als interne Bedarfsträger bezeichnen. Insbesondere bei großen Mehrspartenunternehmen wurde in den letzten Jahren die Beschaffung zentralisiert. Die zentrale Beschaffung wird von den Sparten nur akzeptiert, wenn sie die Spartenanforderungen besser erfüllt als die Sparte selbst. Bereits hier wird deutlich, daß die Beschaffung eine **Agentenfunktion** zwischen Beschaffungsmarkt und innerbetrieblicher Inputverwendung ausübt.

Die Absatzkunden haben wir hier aufgespalten in Verwender und Vermittler (Händler). Je nachdem, an welcher Stelle der Wertkette sich das eigene Unternehmen befindet, kann der Verwender der Konsum- oder der Weiterverarbeitungssphäre zugerechnet werden. Die Handelskonzentration zwingt dazu, auch die Handelsprobleme zu beachten, will man überhaupt im Sortiment des Handels auftauchen („gelistet" werden). Im Lebensmittelhandel (2004) decken die 9 größten Lebensmittelhändler mit 120 Mrd. € Jahresumsatz knapp 99 % des Gesamtmarktes ab. Wenn der größte (Rewe) gut 19 % umsetzt, kommt man an diesem Handelsunternehmen kaum vorbei. Bei indirektem Absatz (mehr dazu in Abschnitt 4.331) müssen auch die Händleransprüche intensiv geprüft werden. Dies ist auch deshalb notwendig, weil geklärt werden muß, wie Anspruchskonflikte gelöst werden sollen.

Mit den Ansprüchen werden wir uns wegen der besonderen Bedeutung für den Markterfolg noch eingehender befassen (siehe Abschnitt 2.3).

(2) Marktobjektbestimmung (Was?)

Was will man verkaufen, was benötigt man zur Angebotserstellung?

Es handelt sich um die Festlegung des **Sachziels** eines Unternehmens, einer Sparte, einer Abteilung usw. Das Sachziel begrenzt den Inhalt des Tätigkeitsfeldes, es legt fest, was das Unternehmen anbieten, herstellen und beschaffen will. Wozu ein Unternehmen das tut, der Zweckbezug also, wird im 3. Kapitel unter der **Formalziel**perspektive behandelt.

Betrachtet man die Erfolgs- oder Mißerfolgsgeschichte von Unternehmen, dann stößt man auf recht unterschiedliche Vorgehensweisen:

- Man hat einen Produktbereich gewählt, an ihm hält man über die Jahre fest (→ Sachzielkonstanz). Die Firma Henckels Zwillingswerk stellt seit Jahr und Tag Messer und Scheren her.
- Man hat einen Produktbereich im Zeitablauf ausgeweitet; bei VW wurde das PKW-Sortiment um ein LKW-Sortiment erweitert. Dann hat man weitere Automarken hinzugekauft (Audi, Bentley, Skoda, Seat, Lamborghini, Bugatti).
- Man hat das bisherige Produktsortiment verkleinert; so hat die Braun AG 1991 ihre HiFi- und TV-Produkte eliminiert.
- Man hat das bisherige Produktsortiment um einen oder mehrere vollständig neue Produktbereiche erweitert. So kam zum Snack-Anbieter Mars der Tierfutterhersteller Effem hinzu; Mercedes wurde um AEG, den Flugzeugbereich (DASA) usw. erweitert. Das wird auch als **Diversifikation** bezeichnet. Inzwischen hat sich Mercedes von einigen Unternehmen wieder getrennt (z. B. AEG, Fokker, Adtrans, MTU).

Erfolgsbeispiele gibt es sowohl für stark diverifizierte (z. B. GE, Siemens, Oetker) als auch für stark fokussierte Unternehmen (Pfizer, Novartis).

Diese Möglichkeiten zeigen deutlich, daß es opportun ist, ständig zu überprüfen, ob das einstmals gewählte Sachziel auch heute noch sinnvoll ist. Wenn sich zum Beispiel ein Fahrradhersteller nur als Hersteller besonderer Transportfahrzeuge versteht, dann kann er nicht auf die Idee von Mountainbikes, Trekkingbikes usw. kommen, die ja eher sportliche Freizeitgeräte mit Fun-Charakter sind.

Insbesondere bei Unternehmen mit längerer Geschichte zeigt sich häufig, wie zu einem Produkt zunächst ähnliche, dann aber auch völlig differente Bereiche hinzutreten (z. B. Oetker-Gruppe: Backpulver-Lebensmittel-Fertiggerichte; Schiffahrt; Bank; Bier und alkoholfreie Getränke; Sekt und Spirituosen; Hotels). An der Börse wird die Sachzielerweiterung nicht honoriert.

Weder eine zu enge noch eine zu weite Marktobjektbestimmung haben sich als erfolgträchtig erwiesen. Eine zu weite Bestimmung birgt die Gefahr in sich, daß die Unternehmensidentität verlorengeht, daß kein Kerngeschäft mehr existiert, daß man sich verzettelt. Die Unternehmen ITT und AEG sind hierfür beredte Beispiele.

Die Sachzielüberlegungen haben einen starken **Absatzmarktbezug**. Weil sich daraus zwangsläufig auch das ergibt, was beschafft werden muß, liegen darin Vorgaben für den **Beschaffungsmarkt**. Auch hier wächst die Dynamik. Das, was man bisher selbst herstellte, wird nun zugekauft. Man spricht von **Outsourcing** (Koppelmann 1996). In der Automobilindustrie werden Lieferanten mit der Lieferung kompletter Baugruppen beauftragt. So liefern Hella statt Fahrzeugleuchten den kompletten Fahrzeugbug („Frontend"), VDO das komplette Armaturenbrett usw. Aus den Produktivitätssprüngen folgen dann wieder Überlegungen, wie man die für diese Produktion nicht mehr benötigten Mitarbeiter beschäftigen soll. Die Folge kann das **Insourcing** sein. Bisher eingekaufte Komponenten werden wieder selbst hergestellt, wobei man sich auch um Belieferung von Konkurrenten bemüht. Daraus ergeben sich dann wieder völlig neue Beschaffungsobjekte. Das Outsourcing kann auch dazu dienen, die eigene, freiwerdende Kapazität anders zu verwenden. Die Verlagerung der Produktion des Porsche Boxter zu Valmet ermöglichte es dem Unternehmen, die Produktion der 911er-Serie stark auszuweiten.

(3) Marktweitenbestimmung (Wo?)

Wo will man tätig werden? Wo will man Probleme identifizieren (→ Problemsuche) und lösen (→ Problemlösung)? Die Blickrichtung und der Horizont müssen festgelegt werden.

Wenn man auf das falsche Feld schaut, wird man nur ausnahmsweise das Richtige entdecken. Es müssen besondere Bedingungen vorliegen, wenn das, was man für den eigenen Heimatmarkt entwickelt, auch für den Weltmarkt taugt.

Man kann von der Einteilung in Übersicht 23 ausgehen.

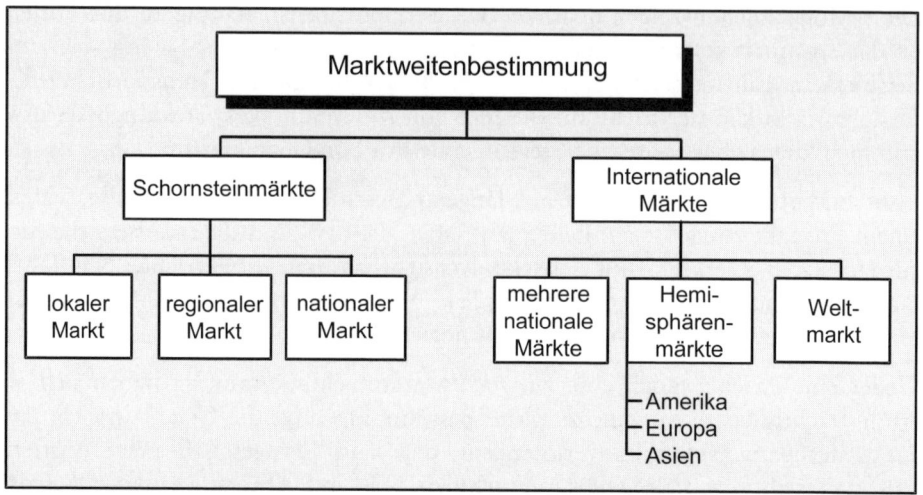

Übersicht 23: Marktreichweiten

Unternehmen des Handwerks bedienen im Regelfall den lokalen Markt, sie kaufen dort und über Einkaufsgenossenschaften ein. Es gibt Hersteller regionaler Spezialitäten (z. B. Altbier), deren Hauptabsatzgebiet die Region geblieben ist; in einigen Fällen (z. B. Parma-Schinken) bemüht man sich um die Erschließung internationaler Märkte. Die Beschaffung bleibt weiter auf die Region konzentriert. Ob im Rahmen der EU-Marktausweitung nationale Märkte langfristig Bestand haben werden, ist mit einem Fragezeichen zu versehen; das Einkaufen und Verkaufen macht jedoch auch heute noch bei manchen Unternehmen an den Landesgrenzen halt, es können auch Sprachgrenzen sein.

Viele Angebote sind stark kulturgeprägt. Daraus folgt, daß zum Beispiel ein deutscher Sitzmöbelhersteller für Frankreich andere Muster für die Polsterstoffe, für England andere Farben usw. anbieten muß. Die Absatzpräsenz in anderen Märkten kann auch dazu führen, daß man von dort einkauft. Die Abhängigkeit von Devisenkursänderungen läßt sich dadurch reduzieren, daß man für ausgeglichene Waren- und Zahlungsströme sorgt.

In der Automobilindustrie gibt es Protagonisten für Hemisphärenmärkte einerseits und für Weltmärkte andererseits. Ford hat mit dem Mondeo ein Weltauto geschaffen, Toyota konzentriert seine Entwicklung vorrangig jeweils auf den amerikanischen (z. B. Lexus), den asiatischen oder den europäischen Markt, um so besser auf die Geschmacksunterschiede eingehen zu können. Angebote für Hemisphären heißt nicht, daß man diese Angebote nicht auch woanders verkaufen könnte – die Hemisphäre bildet nur das Kernsegment des Gesamtmarktes, nach dem man sich richtet. Im Beschaffungsbereich finden wir ähnliche Schwerpunkte. Arbeitsintensive Beschaffungsobjekte werden in Osteuropa eingekauft, elektronische Bauteile kommen zu großen Teilen aus dem asiatischen Raum.

Über **Globalisierung**, über Weltmärkte wird seit langem diskutiert. Coca-Cola, McDonald's werden als erfolgreiche Unternehmen dieser Vorgehensweise bezeichnet. In der hochqualifizierten Technik (z. B. Werkzeugmaschinen, Druckmaschinen) ist der Weltmarkt nichts Neues. Bei Konsumgütern gelten jedoch einige allgemeine Erfolgsbedingungen:

- Hochwertige bis Luxusprodukte lassen sich weltweit ohne besondere Differenzierungen verkaufen (z. B. Dupont-Feuerzeug, Hermès Carré).
- Billige Massenprodukte (z. B. bic-Feuerzeuge) eignen sich wegen ihres besonders günstigen Preis-Leistungs-Verhältnisses für den Weltmarkt.
- Produkte mit einem besonderen Designakzent (z. B. Elektrogeräte der Firma Braun, Schreibgeräte der Firmen Lamy und Montblanc) werden ohne Gestaltungsmodifikation weltweit verkauft.

Dem Weltmarkt im Absatz steht das **global sourcing** im Beschaffungsbereich gegenüber. Sogenannte Commodities, Standardprodukte mit genormten Leistungen, kann man nicht nur an den Warenbörsen der Welt, sondern direkt bei Unternehmen einkaufen. Meist handelt es sich um kontinuierlichen Bedarf in großen Mengen. Auch Spitzenprodukte können weltweit eingekauft werden.

Das global sourcing erschwert nicht unbeträchtlich das Beschaffungsmanagement, wenn Synergien im weltweiten Einkauf bei weltweiter Produktion und weltweitem Absatz genutzt werden sollen. Die Abstimmungskomplexität wächst erheblich. Den damit verbundenen Kostensteigerungen versucht man dadurch zu begegnen, daß man möglichst viele Gleichteile (z.B. Plattformstrategie) entwickelt und beschafft, um Skalen-Effekte zu erzielen. Das ist ein besonders auffälliges Leistungsmerkmal der Firma Bosch-Siemens-Hausgeräte.

(4) Kombinationsaspekte

Die **Marktobjekt**- und die **Marktsubjektbestimmung** ermöglichen bereits eine erste, im Absatzmarketing weitverbreitete Entscheidungsstruktur (Ansoff 1958, S. 364):

Märkte (Kunden) / Absatzprodukte	ALTE	NEUE
ALTE	Marktpenetration	Marktentwicklung
NEUE	Produktentwicklung	Diversifikation

Übersicht 24: Marktbearbeitungsstrategien

Ersetzt man die Bezeichnung Märkte durch Kunden, dann kann man den alten Kunden alte oder neue Produkte anbieten, ähnliches gilt für neue Kunden. Je nachdem, welche Kombination man wählt, erhält man eine unterschiedliche Marktbearbeitungsstrategie. Bei der **Marktpenetration** versucht man z. B., das eigene Produkt durch Preissenkung interessanter zu machen. Man möchte den eigenen Marktanteil zu Lasten der Konkurrenz erhöhen. **Marktanteil** ist, in Prozent ausgedrückt, der eigene Umsatz im Verhältnis zum Gesamtumsatz z. B. der Produktkategorie, der Branche. Die Marktpenetrationsstrategie ist eine Konkurrenzverdrängungsstrategie. Sie setzt langfristige Nachfrage, die niedrigsten Selbstkosten der Branche und einen langen Atem gegen Überlebenskämpfe der Grenzanbieter voraus. Der kostenungünstigere Grenzanbieter operiert bei seiner Preisgestaltung nicht mit Vollkosten, er nimmt z. B. keine Abschreibungen auf seine Maschinen vor und verzögert damit seinen Marktaustritt. Die **Marktentwicklungsstrategie** ist die typische Exportstrategie. Der Kundenkreis wird durch Ausdehnung der Marktgröße (siehe Übersicht 23) erweitert. Mit der **Produktentwicklungsstrategie** versucht man, den eigenen Kunden Neues anzubieten. Dabei kann es sich um ein Nachfolgeprodukt (bei Mercedes z. B. die neue S-Klasse) oder um ein völlig neues Produkt (z. B. R-Klasse bei Mercedes) handeln. Eine in dieser Matrix nicht aufgeführte Zwischenlösung bildet die **Differenzierungsstrategie**; hier wird ein vorhandenes Produkt etwas verändert, um eine zusätzliche Zielgruppe anzusprechen (z. B. Cabrioversion, Pickup-Version). Auf die **Diversifikationsstrategie** wurde bereits hingewiesen. Wegen der schlechten Erfahrungen, die manche Unternehmen damit gemacht haben, begegnet sie uns heute nicht mehr so häufig. Das Risiko ist hoch, weil man sich weder mit dem neuen Produkt, noch mit dem neuen Markt gut auskennt. Mercedes hat das mit dem Smart leidvoll erfahren. Porsche hat mit dem sportlichen Geländewagen Cayenne mehr Glück.

Analog zu dieser Darstellung können wir auch eine Matrix für den **Beschaffungsmarkt** erstellen:

Märkte (Lieferanten) / Beschaffungsobjekte	ALTE	NEUE
ALTE	reiner Wiederholungskauf	modifizierter Wiederholungskauf
NEUE	modifizierter Wiederholungskauf	Neukauf

Übersicht 25: Kaufklassen

Wir erfassen damit unterschiedliche **Kaufklassen.** Der **reine Wiederholungskauf** wird mit Kaufroutine abgewickelt. Dafür stehen z. B. Marktplattformen zur Verfügung, Einkäufe werden über das Internet abgewickelt. Handelt es sich um einen Abrufauftrag, hat man vorher alles weitgehend verhandelt, jetzt werden nur noch Menge und Zeitpunkt der Lieferung bestimmt. Dem steht der **Neukauf** diametral gegenüber. Weil hier das Risiko der Fehleinschätzung besonders groß ist, wird lange und ausführlich geprüft, auf welchen Märkten man welchen Lieferanten auswählen soll, um dann mit ihm in die Verhandlungsphase einzutreten. Beim **lieferantenmodifizierten Wiederholungskauf** versucht man, ein bekanntes Beschaffungsobjekt bei einem neuen Lieferanten einzukaufen (→ Lieferantenwechsel). Eine andere Modifikation liegt darin, dass man bei einem bekannten Lieferanten über ein neues Beschaffungsobjekt verhandelt (→ **objektmodifizierter Wiederholungskauf**).

2.2   Marktverhalten

Wenn wir davon ausgehen, daß in einer Wettbewerbswirtschaft der Absatzmarkt den Ausgangspunkt der gesamten Planung bildet, müssen wir zuerst etwas über die wissen, denen wir Angebote machen. Wenn wir mit Problemlösungen Geld verdienen wollen, müssen wir die Probleme derer kennen, an die wir uns wenden wollen, und wir müssen uns auch Gedanken darüber machen, welche Probleme morgen bedeutsam sein werden und welche Problemlösungsmöglichkeiten wahrscheinlich akzeptiert werden.

2.21   Marktverhalten auf dem Absatzmarkt

Die einfachste denkbare Lösung des genannten Problems könnte darin liegen, die Konsumenten, auf die wir uns hier beschränken wollen, nach ihren morgigen Wünschen zu befragen. Der Erfolg wäre sehr begrenzt, weil man allenfalls etwas über gestern und heute, bestenfalls über heutige Probleme erführe, selten etwas über morgen.

Wenn man Vorstellungen darüber entwickeln will, was morgen wichtig sein kann,

- muß man selbstverständlich das Heutige, das Ist kennen, das dann den Hintergrund für eine Weiterentwicklung, für Konstanz oder krasse Veränderungen bilden kann.
- muß man über theoretische Bausteine verfügen, um in Strukturen und Systemen statt chaotisch denken zu können.
- muß man nach Personen suchen, die methodisch und sachinhaltsbezogen versiert morgige Entwicklungen aufzeigen können.

Wir wollen uns hier auf einige theoretische Überlegungen konzentrieren (siehe hierzu umfassender: Kroeber-Riel/Weinberg 2003). Was führt dazu, dass das gleiche Angebot bei dem einen Wohlwollen und bei dem anderen Mißfallen auslöst?

Wir können prinzipiell von zwei unterschiedlichen Verhaltensmodellierungen ausgehen (vgl. Übersicht 26):

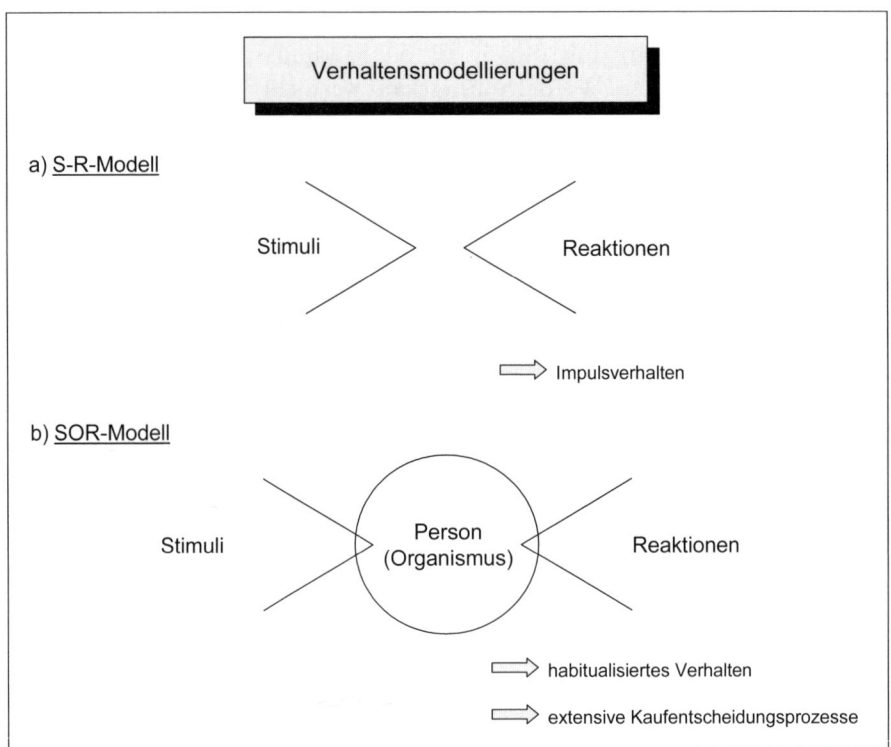

Übersicht 26: Verhaltensmodellierungen

Bei dem erstgenannten (Stimulus-/Reaktions-) Modell kann man von einer eher unmittelbaren Reaktion auf den Reiz sprechen, aus der Wahrnehmung folgt die Reaktion. Dies kommt bei sehr starken Reizen vor. Reize, bei denen einem „das Wasser im Munde zusammenläuft", führen zu impulsivem Verhalten. Starke Reize sind z. B. deutliche Preisreduktionen, sie können einen mehr oder minder offenkundigen Schnäppchenkauf nach sich ziehen.

Häufiger kommt die indirekte Reaktion vor. Hier finden in der Person Verarbeitungsprozesse des Wahrgenommenen statt, die erst dann zu Reaktionen führen. Hier spricht man von vereinfachten Entscheidungen (z. B. Routineentscheidungen) und extensiven Entscheidungen, wenn wegen der Kaufbedeutung umfangreiche Vorbereitungsprozesse üblich sind.

Für den Interaktionserfolg im Marketing ist nun das Wissen über die Einflussgrößen auf das Verhalten bedeutsam.

Reize können sein: Produktkonfrontation, Werbung, Gespräche; **Reaktionen** können sein: Kauf, Steigerung des Kaufinteresses, Wohlwollenssteigerung (Imagesteigerung).

Gleiche Reize können wegen der Informationsverarbeitung zu völlig unterschiedlichen Reaktionen führen. Für das Marketing ist die Kenntnis dieser das **Verhalten prägenden Faktoren** der Verarbeitung von besonderem Interesse. Deshalb wollen wir auf einige wichtige Faktoren etwas näher eingehen. Den Ausgangspunkt bildet die folgende Übersicht:

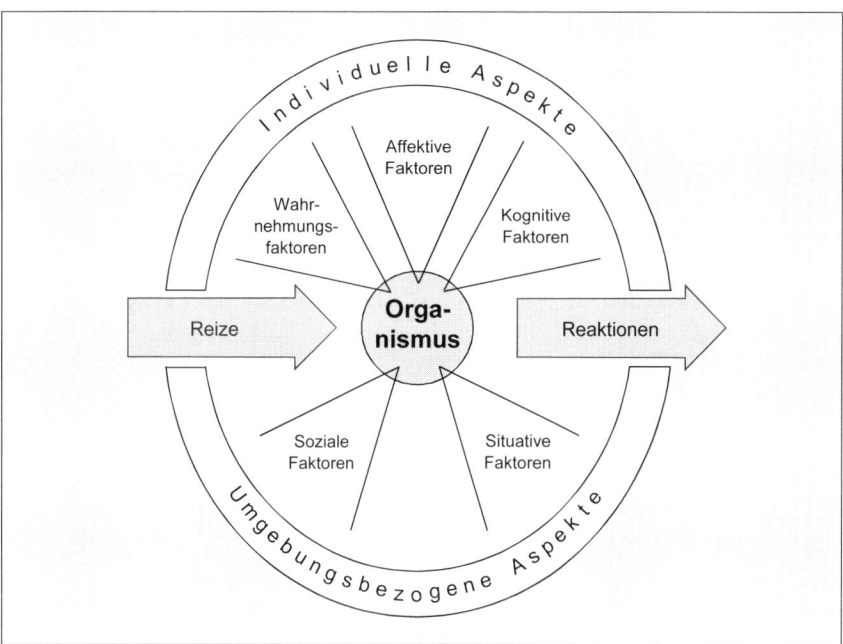

Übersicht 27: Einflussfaktoren menschlichen Verhaltens

Wahrnehmung ist an unsere Sinne (Sehen, Hören, Fühlen, Schmecken, Riechen) gebunden. Wahrnehmung erfolgt selektiv und subjektiv – wir nehmen wahr, was und wie wir wahrnehmen wollen. Es ist also entscheidend, was der Einzelne vom Angebotenen wahrnimmt, und nicht das, was der Anbieter für wahrnehmenswert hält. Angebote, die über das Wahrgenommene und zukünftig wahrscheinlich Wahrnehmbare hinausgehen, verstoßen gegen das ökonomische Prinzip. Um das Wahrnehmen zu erleichtern, sollte man einige Prinzipien menschlicher Wahrnehmung (→ Gestaltpsychologie) beachten.

- Das **Figur-Grund-Prinzip** weist darauf hin, daß sich eine Gestalt vor einem Hintergrund herausheben soll. Die Wahrnehmung wird erleichtert durch **Differenz**, neue Angebote müssen sich, sollen sie wahrgenommen werden, von den Konkurrenzangeboten, vom Bisherigen unterscheiden. Vor einem „lauten" Hintergrund fällt eine „leise" Gestalt auf.

- Das **Prägnanzprinzip** betont die Notwendigkeit eindeutiger Gestaltung, diffuse Lösungen erschweren die Wahrnehmung. Es geht weniger darum, Produkte zu entwickeln, die alles können, sondern um solche, die für wichtig Gehaltenes besonders gut können. Das Prägnante muß die anderen Produktleistungen überstrahlen, seinetwegen zieht der Konsument dieses Produkt anderen Konkurrenzprodukten vor.

- Das **Konstanzprinzip** hebt die Identifizierbarkeit und Lernmöglichkeit durch Gleichheit der Lernanstöße hervor; ständiges Gestaltändern erschwert das Lernen. Der Lernende muss sich mit der Innovation vertraut machen können. Das ist eine Frage von Zeit und Menge der Lernanstöße. Durch vielfältige gleichbleibende Anstöße kann die Lernzeit verkürzt werden.

Die **affektiven** Faktoren versorgen menschliches Handeln mit Spannungen, die nach Lösungen drängen, deshalb sind sie für unser Verhalten so wichtig. **Emotionen** (z. B. Freude, Liebe, Sehnsucht, Dankbarkeit, Zufriedenheit, Glück, Angst) bilden als Grundgestimmtheiten das Fundament für die Zuwendung zur Umwelt. Die Werbung für ganze Produktgattungen (z. B. Zahnpasta) basiert auf Emotionen (z. B. Angst). **Motive** (z. B. Essens-, Trinkmotiv) lösen Verhalten aus. Sie schaffen Spannungszustände, die nach Lösungen drängen. **Einstellungen** enthalten Beurteilungen der Umwelt („Brillen der Weltsicht"), die, weil sie sich nicht so schnell ändern, für das Marketing außerordentlich bedeutsam sind. Deshalb wollen wir sie etwas ausführlicher behandeln. Breuer (1986) hat aus empirischen Befunden folgende Einstellungsdimensionen isoliert (vgl. Übersicht 28).

Einstellungs-dimensionen	beschreibende Merkmale
Prestige-orientierung	hohen Rang verkörpern; Anerkennung; Geltungsstreben; qualitative Distanz aufbauen; verehrt werden; beneidet werden; Prestige; Status verkörpern; Ansehen; demonstrative Kostspieligkeit; auf- u. gefallen; Renomée aufbauen; andere beeindrucken; etwas darstellen wollen; Ruhm; Exklusivität zeigen; zeigen, was man hat/sich leisten kann; Hervorhebung; Demonstration von Erfolg und/oder Besitz; Luxus; bewundert werden; auf andere wirken; usw.
Neuheiten-orientierung	Unbekümmertheit und Spontaneität des Konsumverhaltens; hohe Risikobereitschaft; erlebnisorientiert; Freude an neuem Angebot; Probierlust; Vorurteilslosigkeit; große Aufgeschlossenheit; Neuigkeitswert reizt; Aktualität; Wunsch nach Erweiterung des Erlebnisraumes; Progressivität; Neugierde; neue Möglichkeiten des Erfahrens und Genießens suchen; Fortschritt, Experimentierfreude; modern sein; Mut zum Risiko; hohe Frustrationstoleranz; Begeisterungsfähigkeit gegenüber Neuem; Erlebnishunger, Mode; Wagemut; Pionier; innovative Konsumfreude; avantgardistisch; usw.
Ästhetik-orientierung	anspruchsvoll; mit eigener Note; sicherer Geschmack; Proportionen; harmonische Ausstrahlung; gepflegtes Aussehen; Freude an ästhetisch Schönem; Selbstgenuß; Wohlgefallen; geschmackvolles Design; eleganter Chic; Angemessenheits-standard des Lebens vernünftiger Menschen; Ausgewogenheit; Harmonie; usw.
Sicherheits-orientierung	Besorgtheit; gewissenhafte Absicherung; Angst vor Mißerfolg; Gesundheitsorientierung; meinungsabhängig; Risikoscheu; verunsichert; Schutz und Anlehnung suchen; keine Fehler machen; hypochondrisch; Planung und Aktivität zur Einschränkung zukünftiger Risiken; sich an Vorbildern orientieren; Skepsis; Zurückhaltung; Vorsicht; für schlechte Zeiten etwas zurücklegen; usw.
Leistungs-orientierung	etwas perfekt beherrschen; sachlich; Anwendungsorientierung, Objektivität; praktisch; ausgereift; kritisch; Funktionalität; hohe Güte; Gebrauchstauglichkeit; Freude an Optimierung; Qualität; technischer Komfort; Perfektion und Vollkommenheit; zweckmäßig; nur das Beste; Perfektionismus; usw.
Sensitivitäts-orientierung	Feinfühligkeit; sensorisch; Genuß; hohes sensitives Erleben; nach geschmacklich ausgewogenen Kompositionen suchen; Oberflächensensibilität; starke Empfindungsgabe; Vollendung; Gefühlsbetontheit; raffinierte Spezialitäten; usw.
Aufwands-orientierung	sorgfältig und sparsam wirtschaften; festes Sparprogramm; intensiv planen und durchrechnen; Preisbewußtsein; geringe Ausgabenhöhe bedeutend; sparsame Haushaltsführung; Vergleich des notwendigen Zeit- und Arbeitsaufwandes; billige Sonderangebote kaufen; niedrige Preisklasse; kaufen, wenn billig; wenig Zeit in Hausarbeit investieren; usw.
Traditions-orientierung	Konservativität; keine Experimente; Vertrauen in Bewährtes und Erprobtes; Ordnung; nicht der Mode unterworfen; altmodisch; früher war alles besser; für's Leben; alles an seinem Platz; dauerhafte Produkte; Konvention; für Änderungen nicht zu haben; an einmal Erworbenem festhalten; Tendenz zur Beibehaltung von Traditionen; usw.
Ökologie-orientierung	bedrohte Umwelt; persönliche Bedrohung durch Umweltverschmutzung; Eigenverantwortung gegenüber der Umwelt; Verzicht auf umweltgefährdende Produkte; aktiver Einsatz für Umwelt- und Gesundheitsschutz; natürlich leben; mit der Natur in Einklang leben; Ablehnung materialistischer Werte; Bevorzugung postmaterieller Werte; Sicherheits- und Traditionsbezug; Schutzbedürfnis; Suche nach intensiven zwischenmenschlichen Beziehungen; Gesundheitsbewußtsein; usw.

Übersicht 28: Charakterisierung von Einstellungsdimensionen

Ein Konsument, dessen Verhalten bei für ihn wichtigen Produkten stark durch Prestigeorientierung geprägt ist (→ Prestigetyp), wird große Beachtung der Markenbekanntheit und Markenhochwertigkeit (Luxusmarke), der Sichtbarkeit der Hochwertigkeit (z. B. durch Form- und Materialwahl) schenken (→ Veblen-Effekt). Der Leistungsorientierte ist dagegen stark an den technischen „Werten" der Produkte (z. B. bei EDV-Anlage, HiFi-Anlage, Motorrad, Kamera) interessiert, über die er faszinierend berichten kann. Dies mag als Erläuterung genügen. Einstellungen bieten Grundlagen für die Marktsegmentierung (siehe Abschnitt 2.4).

Als **kognitive Faktoren** kann man Wissen, Intelligenz und Phantasie bezeichnen. Wenn man Produkte für Freaks (z. B. HiFi-Produkte, Computer) herstellt, muß auch die Distribution (z. B. Verkäufer im Handelsgeschäft) darauf abgestimmt sein. Wenn der Verkäufer weniger als der Käufer weiß, auffällig ungenau argumentiert, schwindet seine Beratungskompetenz; das kann sich auch negativ auf das Ansehen des Produktes (→ Produktimage) auswirken. Bei Gebrauchsanweisungen wird häufig zuviel Wissen unterstellt. Um sich die ästhetische Wirkung von Produkten im eigenen Raum vorstellen zu können, braucht man Phantasie. Weil man davon ausgehen muss, dass die meisten Menschen nur über eine geringe Wirkungsphantasie verfügen und deshalb sich eher entscheidungszögerlich verhalten, müssen Produkte in realitätsnahen Zusammenhängen präsentiert werden, umtauschbar sein usw. Diese drei Gruppen bilden individuelle Schwerpunkte, die folgenden beiden überlagern das Bisherige.

Die **sozialen Faktoren** betonen die Einbindung des Einzelnen in die Gemeinschaft. Kultureinflüsse wurden bei der Marktgrößenbestimmung bereits erwähnt. Eß-, Trink-, Wohnkultur sind geläufig. Wenn man mit seinem Angebot die eigenen Kulturgrenzen verläßt, muß geprüft werden, ob das Angebot an neue Kulturgrenzen stößt und diesen anzupassen ist, oder ob gerade die kulturelle Eigenständigkeit das Originelle des Angebots fundiert. Eine Gesellschaft kann in soziale Schichten (obere, mittlere, untere) eingeteilt werden. Eine soziale Schicht kann durch Ausbildung, Beruf und Einkommen definiert werden (Bolte/Kappe/Neidhardt 1968). In vielen Bereichen können wir schichtspezifisches Einkaufsverhalten beobachten. Ebenfalls aus der Soziologie kommt das Rollenkonzept. Je nach Situation schlüpfen wir im privaten (z. B. Mutter, Vater) oder dienstlichen Bereich (z. B. Einkäufer, Designer) in unterschiedliche Rollen, um uns dann rollenkonform zu verhalten. Die Kenntnis der Berufsrollen erleichtert das Abstimmungsverhalten im organisationalen Beschaffungsprozess (→ Einkauf). Auch das Alter und die Familiensituation kann man diesem Bereich zuordnen. In der jüngeren Marketingdiskussion wird die Bedeutung der „Alten" - euphemistisch wird von „Best-Agern" gesprochen - herausgestellt, deren Anteil an der Gesellschaft zunimmt, die häufig über hohe Kaufkraft verfügen, für die allerdings vielfach keine passenden Angebote entwickelt werden.

Als **situative Faktoren** können zeitliche, örtliche und ökonomische Einflüsse gelten. Je nachdem, wann (Tages-, Wochen-, Jahresablauf), wo (zu Hause, Arbeitsort, festlicher Ort) und unter welchen ökonomischen Bedingungen (Rezession, arbeitslos, Lottogewinn, Lohnerhöhung usw.) man mit einem neuen Reiz konfrontiert wird, reagiert man anders. Also muß die möglichst günstige Situation geplant werden.

Diese Einflußgrößen sind für das Absatzmarketing im Konsumgütersektor besonders wichtig.

2.22   Marktverhalten im Beschaffungsmarkt

Als Absatzkunden begegnen uns Konsumenten, Unternehmen (business-to-business-Marketing) und Händler. Wir hatten die Beobachtungen im vorigen

Abschnitt stark auf die **Konsumentensicht** konzentriert. Bezogen auf den Beschaffungsmarkt stellen wir die **Unternehmenssicht** in den Vordergrund.

Gegenüber dem Absatzmarkt weist das Verhalten auf Beschaffungsmärkten einige grundsätzliche Unterschiede auf:

– Die Zahl der Kunden (→ Lieferanten) ist im Regelfall sehr viel niedriger als auf Absatzmärkten – hier geht man nicht von Massenmärkten aus. Bei der single-sourcing-Strategie konzentriert man sich auf einen Lieferanten pro Beschaffungsobjekt. Statt Anonymität sind individuelle Beziehungen eher die Regel. Besonders deutlich wird das bei Systemlieferanten, die umfangreiche Komponenten liefern. So sind beim Smart-Auto lediglich 9 Lieferanten aktiv. Allgemein beobachten wir eine Lieferantenkonzentration. Man will dadurch, daß man von einem Lieferanten möglichst viel kauft, Kosten der Lieferantenpflege, -verhandlung und der Beschaffungsabwicklung (→ Beschaffungsprozeßkosten) einsparen.

– Während auf Konsumentenmärkten kognitive Wirkungen eher im Hintergrund bleiben, prägen sie die Entscheidungen auf Beschaffungsmärkten sehr viel deutlicher. Damit bedürfen die Entscheidungen einer stärkeren sachrationalen Basis. So sind Prognosen leichter zu erstellen. Dennoch spielt auch das Persönliche eine nicht unbeträchtliche Rolle (z. B. Einstellung zum Beruf, Risikoaversität).

– Konsumentscheidungen sind intensiv von der Einzelperson geprägt, wohingegen Beschaffungsentscheidungen in Unternehmen in der Mehrzahl der Fälle von verschiedenen Funktionsträgern beeinflußt werden. Der Zwang zum Kompromiß ist größer.

– Das führt meist auch zu einem längeren Entscheidungszeitraum. Wegen der Interessenabwägung zwischen den verschiedenen Funktionsbereichen (z. B. Konstruktion, Design, Forschung und Entwicklung, Produktion) besteht zeitverschlingender Abstimmungsbedarf.

Das Marktverhalten im Beschaffungsmarkt aus Unternehmenssicht wird auch als **„organisationales" Beschaffungsverhalten** beschrieben. Wir können von folgender Übersicht ausgehen:

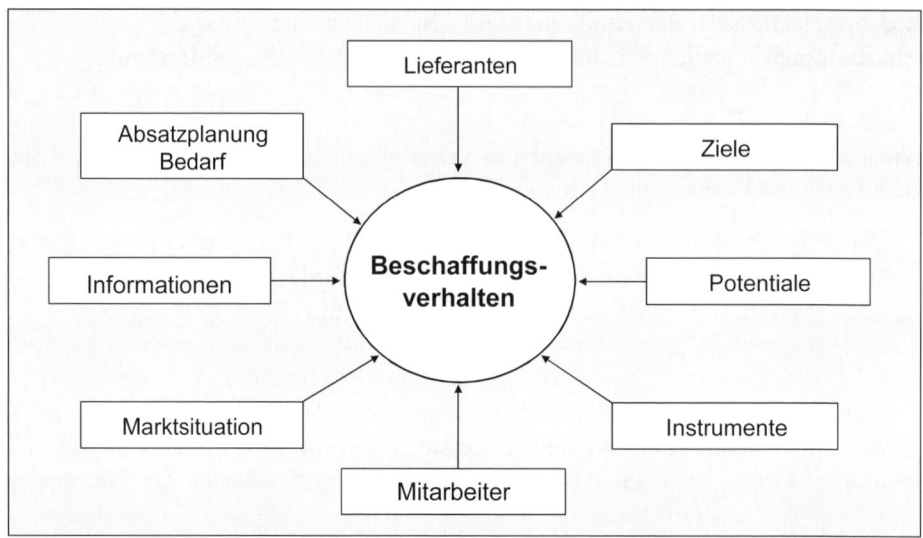

Übersicht 29: Einflußfaktoren auf das Beschaffungsverhalten

Mitarbeiter haben unterschiedliche Funktionen, sie haben Unterschiedliches gelernt. Ein Einkäufer setzt andere Schwerpunkte als ein Verkäufer, Konstrukteur, Designer usw. Und selbst nicht alle Einkäufer reagieren gleich – Persönlichkeit, Interessen, Risikoverhalten, Karrierevorstellungen führen zu Unterschieden.

Der **Lieferant** beeinflußt mit seiner Leistungsfähigkeit, Leistungswilligkeit und Problemlösungsfähigkeit die Beschaffungsverhandlung. Durch das Setzen und Verfolgen von **Zielen** erfährt sie die gewünschte Richtung. Wenn die Ziele der Verhandlungspartner differieren, sind Konflikte unvermeidbar.

Potentiale üben einen eher restriktiven Einfluß aus, Fähigkeitsgrenzen engen Pläne und Maßnahmen ein. Einen besonderen Aspekt der Potentiale bilden die zur Verfügung stehenden **Beeinflussungsinstrumente**. Je weniger Anreizinstrumente man besitzt und je teurer sie sind, um so mehr wird sich die Verhandlung auf den Preis konzentrieren.

Die **Marktsituation** bildet auch das Machtverhältnis ab. Verfügt der Lieferant über unausgenutzte Kapazitäten, die er dringend füllen muß, befindet man sich in einer besseren Verhandlungsposition, als wenn der Lieferant wegen hoher Kapazitätsauslastung an Aufträgen im Augenblick wenig interessiert ist. Einen wichtigen Erfolgsfaktor für die Verhandlung stellt ein ausreichender **Informationsfundus** dar. Unternehmensinternes und Marktwissen beschleunigen den Verhandlungsprozeß.

Das gleiche gilt für eine zuverlässige **Absatzplanung** im eigenen Unternehmen, um die richtigen Qualitäten, Quantitäten und Lieferzeiten planen zu können.

2.3 Marktansprüche

Aus den verhaltensprägenden Faktoren entspringen Wünsche oder Ansprüche als konkrete Ausprägung des Gewollten. Wir können in Absatz- und Beschaffungsansprüche trennen. Dabei wollen wir Produkt- und Dienstleistungsansprüche getrennt behandeln:

2.31 Absatzansprüche an Produkte

Die Verhaltensfaktoren bilden den Hintergrund für die Ansprüche der Marktpartner. Sie definieren das Problem, dessen Lösung sich das Unternehmen zur Aufgabe macht. In diesem Kontext wird von Bedürfnis, Bedarf, Nachfrage, Nutzen geredet. Der Bedürfnisbegriff (z. B. Trinkbedürfnis) ist für die Angebotsentwicklung zu unspezifisch, man möchte ja vielmehr etwas trinken, das nicht nur den Durst löscht, sondern das auch noch gut schmeckt, kühlt, der Gesundheit dient usw. Dies gilt dann auch für die Begriffe Bedarf und Nachfrage. Der Nutzenbegriff betont eher die Angebotsseite, der Anspruchsbegriff die Nachfrageseite – sie korrespondieren also. Wenn wir den Kunden in den Mittelpunkt stellen, müssen wir konsequenterweise den Anspruchsbegriff wählen. Man kann <u>Ansprüche als nahe an der Verhaltensoberfläche liegende gegenstandsgerichtete Wünsche</u> bezeichnen. Die Identifikation evidenter und auch latenter Ansprüche bildet die Grundlage für ein interaktionsorientiertes Marketing mit hoher Erfolgswahrscheinlichkeit.

Welche Ansprüche sind denkbar? Die folgende Anspruchskategorisierung stellt nur einen Ausschnitt einer tiefer und feiner gegliederten Struktur dar (umfassender Koppelmann 2001, S. 139 ff.). Sie soll lediglich zeigen, daß sich die Anspruchsanalyse zur Problemidentifikation eignet:

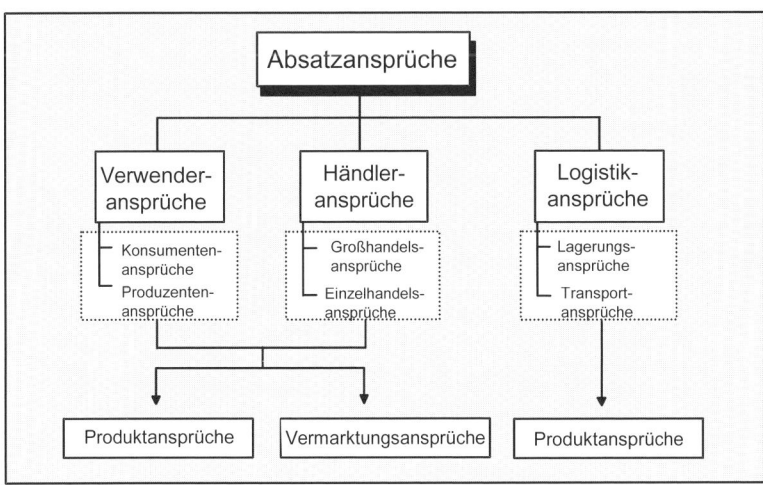

Übersicht 30: Absatzansprüche

Es dürfte kaum überraschen, wenn wir nicht alle Ansprüche hier behandeln können – für eine Einführung reicht das Verständnis, wie man sich im Marketing mit
dem Austauschpartner auseinandersetzt. Deshalb wollen wir uns mit einer Differenzierung der **Produkt**ansprüche der **Verwender** begnügen. Steht bei der An-
spruchsäußerung das Kognitive im Vordergrund, sprechen wir von **Sachansprü-
chen**, dominiert dagegen das **Emotionale**, reden wir von **Anmutungsansprüchen**. Man kann die Sachansprüche gemäß Übersicht 31 einteilen.

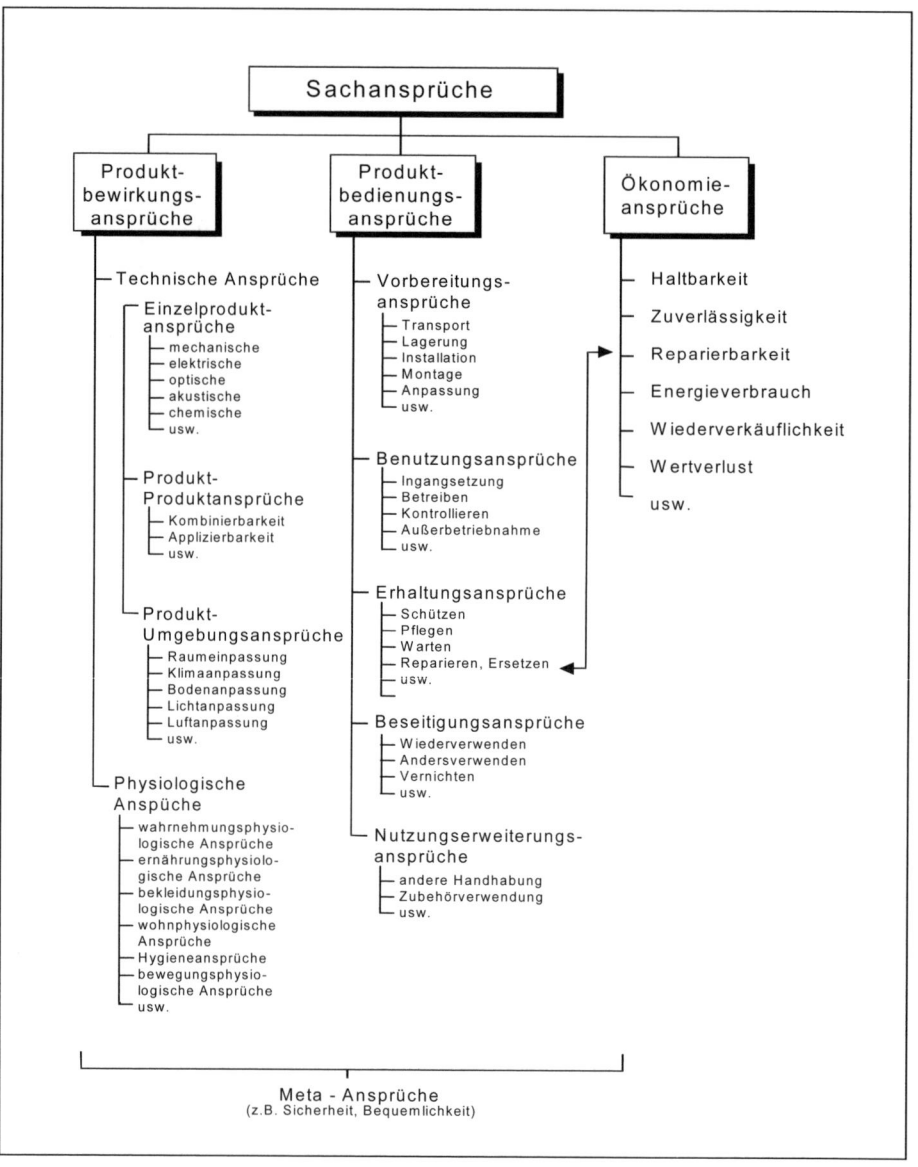

Übersicht 31: Sachansprüche

Die **Produktbewirkungsansprüche** bilden die Grundlage, den Ausgangspunkt, damit ein Produkt überhaupt als nutzenstiftend erlebt werden kann. Je mehr Produkte die technischen Ansprüche gleich gut erfüllen (siehe Ergebnisse der Zeitschrift „test"), um so notwendiger wird die Erfüllung weiterer Ansprüche. Die physiologischen Ansprüche ergeben sich aus dem Bezug des Produktes zum Menschen. Ist der Sessel so gestaltet, daß man sich gut setzen, aufstehen, bequem sitzen kann usw.?

Die **Produktbedienungsansprüche** kehren die Blickrichtung um: Es geht um den Bezug des Menschen zum Produkt beim Umgang, der Handhabung des Produktes. Hier wurde eine prozeßorientierte Struktur gewählt. **Ökonomieansprüche** betonen Kosten-Nutzenerwartungen und **Metaansprüche** überlagern die beiden ersteren Kategorien. Während Produktbewirkungs- und Ökonomieansprüche von den meisten Produkten ganz ordentlich erfüllt werden, kann bei den Produktbedienungs- und Metaansprüchen noch manches besser gelöst werden. Das sind damit Differenzierungsfelder.

Im konkreten Fall der Angebotsentwicklung bildet eine derartige Systematik einen Fragenkatalog, um zum einen unbedingt Notwendiges (→ Mindeststandard) und zum anderen zusätzlich Differenzierendes herauszufiltern.

Die **Anmutungsansprüche** (das Erlebnishafte) stehen heute im Mittelpunkt der Entwicklung von Konsumprodukten (siehe Übersicht 32). Wenn viele schon alles haben, muß man faszinierende Angebote erstellen. Auf die daraus folgenden **Emotionsstrategien** gehen wir in Abschnitt 3.25 gesondert ein.

Die **Empfindungsansprüche** sind durch eher statische Eindrücke gekennzeichnet, während die **Antriebsansprüche** sogenannte konative Energien hervorrufen; man will etwas tun, ohne dies genau begründen zu können. Wegen ihrer besonderen strategischen Bedeutung sollen diese Ansprüche etwas umfangreicher erläutert werden. Der Prestigeorientierung liegen Wertansprüche zugrunde; sie können sich auf Hochwertigkeits- (erlesen, exquisit, kostbar, luxuriös usw.), auf Gleichwertigkeits- (wertentsprechend, äquivalent usw.) und Bereicherungsaspekte (schmückend, verzierend usw.) erstrecken. Besonderheitsansprüche spiegeln sich in Adjektiven wie außergewöhnlich, exotisch, einzigartig, phantastisch usw. wider. Zeitansprüche weisen mehrere Dimensionen auf: Vergangenheitsansprüche werden mit Worten wie klassisch, antik, original, Gegenwartsansprüche mit neu, modern, Zukunftsansprüche mit fortschrittlich, progressiv, avantgardistisch, revolutionär und schließlich Zeitlosigkeitsansprüche mit unvergänglich, dauerhaft, zeitlebens erfaßt. Isolierte Ästhetikansprüche kann man mit Worten wie schön, harmonisch, schick, hübsch, attraktiv, kess und verbundene Ästhetikansprüche mit akzentuierend, kontrastierend, stilgerecht, vollkommen beschreiben. Auch die Atmosphärenansprüche sind facettenreich: Entspannungsansprüche (beruhigend, behaglich, geborgen, repräsentativ, festlich, lustig), Anregungsansprüche (reizvoll, erregend, provozierend, genüßlich), Begeisterungsansprüche (entzückend, beeindruckend, hinreißend, toll, bestechend) und Perplexitätsansprüche (verblüffend, überraschend, unglaublich) zeigen Möglichkeiten auf. Vertrauensansprüche können sich auf die Sicherheit (narrensicher), Haltbarkeit (unverwüstlich, gediegen, robust) und Perfektion (präzise, meisterhaft, vollkommen, traumhaft) erstrecken. Überlegenheitsansprüche lassen sich mit Worten wie professionell, souverän, potent, unvergleichlich beschreiben.

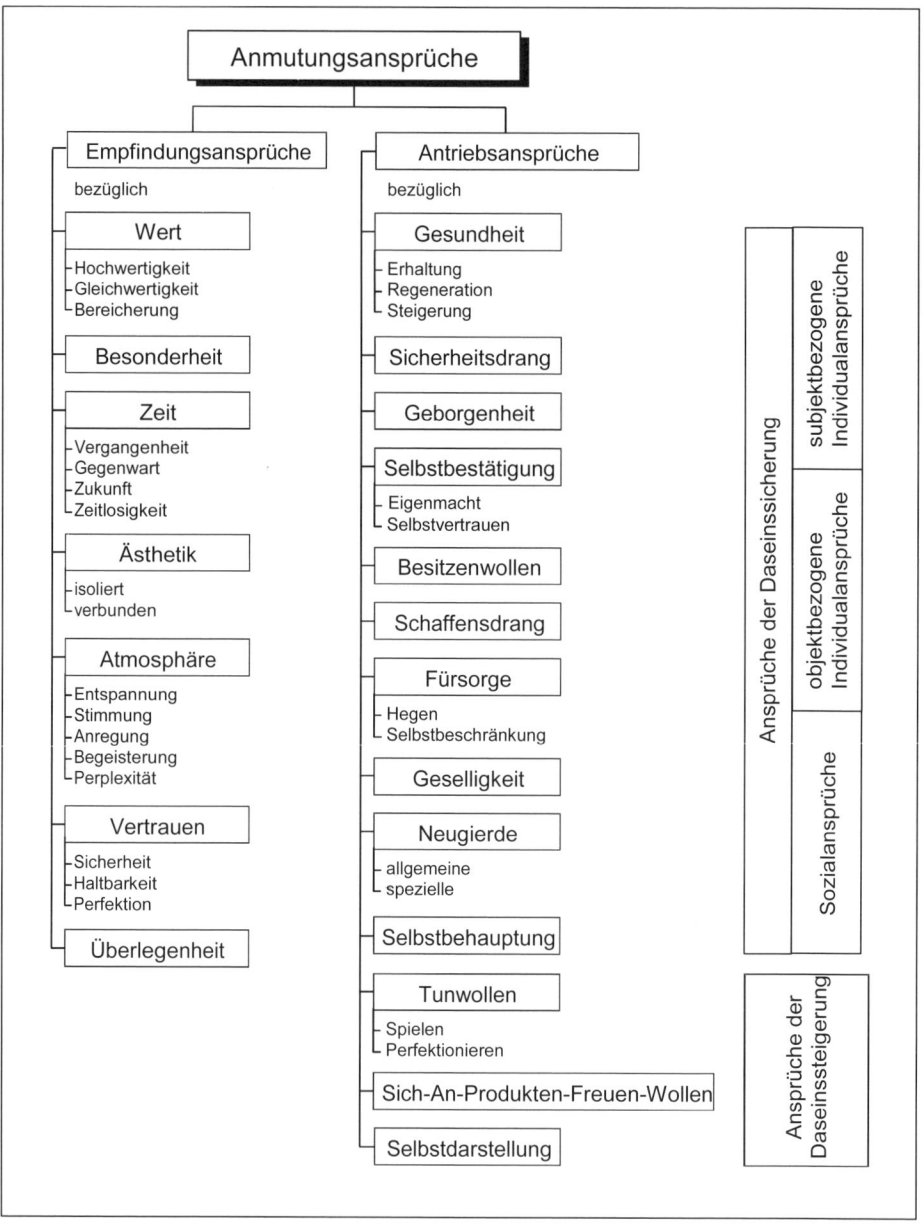

Übersicht 32: Anmutungsansprüche

Aus dem Kreis der darauf aufbauenden Antriebsansprüche seien nur einige Kategorien herausgehoben. Ansprüche des Besitzenwollens schlagen sich in der Sammelleidenschaft, im Streben nach Vollständigkeit nieder. Manche Menschen haben sich mit ihrer Sammelleidenschaft ruiniert. Der Schaffensdrang geht über das ökonomisch bedingte Streben der Selbstanfertigung aus Kostengründen weit hinaus – vieles, was im Do-it-yourself-Verfahren gebastelt wird, hält einem ökonomischen Vergleich nicht stand, der Bastler ist jedoch stolz auf seine Arbeit, er hat etwas Sichtbares zuwege gebracht. Zweischneidig ist dann allerdings die Reaktion auf den Hinweis, daß man das selbst gemacht habe: „Das sieht man".

Diese Ansprüche unterliegen in Art und Intensität ständigen Schwankungen. Somit ist es erforderlich, sich Gedanken über morgen virulente Ansprüche zu machen (→ **Anspruchsprognose**). Erst wenn man weiß, was existiert, kann man darüber gezielt nachdenken, was morgen möglich ist.

Dieses allgemeine Anspruchsgerüst muß im konkreten Fall einer Produktentwicklung spezifiziert werden. Das bedeutet prinzipiell zweierlei:

- Die allgemeinen Ansprüche müssen auf das konkrete Produkt „heruntergebrochen" werden. Einige Ansprüche werden keine Rolle spielen, andere müssen differenziert werden.

- Die allgemeinen Produktansprüche müssen auf die Kundengruppe, an die man sich gezielt wenden will, bezogen werden. Das hat Auswirkungen auf die Anspruchsart und -intensität.

2.32   Absatzansprüche an Dienstleistungen

Dienstleistungen als nichtmaterielle Interaktionsgüter werden auch als Vertrauensgüter bezeichnet. Seitens des Anbieters werden Produktionsfaktoren zur Verfügung gestellt. An der Leistungserstellung wirkt der Nutzer mit. Dienstleistungen sind deshalb nicht lagerfähig. Schließt der Kunde einen Dienstleistungsvertrag, kann er nur hoffen, daß die Dienstleistung so ausfällt, wie man ihm das versprochen hat. Deshalb gibt es auch keine Logistikansprüche (siehe Übersicht 33) – die Übersicht über Dienstleistungsansprüche fällt damit schmaler aus:

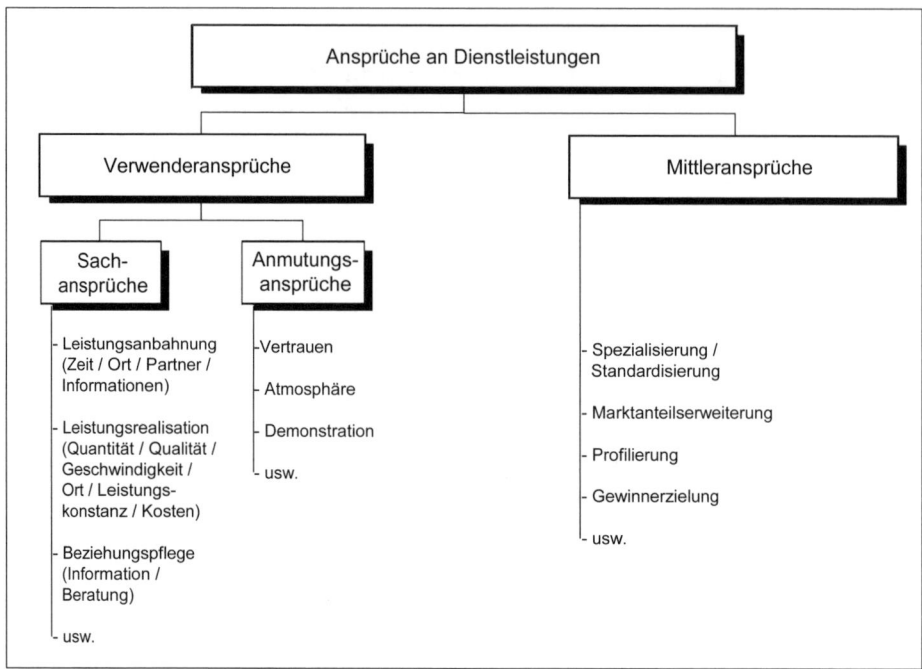

Übersicht 33: Dienstleistungsansprüche

In Dienstleistungsvergleichen werden den Preisen (Kosten) meist die Leistungen (Qualität) gegenübergestellt. Damit wird jedoch das Anspruchsspektrum nicht ausreichend erfaßt, im Regelfall verfügen die preisgünstigsten Anbieter nicht über die größten Marktanteile.

Auch bei Dienstleistungen stehen die Verwenderansprüche im Mittelpunkt, auch hier kommt den Anmutungsansprüchen besondere Bedeutung zu. Ob man zum Konzert gehen will oder den Arzt aufsuchen möchte, es sind Vorbereitungen nötig, will man unliebsame Überraschungen (Konzert ausverkauft, langes Warten auf die Behandlung) vermeiden. Kann man sich in einem Reisebüro in der Arbeits- oder Wohnortnähe ausführlich beraten lassen oder muß man zum Flughafen fahren, um sich spontan günstige Schnäppchen zu reservieren? Auch bei der Leistungsrealisation stellen sich ähnliche Fragen. Liegt das Friseurgeschäft um die Ecke, ist das Personal freundlich, usw.? Insbesondere bei komplexen Dienstleistungen spielt die Beratung eine nicht unerhebliche Rolle. Kann man sich auf seinen Versicherungsvertreter verlassen – argumentiert er im Schadenfall aus Kunden- oder Anbietersicht? Übernimmt er vom Kunden Abwicklungsaufgaben? Im Mittelpunkt der Anmutungsansprüche steht das Vertrauen (→ Vertrauensgut). Kann man dem Lebensversicherer vertrauen, daß er beim Eintritt ins Rentenalter seinen Vertrag auch erfüllt? Kann man beim Operateur davon ausgehen, daß er auch schwierige Komplikationen souverän beherrscht? Die Atmosphäre in einer

Bank (Postbank versus Sal. Oppenheim) kann unterschiedlich ausfallen. Der Zweckrationalität im einen Fall steht die großbürgerliche Gediegenheit im anderen gegenüber. Auch zur Demonstration kann die Kontoverbindung beitragen.

Mittler können eigene Distributionsorgane (Filialen, Außendienstmitarbeiter) und selbständige Agenten (Agenturen) sein. Berücksichtigt man deren Ansprüche, dann ist die Wahrscheinlichkeit groß, daß sie sich besonders „ins Zeug legen".

2.33   Beschaffungsansprüche (Bedarfsanforderungen)

Ähnlich komplex ist die Abstimmung der Ansprüche an ein neues Beschaffungs-objekt zwischen den verschiedenen Abteilungen in einem Unternehmen (z. B. Konstruktion, Design, F+E, Produktion). In der Praxis wird eher von **Bedarfsan-forderungen** gesprochen, dem wollen wir uns hier anschließen.

Was nicht zu Anfang in der Bedarfsanalyse sorgfältig abgeklärt wird, kann im Nachhinein nur mit großem Aufwand repariert werden. Deshalb muss intensiv geprüft und abgewogen werden, welche Anforderungen warum gestellt werden sollen. Man kann sich der Übersicht 34 bedienen.

Auch wenn wir die Bedarfsanforderungen wegen der gewünschten Umfangsbe-grenzung nicht im einzelnen erläutern wollen (umfassender: Koppelmann, 2004, S. 158 ff.), wird deutlich, daß dem erwähnten crossfunktionalen Erfordernis Rechnung getragen wurde. Diese Anforderungen geben die Wünsche der verschie-denen Funktionsträger im Unternehmen wider – der Beschaffer ist vorrangig als Dienstleister für andere Bereiche im Untenehmen tätig.

Im Mittelpunkt der Überlegungen steht die Frage nach dem **Was**, dem Objekt, dem dann die Frage nach dem **Wie**, der Modalität, folgt.

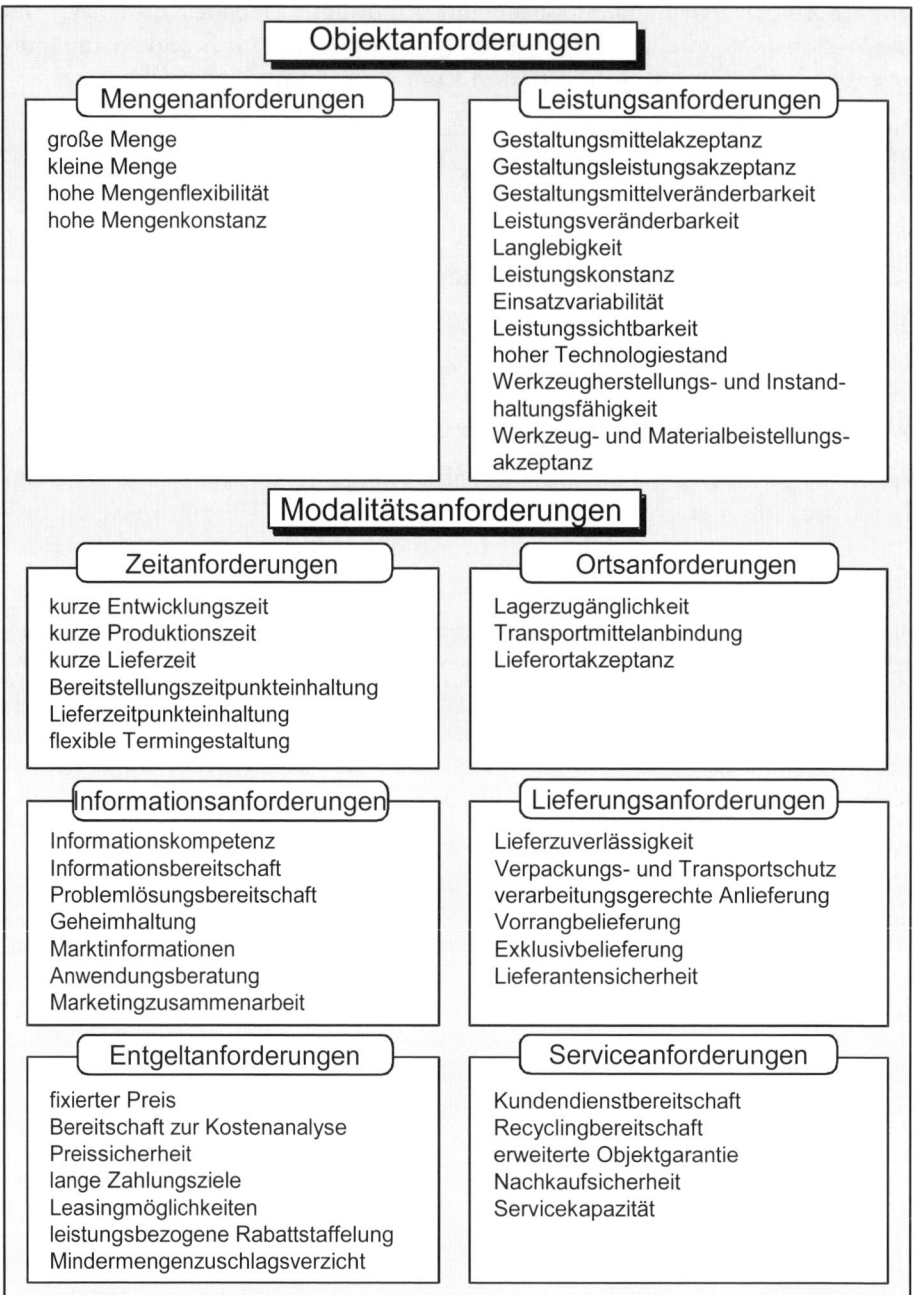

Übersicht 34: Bedarfsanforderungen

Die Objektansprüche haben eine Quantitäts- und eine Qualitätskomponente (Menge und Leistung). Aus der Übersicht gehen die weiteren Anforderungen hervor. Dadurch, daß die Wünsche anderer Funktionsbereiche beachtet werden, kann ein kostentreibendes „Sowohl-als-auch" vermieden werden. Es müssen in dem Team, das die Bedarfsanforderungen festlegt, mehrere Fragen geklärt werden:

- Die Notwendigkeitsfrage
    - Ist das überhaupt nötig?
    - Ist nicht auch weniger möglich?
    - Warum kann darauf nicht verzichtet werden?
- Die Alternativenfrage
    - Was kann man anders machen?
    - Was hat das Andersmachen für Auswirkungen?
    - Sind die Auswirkungen gewünscht?
- Die Kundenfrage
    - Nimmt der Kunde die Erfüllung der Bedarfsanforderungen überhaupt wahr?
    - Ist die Bedarfsanforderung für den Kunden wichtig?
    - Wird der Kunde die Realisierung der Bedarfsanforderungen auch honorieren?

2.4 Marktsegmentierung

Ein gewähltes Marktfeld (siehe Abschnitt 2.1) kann man undifferenziert, differenziert oder in Teilen davon konzentriert ansprechen.

Man kann sich für ein **Massenprodukt** entscheiden, dessen besonders niedriger Preis so interessant ist, daß es überall verkäuflich ist; Differenzierungen wären kontraproduktiv, weil sie kostensteigernd wirken. Produkte oder Angebote dieser Art haben an Bedeutung gewonnen. Als „generische Produkte" – man kauft eine Produktart und keine Produktmarke – bilden sie den Sortimentsschwerpunkt bei Aldi. Sie stehen im Mittelpunkt der **Kostenführerschaftsstrategie** (s. Abschnitt 3.25). Dem steht die **Leistungsführerschaftsstrategie** gegenüber. Sie basiert auf der Marktsegmentierung.

Der Konkurrenzdruck, der meist begrenzte Innovationsvorsprung und die Differenziertheit der Ansprüche führen unter Beachtung des ökonomischen Prinzips meist dazu, daß man die differenzierte Marktansprache wählt. Man versucht, den Markt nach Merkmalsähnlichkeiten einzuteilen. Je ähnlicher die Ansprüche einer Zielgruppe sind, um so leichter und genauer ist ihre Befriedigung möglich. Man bietet dann nicht dem einen zuviel, dem anderen zuwenig an. Man bietet unterschiedliche Produkte in einer durch eine gemeinsame Gestaltungsklammer zusammengehaltenen Produktlinie (z. B. die verschiedenen Golf-Versionen) an.

Man kann den Markt auch konzentriert bedienen, indem man sich mit einem Angebot (z. B. Produkt) ohne weitere Differenzierungen einem interessanten Marktausschnitt zuwendet. Das findet man häufig in der Startphase eines Unternehmens und dann hin und wieder in späteren Lebensphasen, wenn das eigene Angebot schier unübersehbar geworden ist. Das Programm mit vielen Angeboten an viele Kundengruppen soll reduziert, komprimiert werden.

Die Marktforschung arbeitet mit vielfältigen Merkmalen der Marktsegmentierung (umfassender, Freter 1995, Sp. 1806 ff.):

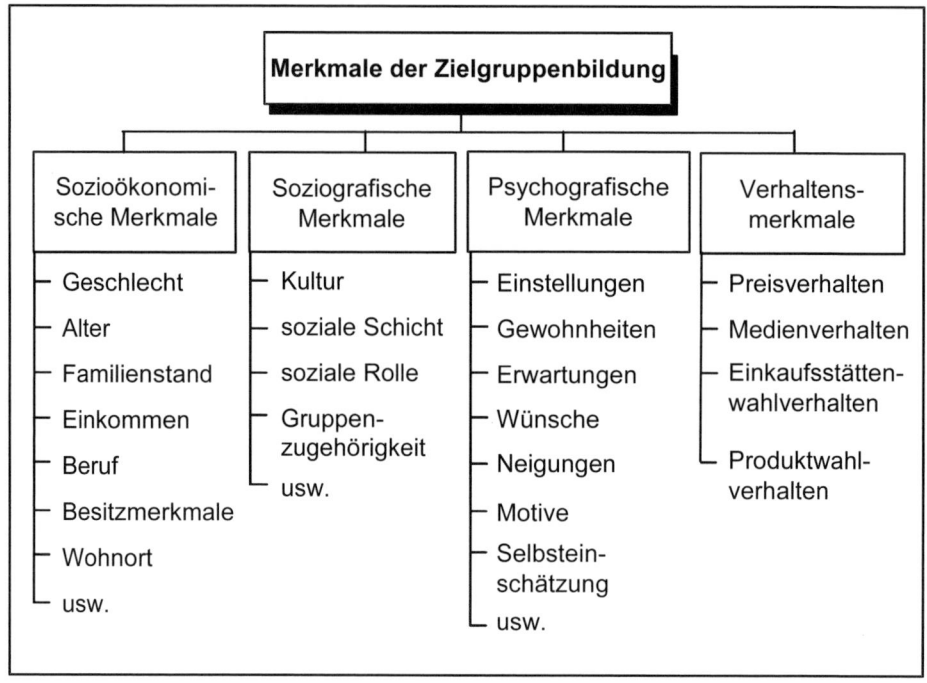

Übersicht 35: Zielgruppenmerkmale

Die sozioökonomischen Merkmale differenzieren sehr grob (z. B. Damen-/Herrenkleidung; Baby-/Kinder-/Erwachsenenkleidung; Single-/Familienhaushalt). In den sogenannten Mediaanalysen (Nutzung von Zeitungen, Radio, TV usw.) dominieren immer noch die Merkmale Alter und Einkommen. Dem Alter wird im Marketing seit jüngerem besondere Aufmerksamkeit zuteil. Die soziografischen Merkmale erfassen die in Abschnitt 2.21 erwähnten sozialen Faktoren. Eine grobe Segmentierung des Weltmarktes haben wir mit der Berücksichtigung der Kultureinflüsse in Hemisphärenmärkte vorgenommen. Die soziale Schichtung trennt die Bevölkerung nach Ausbildung, Beruf und Einkommen. Soziale Rollen begegnen uns im privaten (Familie: Vater, Mutter, Kind) und im beruflichen Bereich (Einkäufer, Verkäufer usw.).Die psychografischen Merkmale greifen die in Abschnitt 2.21 geschilderten affektiven Faktoren auf. Auch nach Verhaltensmerkmalen lässt sich segmentieren. Das Preisverhalten kann durch die

Bevorzugung von Preisklassen, von Sonderangeboten usw. geprägt sein, im Medienverhalten zeigt sich, welche Medien wie intensiv genutzt werden. Die Einkaufsstättenwahl gibt die Bevorzugung der Betriebsform, die Geschäftstreue usw. wider. Das Produktwahlverhalten erfaßt die Markenbevorzugung, die Kaufintensität usw.

In jüngerer Zeit werden Märkte nach komplexeren Merkmalskombinationen segmentiert. Dazu zählt die **Milieuforschung** des Sinus Instituts. Die folgenden Marktsegmente wurden mit Hilfe umfangreicher Fragenbatterien aus allen drei Merkmalsgruppen gewonnen. Zugleich wurden Wohnungen fotografiert und dann (contentanalytisch) untersucht. Diese Bilder zeigen in starkem Maße die unbewußte Präferenz und Anordnung von Gegenständen, damit sind die Erkenntnisse valider als die durch Befragung erhobenen.

Inzwischen hat sich diese Sinus-Milieuforschung gegenüber anderen Ansätzen im Marketing durchgesetzt, so daß Interessenten inzwischen jeweils aktuelle Ergebnisse zur Verfügung gestellt werden können. Die neueste im Internet angebotene Übersicht (2005) sieht so aus:

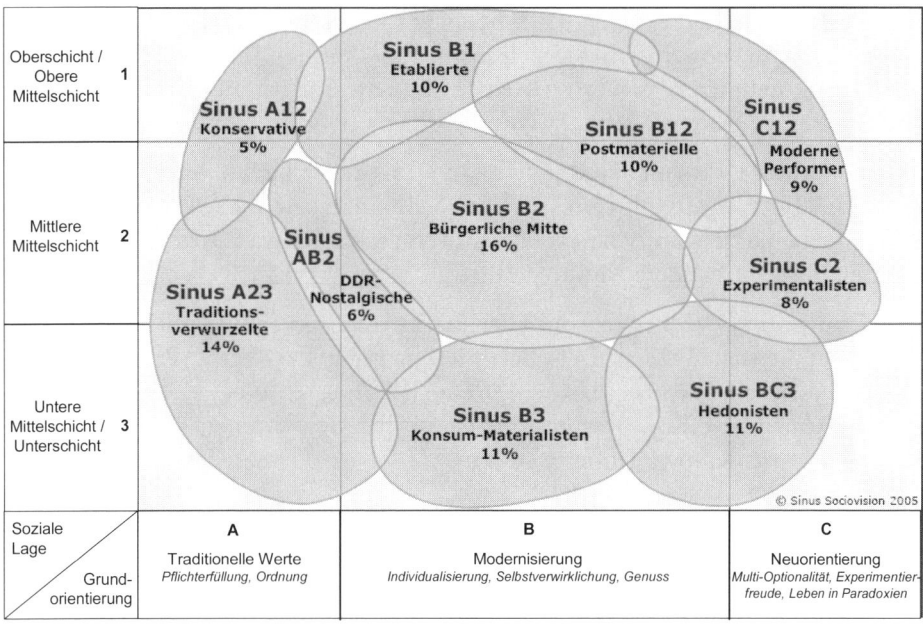

Übersicht 36: Die Sinus-Milieus® in Deutschland 2005

Die durch starke Übereinstimmung gekennzeichneten Marktsegmente werden in dieser Übersicht aufgespannt in einem Feld, das auf der einen Seite durch soziale Schichtung und auf der anderen durch Werbeorientierung gekennzeichnet ist. Die

Prozentzahlen geben den Anteil der Segmente an der Gesamtbevölkerung (ab 14 Jahren) an.

Als **gesellschaftliche Leitmilieus** gelten die Etablierten, Postmateriellen und modernen Performer, als **traditionelle Milieus** die Konservativen, Traditionsverwurzelten und DDR-Nostalgischen, als **Mainstream-Milieus** die Bürgerliche Mitte und die Konsum-Materialisten und schließlich als **Hedonistische Milieus** die Experimentalisten und Hedonisten.

Die **Konservativen** repräsentieren das alte deutsche Bildungsbürgertum (Altersschwerpunkt > 60 Jahre), bewährte Traditionen und Normen werden gepflegt. Sie haben zumeist studiert, nach ihrer beruflichen Tätigkeit widmen sich viele ehrenamtlicher Tätigkeit. Sie interessieren sich für klassische Kunst und Kultur. Vor dem Hintergrund gesicherter wirtschaftlicher Verhältnisse interessieren sie Wohlbefinden, Gesundheit und die besonderen Dinge des Lebens.

Die **Etablierten** gelten als gebildete, gut situierte Elite. Sie bevorzugen die „feinen Unterschiede", konsumieren edel, haben ein sicheres Gespür für das Besondere. Sie können sich Luxus leisten aufgrund ihrer besonderen finanziellen Situation.

Die **Postmateriellen** besitzen eine hohe Formalbildung. Weiterbildung besitzt einen hohen Stellenwert, weil sie sich mehr über Bildung, Intellekt, Kreativität als über Besitz definieren. Sie pflegen einen umwelt- und gesundheitsbewußten Lebensstil. Für sie gilt das Motto „ weniger ist mehr".

Die **modernen Performer** sind jünger (30 <), sie gelten als unkonventionelle Leistungselite. Ihr Ehrgeiz führt oft in eigene Selbständigkeit. Neben dem materiellen Erfolg treibt sie das Motiv zu experimentieren, Chancen zu nutzten. Die Lust auf das Besondere, auf andere Kulturen fällt auf.

Die **Traditionsverwurzelten** sind älter (> 65). Einer kleinbürgerlichen Welt entstammend, verstehen sie sich als Bewahrer traditioneller Werte (Pflichterfüllung, Disziplin, Moral). Wichtig für sie ist die soziale Anerkennung durch das Umfeld. Als zurückhaltende Konsumenten halten sie ihr Geld immer noch zusammen. Enkelkinder werden dagegen unterstützt.

Die **DDR-Nostalgiker** waren vor der Wende Führungskader in Politik, Wirtschaft, Militär. Jetzt sehen sie sich als Verlierer der Wende. Sie führen ein einfaches, auf die Familie und Gleichgesinnte bezogenes Leben. Luxuskonsum lehnen sie als unanständig ab. Käufe konzentrieren sich auf das Notwendigste (Kleidung, Wohnung, Garten).

Die **bürgerliche Mitte** (30-50 Jahre) gilt als ein statusorientierter Mainstream. Gleichgesinnte und gut situierte Freunde prägen den Lebensrahmen. Leistung und Zielstrebigkeit führen zu beruflichem Erfolg. Sie konsumieren gerne und mit Genuß, zeigen dabei als Verbraucher ein ausgeprägtes Selbstbewußtsein. Sie investieren viel in die Ausstattung ihrer Wohnung und in ihr Outfit.

Die **Konsum-Materialisten** konzentrieren sich auf spontanen und prestigeträchtigen Konsum. Ihr Wunsch nach einem komfortablen Leben und entsprechendem Reichtum konfligiert mit der Realität. Wichtig für sie ist die moderne Unterhaltungselektronik, ein „repräsentatives" Auto, alles das, was schön macht.

2.5 Marktportfolios

Der Portfoliogedanke stammt aus der Finanzwirtschaft. Je nach Zielrichtung (z. B. Sicherheit, Gewinn) prüft man, wie man ein „ausgewogenes " Mischungsverhältnis (z. B. der Wertpapiere) erzeugt. Chancen und Risiken sollen entsprechend berücksichtigt werden. So kann man auch Märkte betrachten. Das gilt sowohl für Beschaffungs- als auch für Absatzmärkte.

2.51   Ein Absatzmarktportfolio

Neben den bisher erläuterten Merkmalen der Märkteeinteilung

- Marktweite

- Marktobjekt

- Marktsubjekt

wurden aus der Praxis amerikanischer Beratungsunternehmen zusätzliche Merkmale eingeführt. Wir wollen uns hier mit der Darstellung des Marktwachstums-/Marktanteils-Portfolios der Boston Consulting Group begnügen, das in Übersicht 37 dargestellt ist.

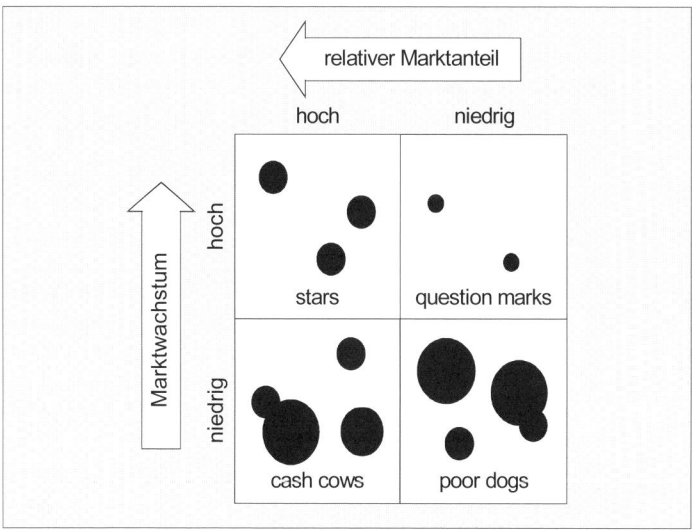

Übersicht 37: Marktwachstums-/Marktanteilsmatrix

Zunächst einige Erläuterungen: Was heißt **relativer** Marktanteil? Marktanteil hatten wir bereits als das Verhältnis des eigenen Umsatzes zum Branchenumsatz beschrieben. Hier wird nun statt des Branchenumsatzes der entsprechende Umsatz des **stärksten Konkurrenten** gewählt. Daraus ergibt sich die Unterteilung hoch = stärker als der stärkste Konkurrent. Ähnlich einfach kann man die Graduierung des Marktwachstums operationalisieren. Ist das Marktwachstum zum Beispiel größer als 10 %, spricht man von einem hohen Wachstum.

Das hier vorgestellte Absatzmarktportfolio des Unternehmens X weist einen hohen Umsatzanteil von Poor dogs auf. Das kann als ein Krisensymptom aufgefaßt werden. Die Kreisgröße zeigt das Umsatzvolumen der einzelnen Produkte/Programme im Verhältnis zum Gesamtumsatz.

Die Leitidee dieses Absatzmarktportfolios gründet auf den eingangs erwähnten Geldströmen – man spricht hier vom Cash flow. In einem wachsenden Markt verschlingen die Stars viel Geld. Der Aufbau entsprechender Produktionskapazitäten, eines engen Distributionsnetzes, eines zuverlässigen Kundendienstes, die gesamten Kommunikationsmaßnahmen müssen vorfinanziert werden; man muß erhebliche Mittel investieren. Erst die Cash cows erwirtschaften Einnahmenüberschüsse; die Investitionen zahlen sich aus. Man muß nun darauf achten, daß man über ein ausreichendes Reservoir an Cash cows verfügt, um nicht durch den Erfolg von Stars durch Illiquidität in den Konkurs getrieben zu werden.

In den meisten Fällen sind neu eingeführte Produkte Question marks, wenn man bei der Einführung auf eine hochpreisige Nischenpolitik gesetzt hat. Das ist eine, nicht unbedingt erfolglose, Marktpolitik. Die andere besteht darin, möglichst schnell durch eine aggressive Penetrationspolitik einen hohen Marktanteil auf einem wachsenden Markt zu erzielen. Dahinter steht das sogenannte **Erfahrungskurvenkonzept** (Henderson 1974). Danach sinken die Stückkosten mit jeder Mengenverdopplung um ca. 20-30 %. Bei Preiskonstanz steigen damit die Gewinne, wenn keine überproportionalen Absatzkosten hinzutreten. So können aus Question marks Stars werden oder auch direkt Cash cows. Poor dogs sind erfolglose Produkte, die eliminationsverdächtig sind.

2.52   Ein Beschaffungsmarktportfolio

Eine völlig andere Modellstruktur wählen wir für den Beschaffungsmarkt. Als Achsen für die folgende Matrix werden die Größen Kosten und Leistungen gewählt.

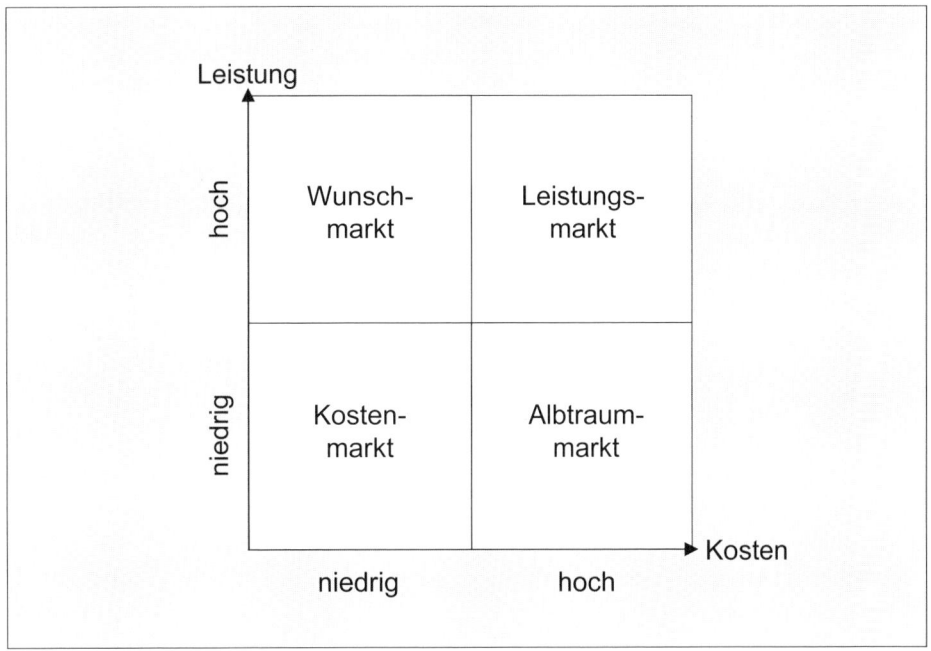

Übersicht 38: Beschaffungsmärkte

Aus den Beschaffungsobjektzielen ergibt sich, welcher Markt im Regelfall als Zielmarkt zu betrachten ist. Für Billig- und Normprodukte ist das der Kostenmarkt, für Spitzen- und innovative Produkte der Leistungsmarkt. Bei bewährten Katalog- und Spezialprodukten besteht die Tendenz zum Kostenmarkt. Aus dem Kosten- und Leistungsmarkt möchte man jeweils möglichst in die Nähe des Wunschmarktes gelangen, den Alptraummarkt dagegen gilt es zu meiden bzw. zu verlassen.

Die zweidimensionale Sicht kann man um eine dritte Dimension, das Risiko, erweitern. Sinnvoller ist es jedoch, zunächst Märkte nach Risiken abzuklopfen, um sich dann nur noch mit den Märkten zu befassen, deren erkennbare Risiken man glaubt bewältigen zu können (Brodersen 2000, S. 158 ff.). Außerdem schlägt die Autorin vor, statt mit Märkteportfolios besser mit produktzielgeeigneten Märkteprofilen zu arbeiten (ebenda, S. 39):

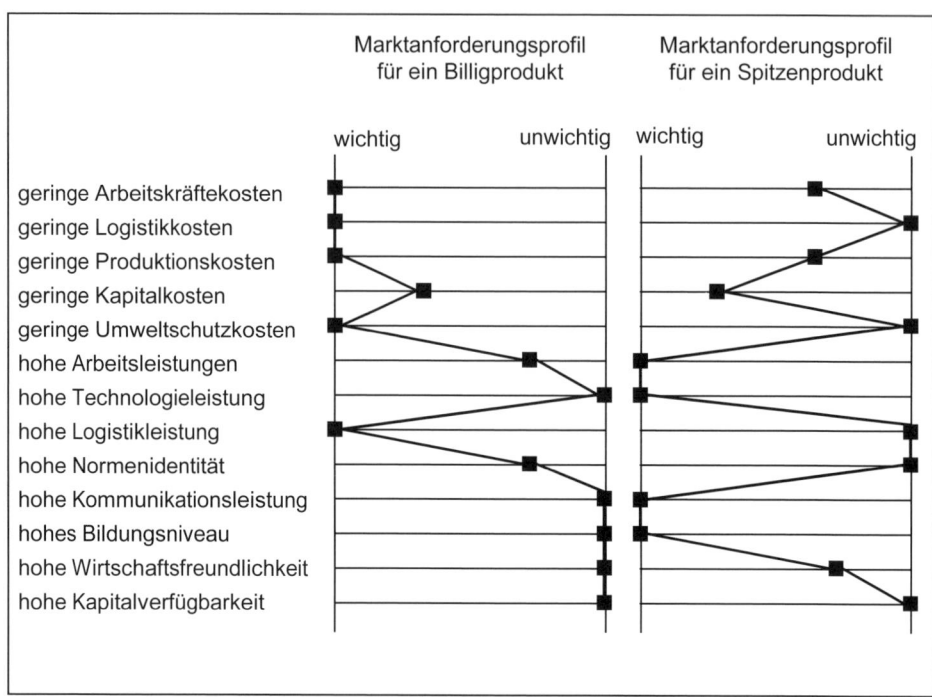

Übersicht 39: Soll-Marktanforderungsprofil für ein Billig- bzw. Spitzenprodukt

Das Profil zeigt deutlich, welche Marktanforderungen in Abhängigkeit vom jeweiligen Beschaffungsobjektziel (siehe hierzu auch Abschnitt 5.32) bedeutsam sind.

2.6 Konkurrenzanalyse

(1) In Abschnitt 1.4 wurde der Profilierungszwang in Wettbewerbswirtschaften erörtert: Profilierung gegenüber dem Konkurrenzangebot. Wir müssen an dieser Stelle nun prüfen, wie

– der Nachfrager den Konkurrenten sieht, bewertet;
– der Anbieter im Verhältnis zum Konkurrenten erlebt werden will (Marktpositionierung).

Die ursprüngliche nur auf den Absatzmarkt gerichtete Konkurrenzbetrachtung läßt sich auch auf den Beschaffungsmarkt übertragen. Hier muß man den Blick nur etwas ändern. Wünschenswert sind natürlich **Liefererkonkurrenten.** Hier erleichtert die Angebotskonkurrenz das Geschäft. Unangenehm können dagegen die Nachfrager-, die **Beschafferkonkurrenten** sein. Da diese Situation eher in

Ausnahmefällen bei Marktverengungen vorkommt (siehe Stahlmarkt), wollen wir uns auf die **Anbieterkonkurrenz** beschränken.

(2) Konkurrenzkategorien: Vor welchen Alternativen steht der Nachfrager (Konsument), wenn er kauft?

— Das weiteste Konkurrenzfeld bilden die **Einkaufsbudgetkonkurrenten**. Es wird entschieden, für was ein vorhandener Geldbetrag ausgegeben werden soll. Bei teuren, langfristig geplanten Käufen, die wesentliche Teile des Einkaufsbudgets auf sich vereinigen, gibt es im Regelfall nur ein „Entweder- Oder". „Entweder eine neue Küche oder ein neues Auto!" heißt das Motto. Die Anbieter dieser Produkte müssen den Konkurrenzrahmen also sehr viel weiter als auf die eigene Branche bezogen spannen. Aber auch in Kaufsituationen mit vorgegebenem Budget (Weihnachten, Geburtstag) treten Produkte verschiedener Branchen als Geschenke miteinander in Konkurrenz. Coca-Cola sieht alle freien Beträge (z.B. 1 €) bei Jugendlichen für Süßwaren (junkfood) als angreifbares Konkurrenzfeld, um dann daraus neue Angebote zu entwickeln, die durchaus neben dem angestammten Getränkesortiment liegen können. Daraus kann sich dann auch eine völlig neuartige Kommunikationspolitik ergeben.

— **Problemlösungskonkurrenten:** Bereits bei der Marktfeldbestimmung haben wir das Problem der Sachzielfixierung (Marktobjektbestimmung) genannt. Wer sich als Fahrradhersteller lediglich auf den Transportaspekt konzentriert, definiert das Problem zu eng. Er übersieht, dass es sich auch um ein Sportgerät, Fungerät handeln kann. Und dann steht er mit anderen Outdoorsportgeräten in Konkurrenz. Oder: Ein Zahnpastahersteller, der sich nur auf Zahnpasta konzentriert, übersieht, dass es auch andere Formen der Mundhygiene gibt.

— **Imagekonkurrenten**: Obwohl der gleichen Produktkategorie zugehörig, konkurriert die Whisky-Marke „Dimple" kaum mit der Whisky-Marke „Racke rauchzart". „Faber"-Sekt mag bei der Studentenparty ja noch angehen, bei einer Einladung des Arbeitgebers wird man als aufstrebende Führungskraft wohl eher „Pommery" kredenzen.

— **Produktleistungskonkurrenten**: Hier konkurrieren nicht Produkte einer Branche, sondern der gleichen Leistungsklasse miteinander: VW Golf mit Opel Astra, mit Ford Focus, mit Fiat Stilo usw. Deshalb sind die Marktanteilsangaben für PKW nach der Flensburger Zulassungsstatistik auch wenig zweckdienlich. Es geht eher um den (entscheidungs-) relevanten Markt.

— **Angebotsmodalitätskonkurrenten:** Selbst bei gleichen Produkten (Leistungen) kann man sich der Konkurrenz entziehen. Die Firma Vorwerk verkauft ihre Staubsauger im Direktvertrieb direkt an der Haustüre; ebenso handelt die Firma Avon-Cosmetics. So befindet sich Vorwerk nicht in unmittelbarer Konkurrenz zu Siemens, Bosch, Miele usw., sondern zu Electrolux, die auch direkt verkaufen.

(3) Nach der Konkurrenzidentifikation sollte man sich die **Konkurrenzangebote** genauer anschauen. Was bieten die Konkurrenten welchen Marktsegmenten wie an? Worauf legen die Konkurrenten bei ihren Angeboten besonderen Wert? Wo gibt es Unterschiede zum eigenen Angebot? Aus der Beantwortung dieser Fragen können Konsequenzen für die eigene Angebotsentwicklung gezogen werden. Das heißt nicht unbedingt, daß man mehr zu einem niedrigeren Preis anböte - es kommt ja auf die Bewertung durch die Nachfrager an, darauf, was sie für besser halten.

(4) Diese Analyse des Konkurrenzangebotes ist eine Momentaufnahme. Wie wird der Konkurrent eventuell auf das eigene Angebot reagieren? Was plant der Konkurrent von sich aus für den morgigen Marktauftritt? Die **Verhaltensprognose** des Konkurrenten ist nicht ganz einfach. Kennt man seine Potentiale, insbesondere seine Stärken und Schwächen, dann kann man, rationales Verhalten vorausgesetzt, an des Konkurrenten Stelle dessen zukünftige Planung simulieren. Dazu gehört auch die Kenntnis der Ziele des Konkurrenten. Über sie kann man bei Bilanzpressekonferenzen, bei Messeauftritten usw. etwas erfahren.

(5) Verschiedene **Methoden** der Konkurrenzanalyse stehen zur Verfügung. Im Rahmen der Panelforschung kann das **Haushaltspanel** (siehe Abschnitt 2.81) benutzt werden. Einer repräsentativen Anzahl von Haushalten wird ein Haushaltsbuch mit der Bitte gegeben, alle Käufe sorgfältig einzutragen. So erfährt man nicht nur etwas über den Kauf der eigenen, sondern auch der Konkurrenzprodukte. Mit Hilfe einer **Stärken-/Schwächenanalyse** ist es möglich, bezogen auf wichtige marktrelevante Unternehmensleistungen, die eigenen Stärken und Schwächen an denen der Konkurrenz zu spiegeln.

(6) Die Methode der Produkt- oder Angebots**positionierung** versucht, durch Reduktion auf wenige charakteristische Merkmale das eigene Angebot in Beziehung zu den Konkurrenzangeboten zu setzen.

Zur eigenen Positionierung sind mehrere Schritte nötig (Freter 1983, S. 34 f.; Haedrich/Tomczak 1996, S. 139; Bruhn 1997, S. 64):

- Feststellung der von Konsumenten wahrgenommenen und für wichtig gehaltenen Produktleistungen.
- Verortung der eigenen und der Konkurrenzprodukte nach den gefundenen Bewertungen.
- Definition der eigenen Zielposition.
- Messung der Distanzen zwischen Real- und Zielposition.

Denkbar wäre folgende Positionierung, die in diesem Falle nicht auf empirisch ermittelten Werten basiert:

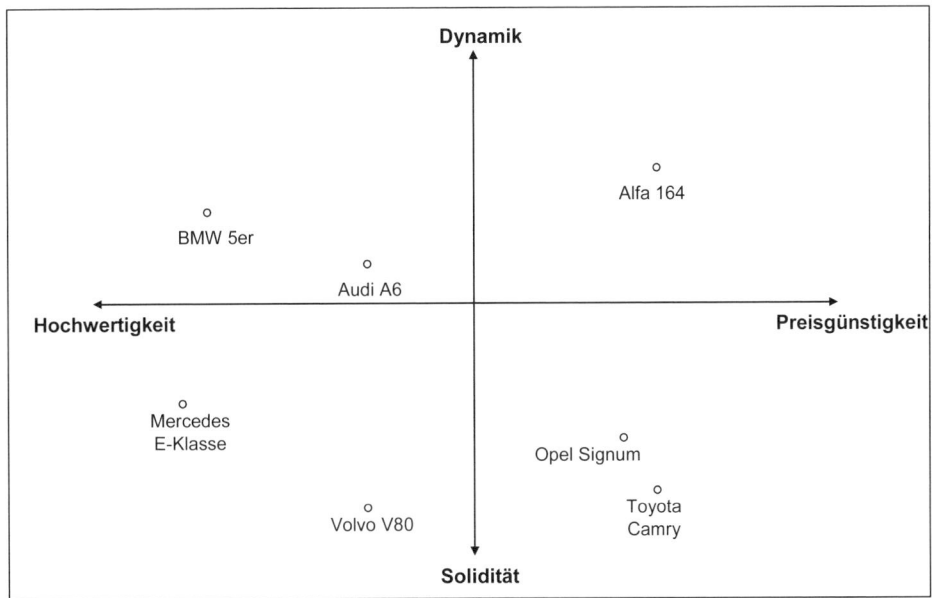

Übersicht 40: Beispielhafte Produktpositionierung in der gehobenen Mittelklasse

Für den Marktverantwortlichen bei Audi für die A 6-Klasse kann es das Bestreben sein, näher an das Hochwertigkeitsimage von BMW und Mercedes heranzurücken, um sich auch bei den Käufern dieser Marke als interessante Alternative festzusetzen.

2.7 Vertikale Marktkonflikte

(1) Wir wollen uns hier auf die Außenkonflikte zwischen dem herstellenden Unternehmen und dem Handel konzentrieren. Konflikte beruhen auf Denk- und Handlungsunterschieden zwischen Personen und Institutionen bezogen auf einen Gegenstand. Vertikale Marktkonflikte bilden auf Absatzmärkten vor allem dort ein Problem, wo sich der **Hersteller** über den **Handel** an den Konsumenten ($\rightarrow$ indirekte Distribution) wendet.

Unter dem Anspruchsaspekt wurde bereits auf das Erstarken des Handels hingewiesen. Handelszusammenschlüsse haben die Einkaufsmacht gestärkt. Wandte sich früher der Hersteller mit seiner Absatzpolitik fast ausschließlich an den Produktverwender (Konsumenten), muß er jetzt mehr und mehr den Händler als aktives Mitglied seines Marketingkonzepts betrachten, ihn in seine Aktivitäten einbeziehen. Derartige mehrstufige Marketingkonzepte bezeichnet man als **vertikales Marketing.**

(2) Zuerst müssen die Konflikte identifiziert werden. Man kann von Übersicht 41 ausgehen.

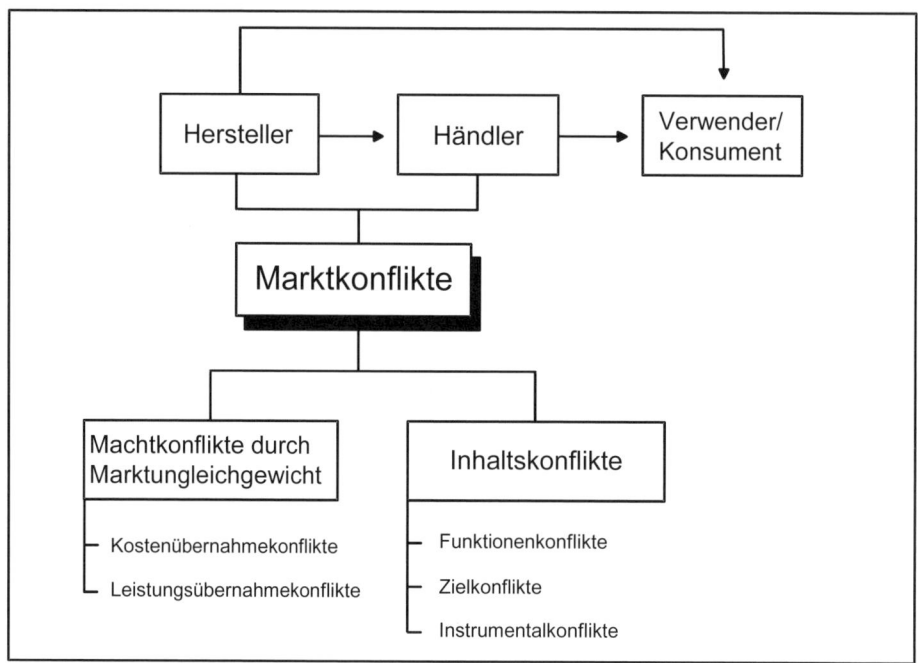

Übersicht 41: Marktkonflikte

Der Hersteller wendet sich mit seinen Kommunikations-, Entgelt- und Service-maßnahmen unmittelbar an den Verwender. Damit entsteht ein **Nachfragesog** beim Handel. Gleichzeitig bemüht er sich um die Beeinflussung des Handels, damit der bestellt; es entsteht somit **Angebotsdruck.** Damit das alles zueinander paßt, bemüht sich der Hersteller entsprechend dem ökonomischen Prinzip um ein passendes vertikales Marketingkonzept. Das kann durch **Marktkonflikte** gestört werden.

Bei den **Kostenübernahmekonflikten** versucht der jeweils stärkere Partner den anderen zur Übernahme von Kosten zu bewegen, die er bisher selbst getragen hat (z. B. Kosten der Vorrätigkeit). Analog gilt das für **Leistungsübernahmekonflikte.** So soll der Hersteller die Lagerhaltung, die Produktauszeichnung, die Regalpflege usw. vom Händler übernehmen. Die Leistungsübernahme führt meist auch zur Kostenübernahme.

Wenn man die Leistungsübernahmekonflikte verstehen will, wenn man herausfinden will, welche Leistungskonflikte möglich sind, empfiehlt sich eine Analyse der **Funktionenkonflikte.** Welche Funktionen (Aufgaben) fallen im Austauschprozeß zwischen Hersteller, Händler und Verwender an, und wer kann welche dieser Funktionen übernehmen (z. B. Sortiments-, Vorrätigkeits-, Transport-, Präsentations-, Beratungs-, Service-, Entgelt-, Kommunikationsfunktionen)? Die Dynamik der Handelsformen beruht vor allem auf der Hinzunahme, dem Weglassen oder der Intensivierung dieser im vertikalen Austauschprozeß wahrnehmbaren Funktionen. Die Funktionenkonflikte können aus **Zielkonflikten** resultieren. Die Emanzipation des Handels führte zu eigenen Zielformulierungen, die häufig aufgrund der eigenen Unternehmenskonstellation mit denen des Herstellers konfligieren. Das hängt häufig auch mit der starken Umsatzorientierung des Handels zusammen.

Und schließlich müssen **Instrumentalkonflikte** erwähnt werden. Während zum Beispiel der Hersteller den Preis konstant auf einer bestimmten Höhe halten möchte, weil der Preis als Qualitätsindikator gilt, möchte sich der Händler über Sonderangebote als besonders preisgünstig profilieren. Der Händler benutzt bekannte Marken als Aushängeschilder, konzentriert jedoch seine Verkaufsbemühungen auf seine Handelsmarken usw.

(3) Als Konfliktanalyseinstrument kann die Handelskette oder eine Funktionenanalyse dienen. Bei der Funktionenanalyse geht es darum, alle vorkommenden Funktionen aufzulisten und zu prüfen, wer welche Funktionen bisher wie wahrgenommen hat, wer sie in Zukunft übernehmen könnte und welche Kosten dadurch entstehen und wohin sie verlagert werden könnten.

(4) Mehrere Möglichkeiten der **Konfliktbewältigung** stehen zur Verfügung. Entweder setzt sich der Hersteller durch oder er paßt sich an. Eine Strategie der Stärke gelingt nur Herstellern mit besonderen Konkurrenzvorteilen. Es kann sich um besonders starke Marken handeln (z. B. Ferrero-Marken) oder man ist technisch einzigartig oder man ist konkurrenzlos preiswert (z. B. bic-Feuerzeuge). Will der Händler nicht auf Umsatz verzichten, muß er sich anpassen. Umgekehrt muß sich der Hersteller anpassen, wenn sein Angebot austauschbar ist. Hoffnungen, daß alles mal besser werden wird, tragen nur eine geringe betriebswirtschaftliche Handschrift. Wesentlich interessanter sind Partnerschaftsstrategien. Entsprechend der erläuterten Anreiz-Beitrags-Theorie bemüht man sich um faire Partnerschaftskonzepte. Das Ganze ist mehr als die Summe der Teile. Erfolge beruhen hier auf dem langfristigen Konzept eines Miteinander (z. B. Depotkonzept bei hochpreisigen Kosmetika, selektive Distribution, Franchise-Beziehungen).

2.8 Marktforschung

Marktforschung will geplant sein – auch hier gilt wieder der Grundsatz „Erst denken – dann handeln": Falsch gestellte Fragen können keine richtigen Antworten geben.

In mehreren Schritten wird ein spezifisches Marktforschungsproblem gelöst (Nieschlag/Dichtl/Hörschgen 1997, S. 685): In der **Definitionsphase** werden das Problem definiert und strukturiert sowie die Erhebungsziele (→ gewünschte Information) festgelegt. In der **Designphase** wird aufbauend auf fundierten Vermutungen (Hypothesen) die Vorgehensweise festgelegt. Dazu ist es notwendig, die Methoden auszuwählen und darauf abgestimmt den Erhebungsumfang zu präzisieren (Voll-/Teilerhebung). Wichtig ist hierbei, daß sich die Methoden dem Problem anpassen – häufig begegnen uns umgekehrte Anpassungen. Das Problem wird der Methode angepaßt. In der **Feldphase** geht es um die Realisation des bisher Geplanten. Sie schließt mit einer Dokumentation der gewonnenen Informationen. Diese werden in der **Analysephase** ausgewertet. Dazu müssen sie datenverarbeitungsgerecht gespeichert werden. Neben Häufigkeitszählungen bemüht man sich um Datenverknüpfungen (z. B. Faktorenanalyse, Clusteranalyse). An die Auswertung des Erhebungsmaterials schließt sich die Interpretation an. Die **Kommunikationsphase** dient schließlich der Abfassung und Präsentation des Schlußberichts.

Dem Einführungszweck dieses Buches entsprechend, werden nur einige besonders wichtige Aspekte dieses Planungs- und Realisationsprozesses herausgegriffen.

2.81   Bestimmung der Informationsgehalte

Je nach Marktgebiet (Absatz-/Beschaffungsmarkt) interessieren andere Informationsgehalte, so daß eine getrennte Behandlung naheliegt.

2.811   Absatzmarktinformationen

Anders als im Beschaffungsbereich wird man im Regelfall für alle Absatzprodukte marktforscherisch tätig werden. Das liegt allein daran, daß das Absatzprogramm meist deutlich kleiner ist als das Beschaffungsprogramm. Man erhebt dabei Informationen für alte oder für neue Märkte (siehe Übersicht 42). Informationen auf alten Märkten sind Informationsfortschreibungen und Informationsspezifizierungen. Für die Absatzmarktforschung besonders interessant ist die Untersuchung neuer Märkte, weil man hier das Informationsproblem neuartig lösen kann.

Wir beschränken uns auf einige wichtige Informationsgruppen. Als Leitlinie für die Informationsstruktur kann das Profilierungsmodell entsprechend Übersicht 7 dienen. Im Vordergrund des Informationsinteresses steht die Erforschung der Ansprüche. Um Anspruchsprognosen zu ermöglichen, sind auch Informationen über das nötig, was hinter den Ansprüchen steckt (siehe Abschnitt 2.2). Die Mengenkomponente wird u.a. von der Anzahl der Verwender und der Verwendungshäufigkeit beeinflußt.

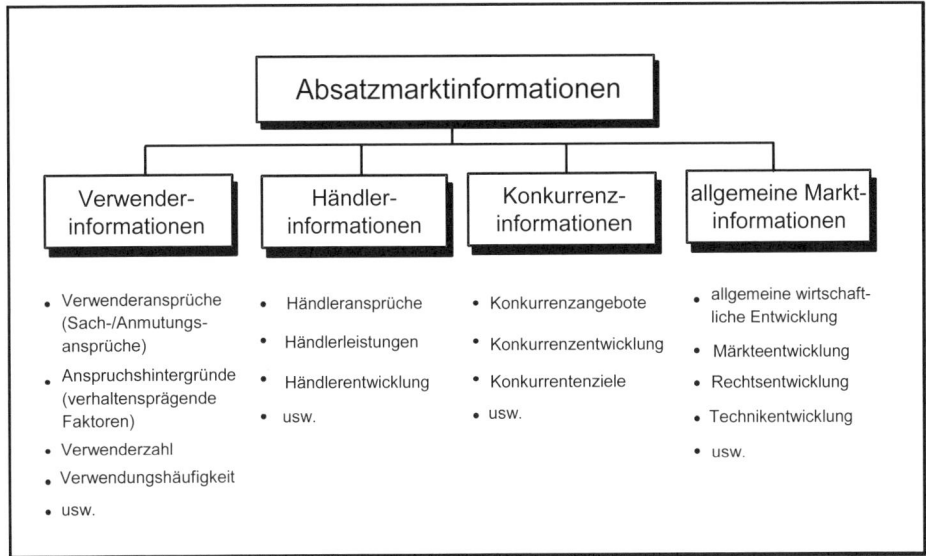

Übersicht 42: Absatzmarktinformationen

Ist der Kreis der Verwender national oder international groß genug? Bei Verbrauchsprodukten (z. B. Haarshampoo) stellt sich die Frage nach der Verwendungshäufigkeit (z. B. täglich/wöchentlich). Bei einigen Gebrauchsprodukten (z. B. Swatch-Uhren) kann man statt von der Verwendungshäufigkeit von Kaufhäufigkeit sprechen. So gibt es Sammler, die jeweils die Hits der neuen Kollektion kaufen.

Über den Händler will man neben dem Wissen über dessen Ansprüche auch etwas erfahren über seine Leistungen, über die damit verbundenen Kosten und schließlich, ob es sich um expandierende oder schrumpfende Handelstypen (genauer: Distributionsorgantypen) handelt.

Wenn man sich profilieren will, muß man wissen, gegenüber welchen Alternativen man sich behaupten muß, wie sich die Konkurrenten entwickeln, welche Ziele sie haben.

Diese drei Gruppen sind eingebettet in ein allgemeines Marktumfeld. Dazu zählen die allgemeine wirtschaftliche Entwicklung (z. B. Konjunktur, Währung), die Entwicklung des spezifischen Marktes (z. B. Stahlmarkt), die Rechtsentwicklung (z. B. Umweltschutzauflagen), die Technikentwicklung (z.B. Transporttechnik).

2.812   Beschaffungsmarktinformationen

(1) Beschaffungsmarktforschung ist immer konkret auf Beschaffungsobjekte ausgerichtet. Man analysiert nicht Märkte im allgemeinen, sondern nur Märkte, inso-

fern sie für die Beschaffung von X oder Y interessant sein könnten. Also muß man zuerst die Beschaffungsobjekte bestimmen, für die sich die Beschaffungsmarktforschung lohnt. Da man sehr vieles beschafft, muß man auswählen. Für wichtige (z. B. Spitzenprodukte) oder für in großer Menge benötigte Beschaffungsobjekte lohnt sich die Marktforschung eher als für Standardprodukte, für commodities, deren Leistungen genormt sind und deren Preise man möglicherweise im Internet abrufen kann.

(2) Nach Auswahl der für marktforschungswürdig gehaltenen Beschaffungsobjekte muss geklärt werden, welche Informationen man erheben will. Einen groben Überblick gibt die Übersicht 43.

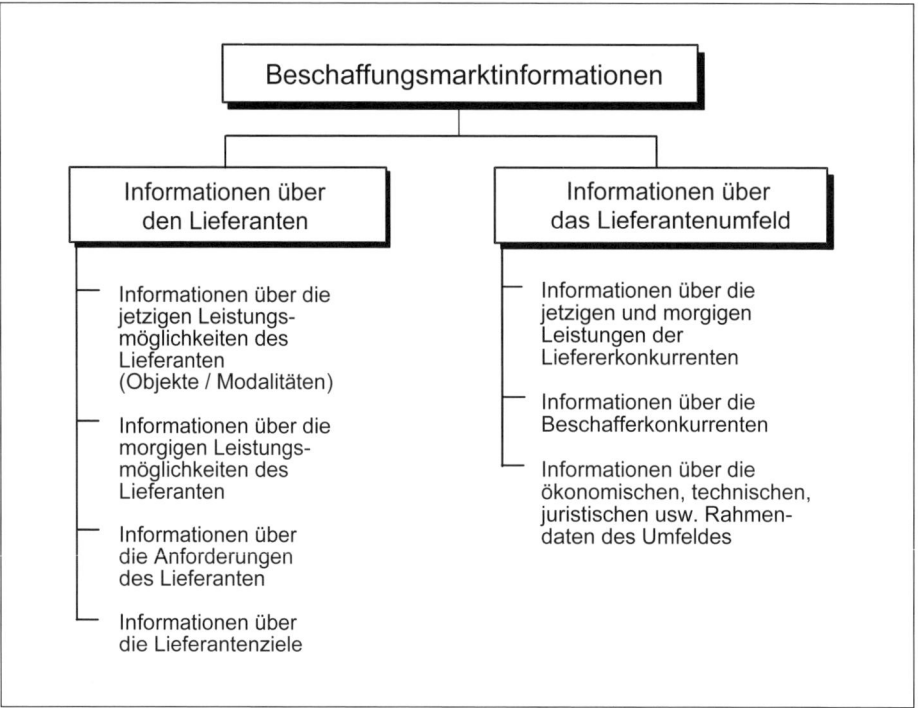

Übersicht 43: Beschaffungsmarktinformationen

Besonders wichtig sind natürlich die Informationen über die **jetzigen** und **morgigen Leistungsmöglichkeiten**. Die relevanten Leistungen erstrecken sich auf die Möglichkeiten des Lieferanten zur Erfüllung der in Abschnitt 2.32 genannten Beschaffungsanforderungen. Wenn wir die Anreiz-Beitrags-Theorie ernst nehmen, müssen wir auch über die Ansprüche des Lieferanten (Anforderungen) Bescheid wissen, um bei den späteren Lieferantenverhandlungen die Anreizinstrumente (beschaffungspolitische Instrumente) einzusetzen, die bei ihm viel bewirken, uns aber wenig kosten (→ ökonomisches Prinzip). Je langfristiger man sich aneinander bindet, um so wichtiger ist auch, dass die Lieferantenziele mit den eigenen Zielen übereinstimmen.

Dann will man wissen, wer als **Liefererkonkurrent** in Frage kommt, wer als **Beschaffungskonkurrent** das eigene Handeln stören könnte und natürlich vor welchem **Hintergrund** das eigene Beschaffungshandeln stattfindet.

2.82   Bestimmung der Methoden

Wesentlicher Bestandteil der **Designphase** ist die Festlegung der Erhebungsmethode. Wie kann man die gewünschten Informationen gewinnen? Neben der Zusammenstellung möglicher Methoden geht es um die Prüfung dessen, was sie leisten und was sie kosten.

Aus Gründen der Anschaulichkeit wollen wir auch hier wiederum nach den Marktgebieten differenzieren.

2.821   Methoden auf Absatzmärkten

Zur Gewinnung von unternehmensexternen Informationen auf Absatzmärkten eignen sich die in Übersicht 44 aufgeführten Methoden:

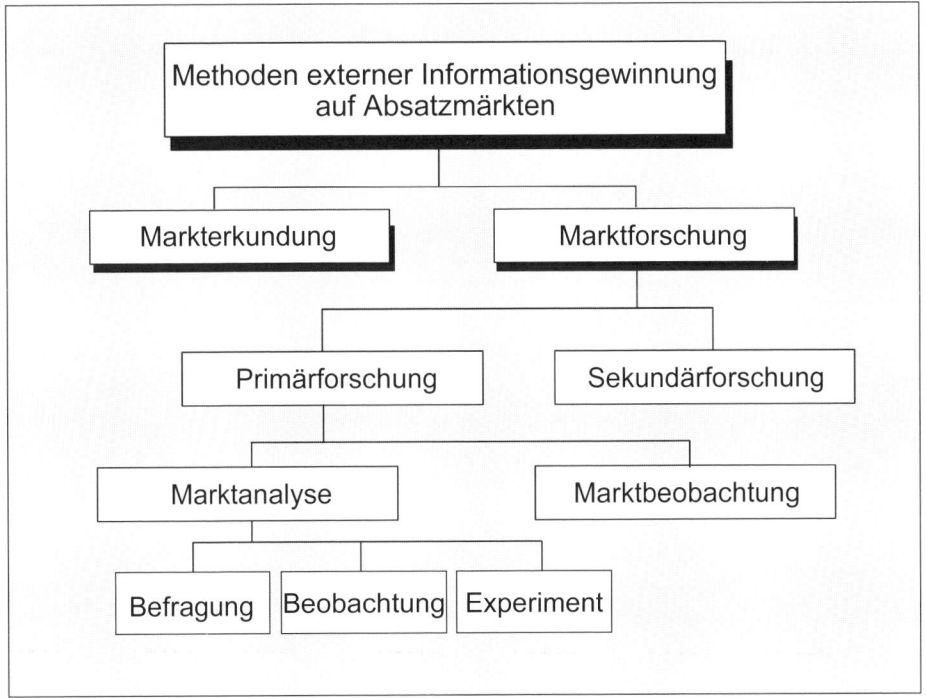

Übersicht 44: Methoden der Marktforschung

Marktforschung wird als geplante, wissenschaftlichen Standards genügende, zu reproduzierbaren Ergebnissen führende Informationsgewinnung bezeichnet. Das Gegenteil davon ist die **Markterkundung**: Sie erfolgt ungeplant, unsystematisch und führt auch nicht zu wiederholbaren Ergebnissen. Sie bildet in der Praxis meist den ersten Schritt zur Gewinnung von Marktinformationen.

Mit der **Primärforschung** werden genau die Informationen gewonnen, die man zur Bewältigung der gestellten Aufgabe benötigt. Sie werden spezifisch und zum ersten Mal erhoben.

Im Rahmen der **Sekundärforschung** werden vorhandene Informationsquellen angezapft, um daraus Schlüsse für das zu lösende Problem zu ziehen. Diese Informationen dienen vorrangig der Vorbereitung, um dann konkrete Informationswünsche zu formulieren. Sie können aus internen Quellen (z. B. Rechnungswesen, Umsatzstatistiken, Reisendenberichte) oder externen Quellen (z .B. amtlichen Statistiken, Veröffentlichungen von Verbänden, Instituten, Datenbanksysteme) stammen.

Als fortlaufende Informationsgewinnung (als Informationsgewinnung im Zeitablauf: Längsschnittforschung) bezeichnet man die **Marktbeobachtung.** Die bedeutsamste Form bilden hier Panelerhebungen. Bei einer repräsentativen Personen-, Haushalts- oder Unternehmensstichprobe (Panel) werden wiederholt Daten ermittelt. So erhält man nicht nur aktuelle Verhaltensinformationen, sondern auch Hinweise über Veränderungen im Zeitablauf. Bei Handelspanels werden von Mitarbeitern der Panelinstitute (A. C. Nielsen, GfK) die Vorräte, Ein- und Verkäufe durch wiederholende Beobachtung (meist alle 2 Monate) erfaßt. Bei Haushaltspanels schreibt der jeweils Einkaufende in ein Haushaltstagebuch, wann er wo was zu welchem Preis eingekauft hat.

Die **Marktanalyse** erstreckt sich auf die Informationsgewinnung zu einem Zeitpunkt; da dies nicht fortlaufend geschieht, spricht man auch von Querschnittsanalyse.

Die meisten Informationen werden durch **Befragung** gewonnen. Im Vordergrund stehen verbale Stimuli (Wörter, Sätze), erst am Anfang steht die Nutzung von Bildstimuli (Vorlage von Bildern, die nach Zustimmung oder Ablehnung skaliert werden müssen). Die verbalen Stimuli sind mündlich (direktes Interview oder Telefoninterview), schriftlich oder mittels Computer möglich. Der Interviewer fragt den Probanden entweder standardisiert anhand eines Fragebogenleitfadens oder versucht, den Befragten in ein freies Gespräch über einen Sachverhalt zu verwickeln. Das freie Interview ist aufwendiger, schwerer auszuwerten, andererseits sind Neuentdeckungen möglich. Das standardisierte Interview reduziert den Interviewereinfluß, verkürzt das Interview und erleichtert den Aussagenvergleich. Letzteres gilt um so mehr, wenn mit geschlossenen Fragen (vorgegebene Antwort-Alternativen) gearbeitet wird. Sie verkürzen zwar den Raum der Antwort-Alternativen, erleichtern dem Probanden jedoch das Antworten. Eine besondere

Form des Interviews stellt die Befragung über das Internet dar. Das läßt eine direkte Computerverarbeitung zu.

Bei schriftlichen Befragungen müssen die Neugierde und das Interesse der Befragten geweckt werden; lange Fragebögen und uninteressante Themen führen zu hohen Verweigerungsraten; das kann die Repräsentativität erheblich stören.

Die **Beobachtung** verlangt die Fixierung des Beobachtungsgegenstandes, des Beobachtungszeitraumes und die Fixierung der Form der Datenspeicherung. Beobachtungen beginnen vielfach mit eigenen Beobachtungen. Das führt zur Gewinnung von Hypothesen, wenn das eigene Verhalten etwas mit dem Informationsproblem zu tun hat. Um der Signifikanz willen wird man eher andere beobachten. Darüber hinaus stellt sich die Frage, wo beobachtet werden soll. In biotischer Situation weiß der Beobachtete nicht, daß er beobachtet wird, in quasi-biotischer Situation weiß er zwar, daß er beobachtet wird, nicht aber, was beobachtet wird; und in offener Situation weiß er um den Zweck des Versuchs, die Aufgabenstellung und um die Stellung als Versuchsperson (Spiegel 1958, S. 43). Dies sind Verfahren der nichtteilnehmenden Beobachtung.

Bei der teilnehmenden Beobachtung wirkt der Beobachter an den Interaktionen der Gruppe mit, das kann stimulierende aber auch verfälschende Wirkung haben. Auch die Beobachtungen können standardisiert oder frei erfolgen – hier gilt das gleiche wie bei der Befragung. Es steht eine Vielzahl von technischen Hilfsmitteln zur Verfügung (z. B. Tachistoskop, Schnellgreifbühne, Augenkamera). Die gewonnenen Daten müssen anschließend analysiert und interpretiert werden (z. B. mittels Content-Analyse).

Beim **Experiment** wird aktiv in das Marketinggefüge eingegriffen durch Manipulation einer Marktvariablen. Auf einem Testmarkt, der kleiner als der Gesamtmarkt ist, ihm jedoch hinsichtlich der Beeinflussungsmöglichkeiten und der Beeinflußten gut entspricht, wird im Rahmen des **Markttests** die Wirkungsweise der Marketinginstrumente überprüft. Dies kann als Vorher-Nachher-Experiment oder als Experimentier-Kontrollgruppen-Experiment erfolgen. Der Produkt- und der Werbetest bilden Teile des Markttests, bezogen auf einzelne Instrumentalbereiche, ab.

Bei der Auswahl der Marktforschungsmethoden spielen die Kosten und die Validität eine große Rolle. Validität erfaßt den Tatbestand, ob man auch wirklich das mißt, was man messen will. Das betrifft zum einen die Probanden. Bittet man auch die „richtigen" Personen um Auskünfte? Und zum anderen muss die Validität der Methoden bedacht werden. Kann man mit der gewählten Methode auch das, was man erfahren will, messen? So eignen sich Befragungsmethoden zur Erhebung von Anmutungsansprüchen nur sehr begrenzt. Das Problem läßt sich dem Begriff der Methodenvalidität subsumieren.

2.822   Methoden und Quellen auf Beschaffungsmärkten

Die für Absatzmärkte im Konsumgüterbereich dominierenden sozialwissenschaft-
lichen Befragungs- und Beobachtungsmethoden spielen in dieser Ausprägung auf
Beschaffungsmärkten kaum eine Rolle. Während dort eher anonyme Massenkon-
takte vorliegen, sind Beschaffungsmärkte eher durch Individualkontakte (existente
oder potentielle) gekennzeichnet. Ein weiterer Unterschied liegt in der stark rational geprägten Interaktionsbeziehung. Vor diesem Hintergrund empfiehlt sich eine
andere Methoden- bzw. Quellenstrukturierung, wie sie in Übersicht 45 dargestellt
ist.

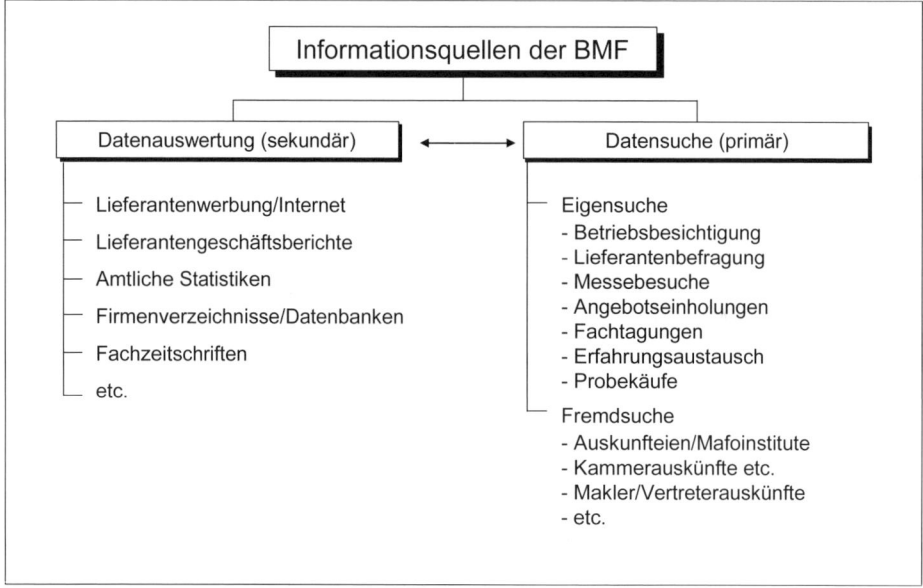

Übersicht 45: Quellen der Beschaffungsmarktforschung

Bei der Nutzung vorhandener Daten (Informationen) kann man auf Lieferanten-
daten (Internet, Lieferantenwerbung z. B. in Fachzeitschriften, Geschäftsberichte)
oder allgemeine Daten zurückgreifen. Das Internet wird auch im Business-to-
Business-Marketing das Informationsverhalten wesentlich beeinflussen. Die In-
formationsräume werden größer, die Informationen werden aktueller und die
Beschaffung billiger. Auch hier bedeutet die Sekundärforschung lediglich die erste
Annäherung an ein zu untersuchendes Problem.

Bevor man Lieferverträge abschließt, wird man aber selbst mit dem Lieferanten
Kontakt aufnehmen müssen. Man kann den Lieferanten z. B. mit Hilfe eines
vorgegebenen Fragebogens (Selbstauskunftsfragebogen) schriftlich befragen. Klin-
gen die Antworten interessant, wird der Beschaffer das Lieferunternehmen besich-
tigen, um Aussagen und beobachtete Realität zu vergleichen. Er kann dann einen

Probeauftrag erteilen, hier handelt es sich um ein Experiment. Je unbekannter Markt und Lieferant sind, um so notwendiger ist eine umfangreiche Primärforschung, die auch die Erfahrungen anderer Unternehmen mit einschließen kann (Referenzen). Die falsche Lieferantensauswahl führt zu schlechten Beschaffungsergebnissen.

2.823   Erhebungsaspekte

Ebenfalls Teil der Designphase ist die Festlegung,

- wer als Proband dienen soll,
- wie viele Probanden herangezogen werden sollen,
- wo die Untersuchung erfolgen soll.

Antworten auf die Wer-Frage reflektieren vor allem die Aussagenqualität. Insbesondere bei Aussagen über die morgige Wirkung von Absatzmaßnahmen (→ Prognoseaussage), wie sie bei Markttests erhoben werden, kann das Expertenurteil hilfreicher als das Laienurteil sein – man kann von Subjektvalidität sprechen.

Grundsätzlich gilt, daß der zu befragen ist, dessen Urteil marktrelevant ist. Das sind in erster Linie Käufer und Verwender. Auch Mittler in ihrer Agentenfunktion (Händler, Mediatoren) können interessante Urteile abgeben. Eher uninteressant sind die Urteile der Entscheidungsträger im Unternehmen, es sei denn, sie befinden sich im Kern der Zielgruppe. Prognoseaussagen bei Innovationen sind noch schwieriger zu gewinnen.

Antworten auf die Wieviel-Frage kumulieren in der Alternative Voll- oder Teilerhebung. Für Konsumgütermärkte, die vorrangig Massenmärkte darstellen, sind Teilerhebungen der Normalfall, zu hohe Kosten sprechen gegen Vollerhebungen. Man schließt von einer repräsentativen Teilmenge auf die Gesamtmenge. Um Schließfehler zu vermeiden, muß die Teilmenge gut geplant werden. Die Auswahl kann nach dem Zufallsprinzip (z. B. Klumpenauswahl) oder nach Kriterien (z. B. Quotenauswahl) erfolgen (Böhler 1992, S. 126 ff.).

Auch der Ort der Befragung oder Beobachtung muß sorgfältig geplant werden. Größere Befragungen auf der Straße in der Hektik des Einkaufs werden als lästig erlebt, realitätsverzerrende Antworten sind die Folge. Ebenso verzerrend kann ein nutzungsrealer Beobachtungsort sein, wenn der Beobachtete weiß, worauf sich die Beobachtung erstreckt.

2.9 Marktprognosen

(1) Die bisherigen Überlegungen sind stark auf das heutige, vielfach auch auf das gestrige Marktgeschehen bezogen. Das Konstante des Marktes ist aber der Wandel. Langfristige Marketingplanung muß die Dynamik der Märkte beachten. Bilder morgigen Geschehens sind vonnöten. Da es heutzutage keine Propheten mehr gibt, müssen wir uns mit Prognosen und ihren möglichen Irrtümern begnügen.

In der Wissenschaft bemüht man sich um Objektivität, Exaktheit, Validität. Diese Merkmale sind nun nicht gerade charakteristisch für eine gehaltvolle Prognosearbeit. Zukünftige Zustände gleichen im Augenblick unbeweisbaren Hypothesen. Bei manchen mit Hilfe von Trendextrapolationen gewonnenen Prognosen hat man den Eindruck, daß Exaktheit wichtiger als Validität sei. Prognosen sind durch andere Merkmale gekennzeichnet:

– Am Anfang stehen die schon erwähnten subjektiven und selektiven **Wahrnehmungen.** Fähige und erfolgreiche Trendforscher sind im Regelfall wahrnehmungssensibler als andere Menschen. Sie bemerken eher und intensiver Neues und sie lernen auch, wo sie Neues besser bemerken können. Nach der Wahrnehmung folgt die **Bewertung,** die Gewichtung; das Für-wichtig- bzw. Für-weniger-wichtig-Halten ist ein nur schwer begründbarer kreativer Akt. Erfahrung, also Wissen, und Phantasie führen zu einem Ergebnis.
– Aus dem „erspähten" Zukunftszustand werden Konsequenzen abgeleitet; sie bilden die konkreten Prognosen.

Diese Kurzcharakterisierung zeigt bereits, warum sich die Wissenschaft – wenn wir das an den genannten Wissenschaftsmerkmalen spiegeln – so schwer mit der Prognose tut. Wir müssen das in der Prognose liegende Unschärfeproblem akzeptieren und uns bemühen, die Vagheit der Aussage zu reduzieren. Wenn man mit sogenannten „weak signals" arbeitet, kann man keine hard facts erhalten.

In der Realität lassen sich mehrere Vorgehensweisen beobachten:

– In einem Fall steht die **Spekulation** im Vordergrund; viele Möglichkeiten werden erdacht; wenn man das mit Geschick verfolgt, bleibt meist etwas übrig, das auch eintritt.
– Im anderen Fall bemüht man sich um systematische **Beobachtung,** setzt also beim ersten Schritt an (Wahrnehmung) und schafft dann über Bewertungen Szenarien, die einen höheren Gehalt an realistischer Absicherung haben.
– Der nächste Schritt liegt dann in der **methodisch-wissenschaftlichen** Problembehandlung.

(2) Um Aussagen machen zu können, was morgen möglich sein könnte, benötigt man eine Struktur, die Blick und Denken leitet. Dazu kann man die Prognosefelder von Umminger (1990, S. 26 ff.) benutzen:

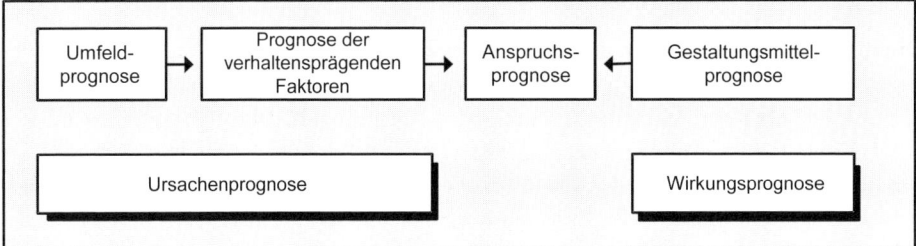

Übersicht 46: Eine Prognosestruktur

Die **Umfeldprognose** ist tendenziell langfristig orientiert. Politische, ökonomische, rechtliche, technische Entwicklungen in Deutschland, der EU usw. betonen den gesamtgesellschaftlichen Aspekt. So haben manche Unternehmen den Umweltschutzgedanken zu sehr auf die leichte Schulter genommen. Autos mit Dieselmotor ohne Rußfilter verkaufen sich schlecht; FCKW-freie Kühlschränke sind wider Erwarten mancher Unternehmen inzwischen die Regel. Die Verpackungsdiskussion ist da schon weiter fortgeschritten. Und dennoch gibt es im Einzelhandel und der Industrie darüber immer noch heftige Diskussionen.

Bei der Prognose der **verhaltensprägenden Faktoren** greifen wir auf Abschnitt 2.2 zurück. So verändern sich beispielsweise Einstellungen und Werte. Dem egozentrischen Selbstverwirklichungstrend („Ellenbogengesellschaft") stellt sich ein Sozialverantwortlichkeitstrend entgegen. Die verstärkte Arbeitslosigkeit scheint auch zur Rückbesinnung auf Familienwerte zu führen. Die Emanzipation hat inzwischen zu unterschiedlichen Familientypen geführt.

Die **Anspruchsprognose** fällt sehr viel konkreter, produktbezogener aus. Giftfreie Naturfasern bei Bekleidungstextilien, PKW mit niedrigen Verbrauchswerten (weniger als 3 l/100 km Benzinverbrauch) mögen als Beispiele genügen.

Auch bei der **Gestaltung** selbst sind Prognosen insofern möglich, als man darüber nachdenkt, welche Formen, Farben usw. voraussichtlich morgen bevorzugt werden. Aus historischer Betrachtung wissen wir, daß sich vieles wiederholt. Mehrere Prognosetypen lassen sich herausschälen. Der Pendeltyp zeigt Entweder-Oder-Entwicklungen (Polarentwicklungen: rund - eckig; grazil - wuchtig); der Zirkulartyp kehrt von einem Anfangspunkt einer Entwicklung über Zwischenschritte in gleichbleibender Reihenfolge wieder zum Ausgangspunkt zurück. So haben wir einen Farbzyklus identifiziert, der, ausgehend von Spektralfarben über die Stufen Farbabdunklung, Brauntöne, Pastellfarben, unbunte Farben, wieder mit den Spektralfarben beginnt (Koppelmann 2001, S. 392 f.). Abshof (1992) hat einen Modezyklus entwickelt. Die Produktgestaltung kann auch wiederum die Ansprüche beeinflussen (→ Lernen).

(3) Verschiedene **Prognosemethoden** stehen zur Verfügung.

Die **qualitativen** Methoden kommen zwar nicht zu genauen, dafür aber valideren Ergebnissen. Auf die Beobachtung verwiesen wir bereits, auch Befragung und Experiment als primärstatistische Verfahren eignen sich. Als sekundärstatistisches Verfahren ist das environmental scanning bekannt. Alle möglichen Signale, die zum Prognosethema gehören, werden registriert, daraus werden Trendlandschaften entwickelt. Die anderen Verfahren gehören zu den sogenannten **Kreativitätstechniken.** Bei den intuitiven Verfahren soll unkritisches Gruppenverhalten zu neuartigen Assoziationen führen (z. B. brainstorming). Dagegen betonen die systematisch-analytischen Verfahren Prinzipien der systematischen Abwandlung (z. B. progressive Abstraktion) und der systematischen Konfrontation (z. B. morphologische Matrix). Beim Indikatorverfahren wird eine Erscheinung als Vorläufer für eine andere gewählt. Vielfach schlagen sich Architekturtrends später in Designentwicklungen nieder. Beim Analogieverfahren wird von einer Situation auf eine strukturähnliche andere Situation geschlossen. Bei der Delphitechnik werden Fachleute getrennt nach ihrer zukünftigen Beurteilung von X schriftlich befragt. Nach dem ersten Fragendurchlauf werden ihnen anonymisiert die bisherigen Antworten schriftlich vorgelegt mit der Bitte um Überprüfung. So ergeben sich schnell Schwerpunkte zukünftiger Einschätzungen. Bei der Szenariotechnik werden zukünftige Entwicklungszüge inklusive ihrer Störgrößen von Fachleuten entwickelt.

Die **quantitativen** Techniken (Methoden) werden häufig genannt. Durch Übernahme vergangener Mengen und deren unterschiedliche Gewichtung wird auf die Zukunft geschlossen. So wird im Beschaffungsbereich der Bedarf bei den verbrauchsbestimmten Verfahren fixiert und auch im Absatzbereich wird so manchmal die Absatzmenge berechnet. Eher durch Zufall kommt man hiermit zu Ergebnissen, die sich später als valide erweisen. So kann man mit diesen Verfahren qualitative Veränderungen nicht messen – Entwicklungen sind eben auch durch Entwicklungsbrüche gekennzeichnet; Inhalte, Qualitäten und Intensitäten ändern sich.

Wenn **Planen** die Vorwegnahme des Morgigen beinhaltet, führt kein Weg an der Prognose vorbei. Auch wenn Prognosen ungewiss sind, wird man ohne sie nicht planen können. Wenn man Methoden beherrscht, Strukturzusammenhänge kennt, dann erwächst aus ständiger Übung eine gute Prognosequalität.

Die folgende Übersicht 47 fasst die erwähnten Methoden zusammen:

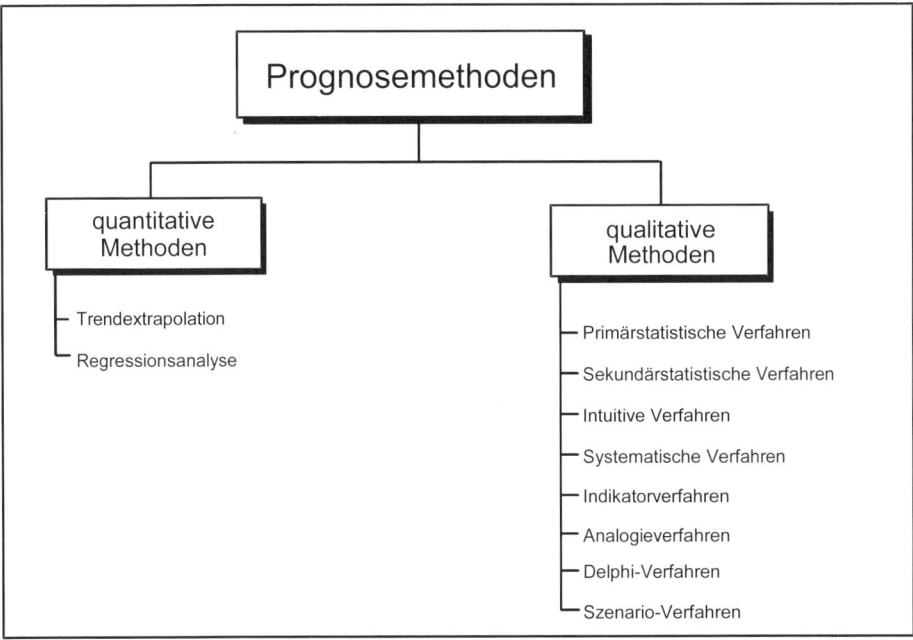

Übersicht 47: Prognosemethoden

3   Potential- und Zielplanung

In der Ziel- und Potentialwahl sind Unternehmen autonom. Deshalb liegt es entsprechend unserem allgemeinen Planungsgerüst nahe, die Ziel- und Potentialfixie-
rung erst nach der Marktanalyse vorzunehmen. Man richtet sich nach dem
Marktgeschehen, weil es nur in Grenzen beeinflußbar ist, also bilden die Marktmöglichkeiten die Ausgangsbedingungen für die weitere Planung.

3.1   Potentialplanung

Im Rahmen der Konkurrenzanalyse wurde bereits auf die Methode der **Stär-
ken/Schwächenanalyse** verwiesen. Dort wurde der Bezug des eigenen Könnens
zur Konkurrenz hergestellt. Das muß hier um die eigenen Fähigkeiten ergänzt
werden. Man kann sich den Potentialplanungsprozeß so vorstellen, wie in Übersicht 48 dargestellt:

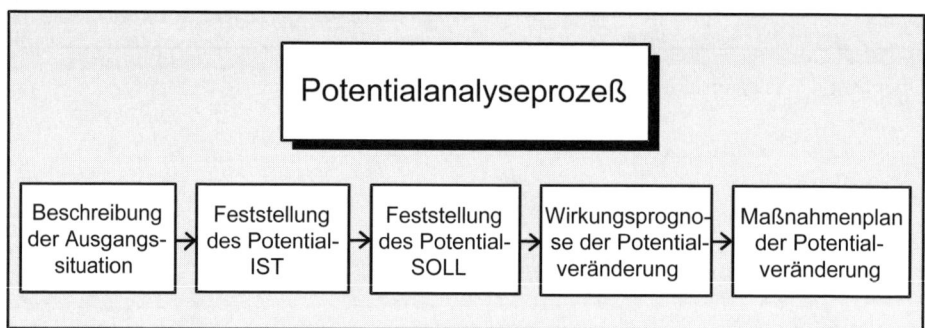

Übersicht 48: Potentialplanungsprozeß

Die Ausgangssituation haben wir im 2. Kapitel beschrieben. Darauf bezogen muß
jetzt das Potential-Ist, müssen also die vorhandenen Fähigkeiten beschrieben werden. Wir wollen mehrere Fragen beantworten:

  (1) Wer bewertet?
  (2) Was soll bewertet werden?
  (3) Wie soll bewertet werden?
  (4) Wie häufig soll bewertet werden?
  (5) Welche Konsequenzen ergeben sich daraus?

(1) Üblich ist die unternehmensinterne Bewertung. Der hohe Komplexitätsgrad sollte zu einer Bewertung durch unterschiedliche Funktionsträger führen. Im business-to-business-Marketing erscheint auch eine Bewertung durch Kunden hilfreich. Das gilt immer bei der Imagepotentialbestimmung. Erfahrungsgemäß sind in diesem Bereich die Differenzen zwischen interner und externer Bewertung deshalb nicht sehr groß, weil man sich kennt.

(2) Das **Potential-Ist** beschreibt die jetzigen Fähigkeiten des Unternehmens. Man kann sie unterschiedlich gliedern. Entsprechend der hier gewählten Funktionsbetrachtung (Beschaffung und Absatz) werden diese Funktionsbereiche nach ihren Fähigkeiten geprüft.

Zur Feststellung des Potential-Ist kann man von Übersicht 49 ausgehen.

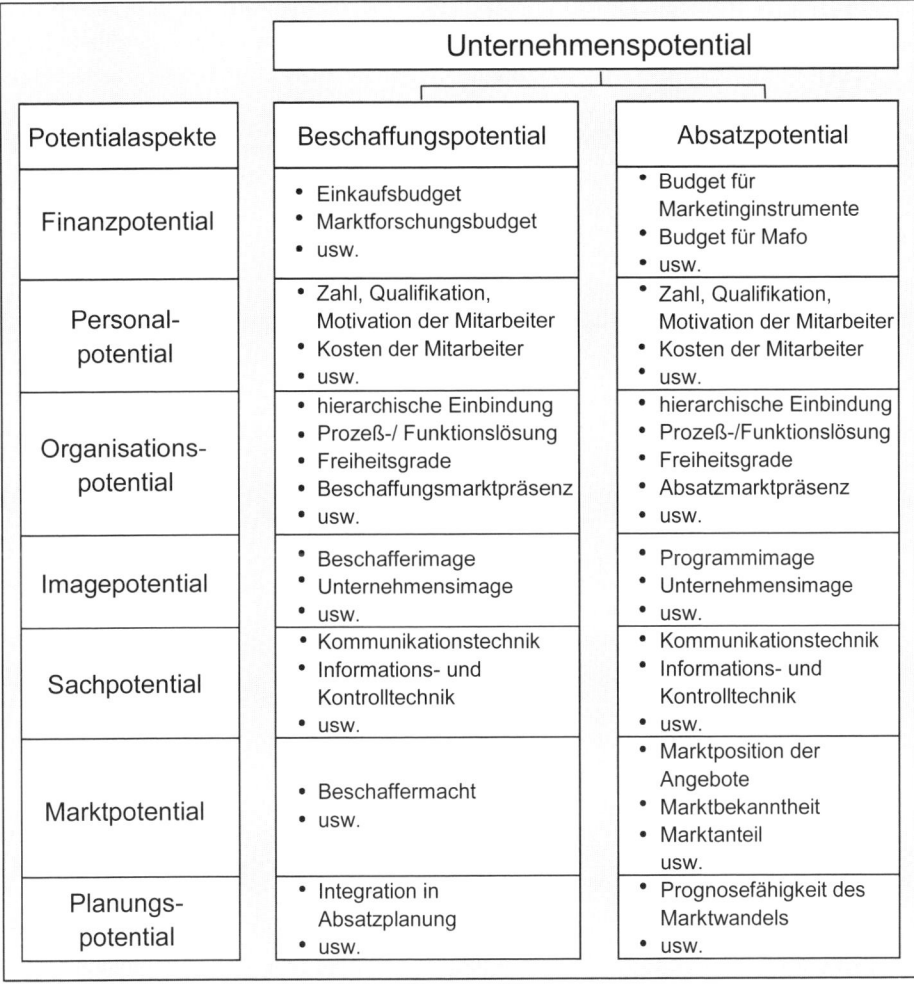

Potentialaspekte	Beschaffungspotential	Absatzpotential
	Unternehmenspotential	
Finanzpotential	• Einkaufsbudget • Marktforschungsbudget • usw.	• Budget für Marketinginstrumente • Budget für Mafo • usw.
Personal-potential	• Zahl, Qualifikation, Motivation der Mitarbeiter • Kosten der Mitarbeiter • usw.	• Zahl, Qualifikation, Motivation der Mitarbeiter • Kosten der Mitarbeiter • usw.
Organisations-potential	• hierarchische Einbindung • Prozeß-/ Funktionslösung • Freiheitsgrade • Beschaffungsmarktpräsenz • usw.	• hierarchische Einbindung • Prozeß-/Funktionslösung • Freiheitsgrade • Absatzmarktpräsenz • usw.
Imagepotential	• Beschafferimage • Unternehmensimage • usw.	• Programmimage • Unternehmensimage • usw.
Sachpotential	• Kommunikationstechnik • Informations- und Kontrolltechnik • usw.	• Kommunikationstechnik • Informations- und Kontrolltechnik • usw.
Marktpotential	• Beschaffermacht • usw.	• Marktposition der Angebote • Marktbekanntheit • Marktanteil usw.
Planungs-potential	• Integration in Absatzplanung • usw.	• Prognosefähigkeit des Marktwandels • usw.

Übersicht 49: Einige Aspekte des Unternehmenspotentials

Bei dieser Potentialgliederung stand der Wunsch Pate, anhand eines allgemeinen Inhaltsrasters zu zeigen, daß die Potentialinhalte im Beschaffungs- und Absatzbereich ähnlich sind. Das Finanzpotential zeigt die Möglichkeiten und Grenzen für das zur Verfügung stehende Einkaufsbudget einerseits und z. B. das Produktbudget im Absatzbereich.

Aus dem Absatzbereich ist das Programm- und Markenimage bekannt. Daß auch das Beschafferimage bei den Verhandlungen mit Lieferanten erfolgsfördernd, vertrauensbildend sein kann, wird manchmal übersehen. Als Ausprägung des Marktpotentials im Beschaffungsbereich kann die Beschaffermacht und das eigene gegenüber der Beschafferkonkurrenz überproportionale Beschaffungswachstum (→ Wachstum des Beschaffungsmarktanteils) angesehen werden. Im Absatzbereich spiegelt die vom Kunden vorgenommene Positionierung des eigenen Angebots im Umfeld der Konkurrenzprodukte, die eigene Marktbekanntheit, das Wachstum des eigenen Marktanteils, das eigene Marktpotential wider. Und schließlich kann die eigene Planungsfähigkeit das schnelle/langsame Reagieren auf Märkten behindern bzw. erleichtern. Zu spätes Reagieren auf Absatzeinbrüche bzw. einen Absatzboom hat nicht nur unmittelbare Auswirkungen im Absatzbereich, auch im Beschaffungsbereich können falsche Abrufmengen zu Über- oder Fehlbeständen führen. Überbestände verursachen Lager- und Zinskosten, Fehlbestände führen zu Opportunitätskosten.

(3) Diese grob geschilderten Potentiale müssen im nächsten Schritt bewertungsfähig gemacht werden. Man muß Regeln entwickeln, wie man die Potentiale messen soll. Eine Darstellungsmöglichkeit liegt in der Wahl eines **Polaritätsprofils** mit ordinaler Einteilung. Die konkreten Zuordnungen hängen von der jeweiligen Marktsituation ab, deshalb können hier keine konkreten Angaben erfolgen. Der Zwischenschritt kann so aussehen:

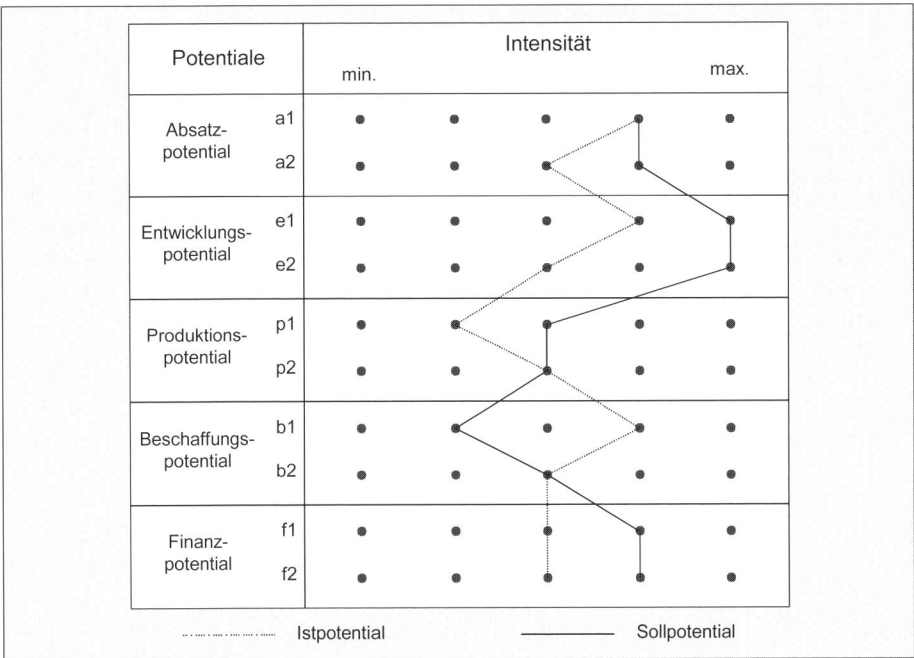

Übersicht 50: Zur Methode der Potentialbestimmung

(4) Die Wiederholungshäufigkeit ist eine Frage der Zweckmäßigkeit. Vor dem Hintergrund des Aktualitätsgebots kann man versuchen, sich auf die Neubewertung bei offenkundigen Potentialänderungen und im Übrigen auf die grundsätzliche Überprüfung in größeren Abständen (z. B. jährlich) zu beschränken.

(5) Im nächsten Schritt müssen wir prüfen, was wir an Fähigkeiten benötigen, wenn wir uns der Verwirklichung einer Problemlösungsidee zuwenden wollen. Das Potentialsoll wird in Abhängigkeit von der Aufgabenstellung nicht nur durch das Absatz- und Beschaffungspotential, sondern auch durch die notwendigen anderen Potentiale (Konstruktion, Design, Produktion usw.) bestimmt. Wenn wir ein Luxusprodukt (z. B. eine Ledertasche bei Hermès) herstellen wollen, benötigen wir andere Potentiale, als wenn wir eine Plastiktüte anbieten wollten. Aus dem Vergleich von Soll und Ist können sich Abweichungen ergeben. Bei einem Potential-Ist-Überschuß stellt sich langfristig die Frage nach einem Potentialabbau. Beim Soll-Überschuß muß geprüft werden, was der Ist-Aufbau kostet und ob er sich lohnt. Ein Ist-Aufbau muß sich nicht nur auf ein Marktobjekt richten, auch Folge- und Verbundwirkungen sind zu beachten. Es können zum Beispiel weitere Produkte oder Bisheriges besser realisiert werden.

3.2 Ziel- und Strategieplanung

Wir wiesen bereits darauf hin, daß alles betriebswirtschaftliche Handeln zielorientiert ist. Deshalb müssen wir uns mit diesem Komplex etwas intensiver befassen.

3.21   Allgemeine Überlegungen

Bevor wir Zielinhalte erläutern, die das weitere Handeln bestimmen, wollen wir die Terminologie klären und deutlich machen, welche Anforderungen an die Zielfixierung gestellt werden müssen.

(1) Die Terminologie ist uneinheitlich. Mal wird strategisch (z. B. strategische Ziele) gegen taktisch/operativ als langfristig gegen kurzfristig abgegrenzt. Mal wird Strategie als Maßnahmenbündel bezeichnet. Wir können von folgendem einfachen Bild ausgehen:

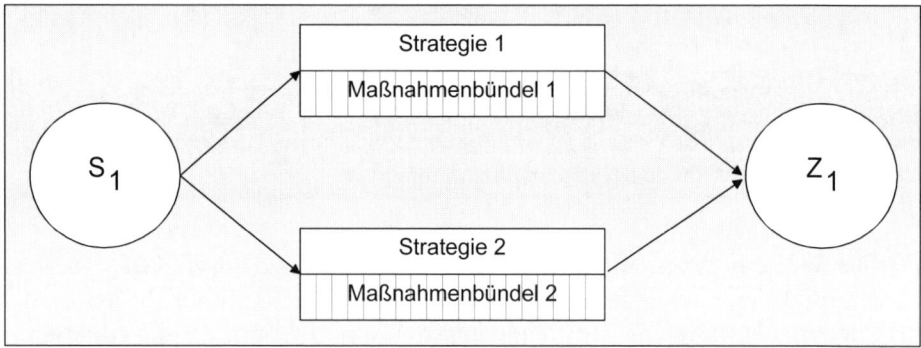

Übersicht 51: Zum Zusammenhang von Zielen, Strategien und Maßnahmen

Von der ermittelten Marktsituation S_1 ausgehend, wollen wir für unser Unternehmen einen Endzustand Z_1 erreichen. Es mag sein, daß wir diesen Endzustand nur über Zwischenstationen erreichen können. Ziele sind also geplante Zustandssituationen, die man erreichen möchte. Zwischen Ausgangs- und Endsituation liegt somit eine Zeitdifferenz.

Unser betriebswirtschaftliches Planen richtet sich nun darauf, wie man unter Beachtung des ökonomischen Prinzips den Endzustand oder die Zwischenzustände erreicht. Dazu werden **Maßnahmen** geplant. Hier interessieren vor allem die Maßnahmen der Marktbeeinflussung, die im 4. Kapitel ausführlich behandelt werden sollen. Maßnahmen sind die einzelnen **Mittel** der **Ziel**erreichung, die Werkzeuge also. Um Wirkungssynergien, sich gegenseitig positiv beeinflussende Mittelwirkungen (z. B. interessante Produktgestaltung, pfiffige Werbung, interessanter Preis), zu erzielen, ist es hilfreich, nach **Mittelklammern** Ausschau zu halten, die durch eine besondere Idee dem Handeln die gleiche Zielrichtung verschaffen und damit die Wirkung schaffen und damit die Wirkung intensivieren. Das nennen wir **Strategie.** Es handelt sich um spezifische Maßnahmen**bündel** zur Zielerreichung. Man kann Strategien auch als **Wege** zur Zielerreichung bezeichnen. Meist sind mehrere Wege (Strategien) zum Ziel möglich. Haben die Strategien voraussichtlich die gleiche Wirkung, entscheidet man sich für die Strategie, die weniger Kosten verursacht.

Ziele als Endzustände werden in der Betriebswirtschaftslehre in eine **Sachziel-** und eine **Formalziel**komponente eingeteilt. Über die Sachzielkomponente haben wir bereits unter der Überschrift „Marktobjektbestimmung" (siehe Abschnitt 2.1) nachgedacht. Somit geht es hier lediglich um die Formalzielkomponente.

(2) Bei der Formulierung von **Formalzielen** sollten mehrere Bedingungen erfüllt werden. Wir gliedern sie in Zieldimensionen und Operationalitätskriterien:

Zieldimensionen

– Der Zielinhalt muß fixiert werden (was?).
– Das Zielausmaß muß genannt werden (wieviel?).
– Der Zeithorizont muß angegeben werden (wann?).

Operationalitätskriterien

– Das Ziel muß möglichst meßbar formuliert werden.
– Das Ziel muß bereichsadäquat sein, d. h., die Zielerfüllung muß vorrangig von den Entscheidungsträgern, denen man sie vorgibt, beeinflußt werden können.
– Ziele müssen auf ihre Kompatibilität hin überprüft werden; Zielkonflikte müssen durch hierarchische Strukturierung vermieden werden. Man kann dies durch Ober-, Mittel-, Unterziele erreichen. Wir wählen die Einteilung in Basis-, Funktionsbereichs- und Instrumentalziele.

Bei der Zielformulierung sollte immer daran gedacht werden, daß neben dem Zustand, den man erreichen will, gleichzeitig auch der Maßstab für die Kontrolle (siehe Kapitel 6) gelegt wird. Ziele, die nicht erreichbar sind, werden spätestens bei der im Rahmen der Kontrolle stattfindenden Abweichungsanalyse als utopisch gesetzt entdeckt. Dagegen ist eine ehrgeizige Zielsetzung gegenüber einer weniger herausfordernden vorzuziehen, weil sie nicht nur Kräfte fordert, sondern auch weckt.

3.22   Basisziele

Basisziele bilden die Grundlage unternehmerischen Handelns. Sie können Bestandteil der **Corporate Identity** oder der **Firmenphilosophie** sein. Corporate Identity (CI) beschreibt das Unternehmensselbstverständnis, überlagert damit die Zielbildung. Die Basisziele beziehen sich als Oberziele auf das Gesamtunternehmen. Einige wichtige Basisziele zeigt die folgende Übersicht: **(NEU!)**

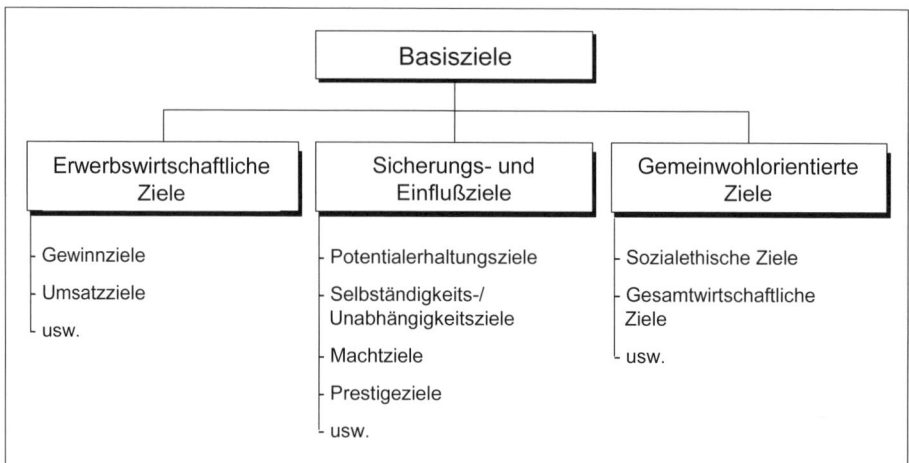

Übersicht 52: Einige Basisziele

Im Mittelpunkt betriebswirtschaftlichen Denkens stehen die **erwerbswirtschaftlichen** Ziele. Sie dienen, wie auch Teile der Sicherungs- und Einflußziele, der Selbsterhaltung des Unternehmens. Ein Unternehmen kann Gewinn- oder Umsatzziele absolut oder relativ formulieren. In einem Fall heißt es, daß man pro Planperiode (z. B. 1 Jahr) einen Gewinn/Umsatz von x € erzielen möchte. Man kann auch eine Gewinn-/Umsatzzunahme formulieren. Aussagekräftiger ist es, wenn man Formulierungen in Input-/Outputrelationen wählt. Das kann eine in x% vorgegebene Umsatz- oder Kapitalrentabilität sein.

Intelligenter, als Umsatzsteigerungsziele zu wählen, ist es, sich mit **Marktanteilszielen** zu befassen. Der Anteil des eigenen Umsatzes am Branchenumsatz kann die Stärke oder Schwäche eines Unternehmens anzeigen. Das Ziel der Marktanteilssteigerung verrät bei stagnierendem Branchenumsatz einen zukünftig aggressiveren Marktauftritt. Auf mögliche Zusammenhänge zwischen Marktanteilsgrößen und Gewinnsituation wurde bereits unter der Überschrift „Märkteportfolios" hingewiesen (Abschnitt 2.5).

Die erwerbswirtschaftlichen Ziele dominieren betriebswirtschaftliches Handeln; Gutenberg bezeichnet die Gewinnmaximierung als konstituitives Merkmal von Unternehmen (Gutenberg 1983). Die neuere Zielforschung hat allerdings ergeben, daß weitere Basisziele vorkommen. Die nächste Gruppe kann man als **Sicherungs- und Einflußziele** bezeichnen.

Die **Potentialerhaltungsziele** stehen unter dem Satisfizierungsgedanken. Man geht davon aus, daß das eigene Unternehmen überlebt, wenn man das bisherige Potential auf dem gleichen Niveau hält. Das finanzielle Gleichgewicht, die Liquidität, muß auf jeden Fall erhalten bleiben. Ähnliches gilt mit anderen Schwerpunkten für die anderen Funktionsbereiche. Wer nicht bereit ist, auf dem neuesten technischen Stand zu bleiben, verliert schnell den Anschluß. Wer neueste Produktionstechniken verschläft, wird Kosten- und Leistungsprobleme bekommen. Wer sich nicht mit neuen Marktentwicklungen auseinandersetzt, verliert den Marktkontakt – von Kundenorientierung kann man dann nicht mehr reden.

Selbständigkeits-/Unabhängigkeitsziele beobachtete man früher vor allem bei mittelständischen, von der Eigentümerfamilie geleiteten Unternehmen. Alles, was man tut, muß mit den eigenen Mitteln beherrschbar sein. Selbstfinanzierung statt Fremdfinanzierung wird betont. Nischenpolitik ist die Folge. Um erfolgversprechende Massenmärkte macht man einen Bogen. Inzwischen finden auch bei Großunternehmen Kämpfe gegen sogenannte „unfriendly take-overs" statt. Das Management möchte weiter im Sattel bleiben und versucht, die Übernahmeversuche zu torpedieren. Ob das langfristig betriebswirtschaftlich vernünftig ist, steht auf einem ganz anderen Blatt.

Macht- und Prestigeziele können ineinander übergehen. Die Bestimmung von Standards in einer Branche können Lizenzeinnahmen ebenso sichern, wie sie die Absatzpolitik erleichtern können. Nicht immer setzt sich dabei das leistungsstärkere Produkt durch – das hat Microsoft bewiesen. Wenn Unternehmen ihre Verwaltungsbauten höher, eindrucksvoller als die der Konkurrenz gestalten, steht dahinter allerdings nicht immer ausgeprägtes betriebswirtschaftliches Kalkül.

Gemeinwohlorientierte Ziele kommen auch vor. Bereits in der Begrenzung des Sachziels (z. B. kein Kriegsspielzeug) kann ethische Verantwortung durchscheinen. Die Anstellung von mehr teilzeitbeschäftigten Frauen, die Einstellung Behinderter zeigen andere Möglichkeiten.

In der Mehrzahl der beobachteten Unternehmen wurde die Eindimensionalität der Ziele (→ Gewinnmaximierung) aufgegeben; es werden eher mehrere Basisziele gleichzeitig verfolgt. Nun herrschen zwischen den erwähnten Zielen Konflikte, die wir ja vermeiden müssen. Wer gleichzeitig den Gewinn und den Umsatz steigern will, stößt auf Schwierigkeiten – das ergibt sich bereits aus dem bisher Dargestellten. In Star-Produkte muß man erst noch kräftig investieren, die hohen Abschreibungen belasten den Gewinn. Will man seinen Marktanteil steigern, muß man der Konkurrenz bei niedrigem Marktwachstum etwas wegnehmen. Das gelingt nur durch Marktinvestitionen (z. B. Werbeintensivierung, mehr Verkaufsstellen, niedrigere Preise). Um weitere Konflikte zu lösen, muß man Prioritäten setzen. Die **Hierarchisierung** gilt als eine Möglichkeit der **Konfliktlösung**. Man muß sagen, welches Ziel im Vordergrund stehen soll und welches Ziel als Nebenbedingung auch noch eine Rolle spielen kann. Das führt zu eindeutigen **Zielketten.** Eine so formulierte Zielkette bildet dann für die Planungsperiode die Grundlage für die weitere Unternehmensplanung. Diese Planung kann nun heruntergebrochen werden auf die verschiedenen Tätigkeitsbereiche als generelle Vorgabe für das, was man dort spezifizieren muß. Damit wollen wir uns im Folgenden auseinandersetzen. Etwas komplizierter wird dies, wenn man an vielschichtig aufgebaute Konzerne mit vernetzten Unternehmen, Werken, Auslandsniederlassungen denkt.

3.23   Funktionsbereichsziele

Gleichgültig, welche Organisationsform im Unternehmen vorgegeben ist, Funktionsträger folgen den aus den Basiszielen abgeleiteten, für ihr Tätigkeitsfeld gültigen Zielen. Die nennen wir **Funktionsbereichsziele**. Wir gehen von folgender Übersicht aus:

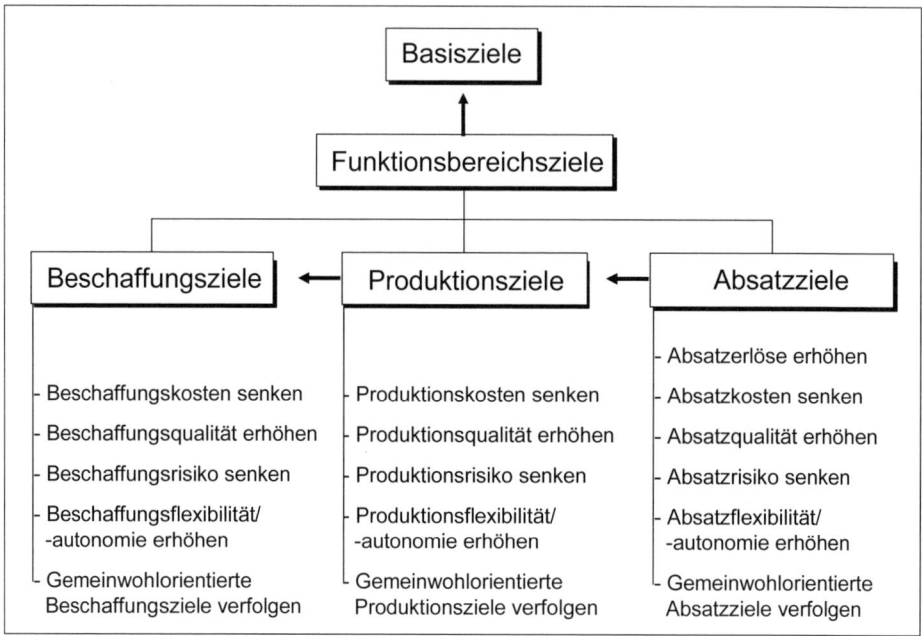

Übersicht 53: Einige Funktionsbereichsziele

Im Regelfall steht jeweils ein definiertes Ziel im Mittelpunkt der Funktionsbereichsplanung, so daß diese Übersicht Alternativen zeigt. Weil die Planung, wie bereits ausgeführt, am jeweiligen Engpaß orientiert ist, meist ist das der Absatz, haben wir uns um eine ähnliche Struktur bemüht, um die notwendigen Kompatibilitätsüberlegungen zu erleichtern. So ist ein Ziel des Lean-Management die **Kostensenkung**; sie gilt für alle Funktionsbereiche. Das bedeutet dann eben nicht nur Produktionskostensenkung, sondern betrifft auch die hier im Mittelpunkt stehende Absatz- und Beschaffungskostensenkung. Seit einigen Jahren wird intensiv um die Senkung der Beschaffungskosten ($\rightarrow$ Lopez-Effekt) gerungen. Dazu gehört nicht nur die Senkung der Beschaffungs**objekt**kosten, sondern auch die der **Prozeß**kosten. Neuerdings bemühen sich einige PKW-Hersteller (z. B. Ford) durch Änderung der Händlerstruktur um Senkung der Absatzkosten. Die Senkung des **Absatzrisikos** richtet sich auf Mehreres. Kundenbezogen bedeutet dies vor allem Unabhängigkeit gegenüber Nachfrageschwankungen. Kontinuierliche Nachfrage einerseits und Reduktion der Nachfragemacht andererseits sind dann Teilziele.

Dazu gehört auch die Frage der Konkurrenzintensität: Man möchte, daß die Nachfrage auf das eigene Angebot konzentriert bleibt und nicht von der Konkurrenz umgelenkt wird. Die Senkung des **Beschaffungsrisikos** soll dazu dienen, daß keine Betriebsunterbrechungen deshalb stattfinden, weil die benötigten Beschaffungsobjekte nicht rechtzeitig, in der richtigen Leistungsausprägung und Menge zur Verfügung stehen. Der Steigerung der **Absatzflexibilität/Absatzautonomie** dienen Überlegungen, von einzelnen Märkten usw. unabhängiger zu werden. Auch eine größere Produktunabhängigkeit erhöht die Flexibilität. Bei VW ist die Abhängigkeit vom Golftyp besonders stark ausgeprägt. Die **Beschaffungsflexibilität** wird man steigern müssen, wenn der Absatz starken Mengen- und Leistungsschwankungen unterliegt. Wenn es nur einen Lieferanten des Beschaffungsobjektes gibt, der dazu noch spezielle Automaten kontinuierlich laufen läßt, dann ist die Beschaffungsflexibilität gering. Im Rahmen von Total-Quality-Management (TQM) wird allenthalben von **Nullfehlerqualität** gesprochen. Gemeint ist hier meist, daß die vereinbarten Produktleistungen eingehalten werden. Steigerung der **Absatzqualität** heißt aber auch „trading up". Um z. B. der harten Preiskonkurrenz zu entfliehen, möchte man Produkte mit höherer Wertschöpfung anbieten. Steigerung der **Beschaffungsqualität** meint vorrangig Fehlerreduktion, kann aber auch Steigerung der Beschaffungsobjektleistungen heißen. **Gemeinwohlorientiertes Absatzhandeln** kommt seltener vor. Sicherlich wird die Gemeinwohlorientierung gestreift, wenn man auf den Absatz noch einträglicher Produkte deshalb verzichtet, weil sie verdächtige Nebenwirkungen haben (PCB-, FCKW-Diskussion). Ganz uneigennützig sind derartige Verzichte aber nicht, bestünde doch sonst die Gefahr von Imageschäden. Ein markantes Beispiel für **gemeinwohlorientiertes Beschaffungshandeln** stellte die „Einkaufsoffensive Ost" der deutschen Industrie dar.

Kein Pendant in anderen Funktionsbereichen findet das Absatzziel **Erlöserhöhung.** Hier geht es darum, die durchschnittlichen Stückerlöse zu steigern. In rezessionsgeschädigten Märkten sinken häufig die Stückerlöse wegen des Angebotsdrucks unter die Selbstkosten. Preissteigerungen sind dann dringend geboten. Das ist schwierig bei konstanten Leistungen, erfolgreicher sind durch verbesserte Ausstattungen (z. B. bei PKW → „Aufpreisliste") verursachte Preiserhöhungen.

Neben der bereits angedeuteten Zielharmonie auf einer Ebene – welche Funktionsbereichsziele passen zusammen? – muß auch die Frage geprüft werden, welche Funktionsbereichsziele welche Basisziele verwirklichen können (→ vertikale Zielkompatibilität). Mit Ausnahme der gemeinwohlorientierten Funktionsbereichsziele tragen alle anderen zur Erfüllung der erwerbswirtschaftlichen Ziele unmittelbar bei. Die Risiko- und Flexibilitätsziele sichern das Selbständigkeits- und Unabhängigkeitsziel. Das mag hier beispielhaft genügen.

3.24   Instrumentalziele

Die eher noch globalen Funktionsbereichsziele müssen durch konkretere Zielsetzungen handhabbar gemacht werden. Die hier interessierenden Funktionsbereiche setzen ihre Ziele durch den Einsatz der Marktbeeinflussungsinstrumente um. Somit liegt es nahe, instrumentenbezogene Ziele zu identifizieren.

Die folgenden Einteilungen der Instrumentalziele greifen auf Kapitel 4 vor. Dort sind die einzelnen Instrumente ausführlich beschrieben.

3.241   Absatzinstrumentalziele

Einige wichtige Ziele sind Übersicht 54 zu entnehmen. Hier geht es um erstrebte Endzustände auf Instrumentalniveau.

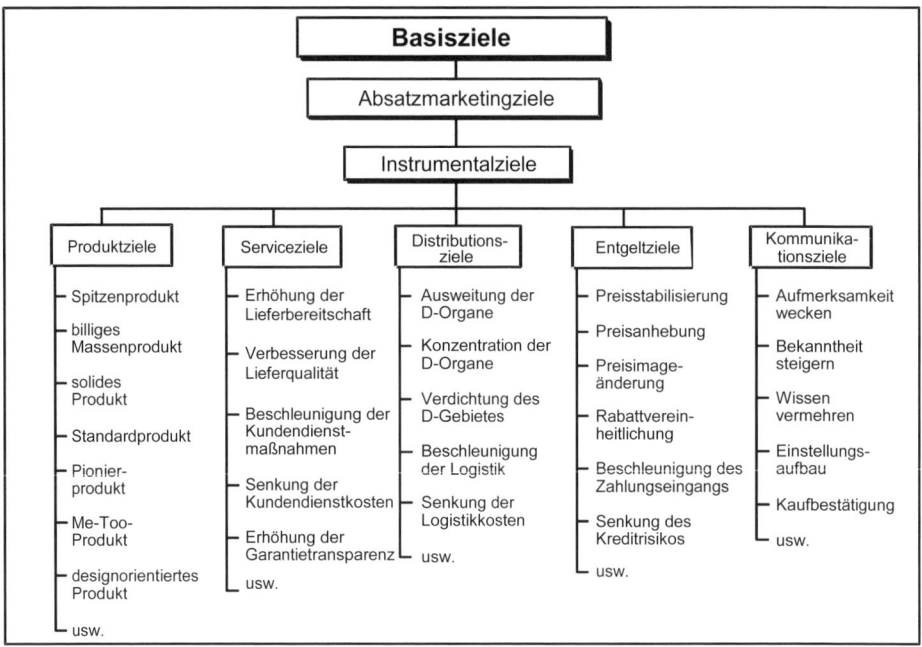

Übersicht 54: Absatzinstrumentalziele

(1) Im Mittelpunkt des Absatzmarketing steht das **Produkt** oder eine Dienstleistung. In der Produktzielfestlegung schlägt sich die gewünschte Identität nieder, das, was das Produkt sein soll. Dieser Sollzustand kreist das Konkurrenzfeld ein, in dem sich das Produkt bewähren muß. Mit diesen Zielen können prägnante Differenzen zur Konkurrenz geschaffen werden.

Ein **Spitzenprodukt** ist vielfach ein Luxusprodukt. Es wird nur in kleinen Stückzahlen hergestellt; das Material ist sehr teuer (z. B. Dupont-Feuerzeug). Die gewählte Form führt zu aufwendigen Herstellungsverfahren. Die Spitzenstellung ergibt sich aus dem Niveau einer Branche.

Das **billige Massenprodukt** überzeugt durch seinen niedrigen Preis. Gestalterische Simplifizierung und kontinuierliche Produktion großer Mengen bilden die Grundlage für einen aggressiven Niedrigpreis (z. B. bic-Feuerzeug).

Im mittleren Niveaubereich liegt das **solide Produkt.** Man will eine bewährte, lange haltbare Gestaltungslösung erzielen (z. B. Miele). Nicht das Besondere, sondern das Bewährte mit hoher Gebrauchstauglichkeit steht im Mittelpunkt.

Dazwischen liegt das **Standardprodukt** (gängiges Produkt), meist handelt es sich um Handelsmarken. Nichts Auffälliges, das, was gerade gut verkauft wird, ist charakteristisch.

Beim **Pionierprodukt** steht dagegen das Neuartige im Vordergrund. Sony legt besonderen Wert auf diese Zielsetzung. Verschiedene Gründe können dafür sprechen, generell oder nur bei der augenblicklichen Produktentwicklung mit dem **Me-too-Produkt** zufrieden zu sein (z. B. Samsung). Man folgt dem Pionier mit einer meist vereinfachten Produktgestaltung, niedrigere Preise sind die Folge.

Design als besondere ästhetische Gestaltungslösung hat inzwischen viele Unternehmen erreicht. Lamy, Braun, Cor, Cassina, FSB usw. bieten **designorientierte Produkte** an. Nicht zu dieser Gestaltungsrichtung passende Gestaltungslösungen werden verworfen.

Man kann nun fragen, welches dieser Produktziele bei welcher Zielgruppe Anklang finden mag. Dazu greifen wir auf Übersicht 36 zurück. Die folgende Matrix (Übersicht 55) beruht im Wesentlichen auf dem Bildmaterial der erwähnten Sinus-Milieustudie.

Produktziele \ Milieutypen	Konservative	Etablierte	bürgerliche Mitte	Traditionsverwurzelte	DDR-Nostalgische	Konsum-Materialisten	Hedonisten	Postmaterielle	moderne Performer	Experimentalisten
Billige Massenprodukte	x	x	x	x	x	x	x	x	x	x
Exklusive Spitzenprodukte	x	x	x							
Solide Produkte	x		x							x
Gängige Produkte				x	x	x			x	
Pionierprodukte		x					x	x	x	x
Me-too-Produkte				x	x	x			x	x
Designorientierte Produkte	x	x	x					x	x	x

Übersicht 55: Milieuspezifische Produktziele

(2) **Serviceziele** kann man auch als produktbezogene Dienstleistungsziele beschreiben. Erhöhung der **Lieferbereitschaft** bedeutet meist Verkürzung der Lieferzeit. Verbesserung der **Lieferqualität** meint Vollständigkeit der Lieferung sowie einen besseren Eingangszustand (keine Beschädigungen mehr). Die **Kundendienstmaßnahmen** sollen beschleunigt, verbessert werden. Die dabei entstehenden **Kosten** sollen gesenkt werden. Die **Garantie** soll transparenter gestaltet werden.

(3) **Distribution** erstreckt sich auf den Weg des Produktes vom Hersteller zum Verwender. Ausweitung der Distributionsorgane betont die Steigerung der **numerischen Distribution** – man will mit seinem Produkt bei mehr Händlern präsent sein. Händler ist aber nicht gleich Händler – bei Metro wird pro Geschäft wesentlich mehr als in einem „Tante-Emma-Laden" verkauft. Man will sich z. B. auf umsatzstarke Händler **konzentrieren** (→ **gewichtete Distribution**). Man kann sich auf imagestarke, besonders leistungsfähige usw. Händler konzentrieren. Um die erwähnte Lieferbereitschaft zu erhöhen, kann es zweckmäßig sein, die **Logistik** zu beschleunigen. Auch das Senken der Distributions-/Logistikkosten wird als Ziel genannt.

(4) Bei den **Entgeltzielen** geht es zum einen um die **Preisstabilisierung,** der Preistrend nach unten soll gestoppt werden. Man kann aber auch die besondere Betonung auf den anderen Preisast legen, man will die Preise **anheben.** Wieder andere wollen ihr **Preisimage** („Apothekenpreis") ändern. Gerade im internationalen Geschäft erweist sich die **Rabattvereinheitlichung** inklusive Preisvereinheitlichung als notwendig, um die unerwünschten „grauen Importe" zu vermeiden, die Einführung des Euro hat dies beschleunigt. Bei hohen Kreditzinsen wird man sich um die Beschleunigung des **Zahlungseingangs** bemühen. Im Außenhandel wird man das **Kreditrisiko** zu begrenzen suchen.

(5) Die **Kommunikationsziele** sind eng vernetzt. Zuerst muß man bemerkt werden, man muß also **Aufmerksamkeit** wecken. Gleichzeitig muß Weiteres erreicht werden: **Bekanntheit** ist eine Grundlage für Markterfolge. Das **Wissen** über das eigene Angebot muß in die Köpfe der Kunden transportiert werden. Positive **Einstellungen** zum Produkt, Unternehmen stärken die Markentreue. Werbung dient auch zur Bestätigung der **richtigen Kaufentscheidung,** zur Reduktion kognitiver Dissonanzen. Neben diesen eher wahrnehmungs- und verarbeitungsorientierten Zielen werden auch ökonomische (z. B. Umsatzsteigerung, -stabilisierung) genannt. Da sie im Regelfall im Verbund mit anderen Maßnahmen stehen, fällt die Zielkontrolle schwer; deshalb sollte man auf sie verzichten.

(6) Im Kreis dieser Instrumentalziele kommt den **Produktzielen** eine besondere Rolle zu. Es gibt Unternehmen, die sich einem Produktziel verschrieben haben. Die Firma Lamy konzentriert sich darauf, designorientierte Produkte anzubieten. Das hat zum einen Konsequenzen für das Absatzmarketing, wie wir später bei der Kombination der Absatzmarketinginstrumente noch sehen werden (siehe Kapitel

5). Und zum anderen folgt aus derartigen Zielvorgaben spezifisches Handeln in anderen Funktionsbereichen des Unternehmens (Konstruktion, Produktion, Design usw.). Uns interessiert hier zusätzlich der **Beschaffungsbereich**. In Pionierprodukte gehen vielfach neuartige Produktteile ein. Zentrale Aufgabe der Beschaffung ist es dann, auf den Weltmärkten nach Innovationen Ausschau zu halten. Bei einem Hersteller von Luxusprodukten muß der Einkäufer nicht nur auf die Beschaffung hochwertiger Ware, sondern auch auf Nullfehlerqualität usw. achten; er muß seine Lieferanten pflegen, damit sie die Beschaffungsobjekte in benötigter Qualität und Quantität auch liefern können.

So wird auch in den Produktzielen deutlich, daß sie wegen ihrer Engpaßfunktion Wirkungen auf andere Funktionsbereiche ausüben.

3.242   Beschaffungsinstrumentalziele

Die folgende Übersicht 56 gleicht in ihrer Grundstruktur der zuvor kommentierten; im Detail gibt es allerdings funktionsspezifische Eigenheiten.

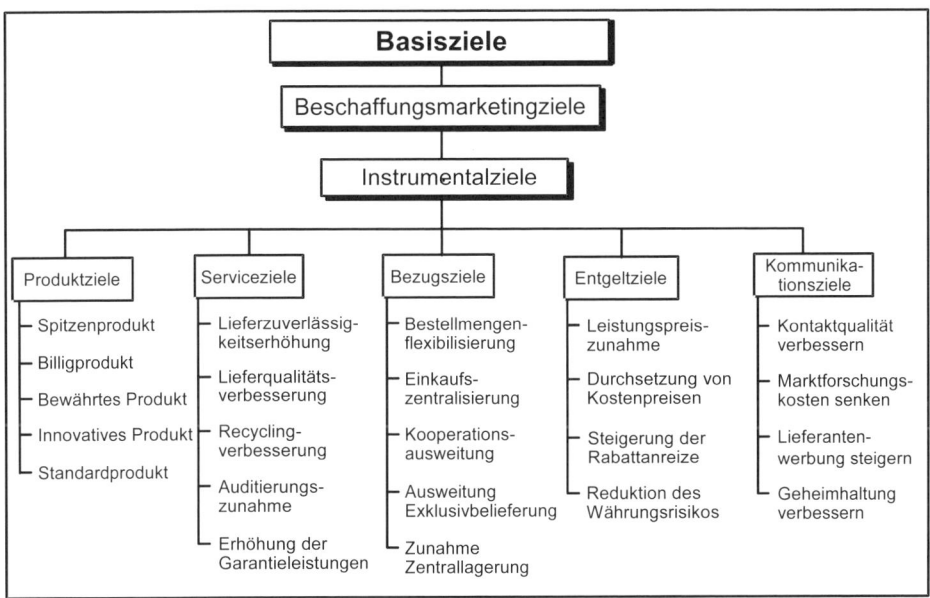

Übersicht 56: Beschaffungsinstrumentalziele

Die Wahl derselben Struktur – sie greift der Behandlung der Beschaffungsinstrumente in Abschnitt 4.6 vor – hat nicht nur den didaktischen Vorteil der Wiedererkennbarkeit; durch den Vergleich der beispielhaften Auflistung einiger Instrumentalziele mit denen aus dem Absatzbereich werden auch die Schwerpunkte des unterschiedlichen Denkens in den jeweiligen Funktionsbereichen offenkundig.

(1) Ein **Spitzenprodukt** ist im Beschaffungsbereich eher durch höchste Sachleistungen gekennzeichnet. Es gibt nichts Besseres. Beste Kaffeesorten, Nußsorten, Werkstoffe höchster Reinheit usw. werden ausgewählt. Hohe Preise sind die unausbleibliche Folge, die häufig auch mit engen Märkten zu tun haben. Dem stehen **Billigprodukte** gegenüber. Durch Leistungsreduktion auf das unbedingt Notwendige entstehen Einfachprodukte, die gerade noch ihren Zweck erfüllen, dafür aber ihren Charme im niedrigen Preis entfalten. **Bewährte Produkte** kauft man nicht zum ersten Mal ein. Es handelt sich um Wiederholungskäufe. Mit diesen Produkten hat man bisher gute Erfahrungen gesammelt, Konstruktions- oder Leistungsrisiken wurden beseitigt. Diese Produkte werden häufig als ganze Komponenten auch in neue Produkte (z. B. als Motor im neuen PKW) übernommen. Das Pendant bilden **innovative Produkte.** Diese marktneuen Produkte bergen neben Chancen auch Risiken in sich. Das Neue kann die Grundlage für den Erfolg des Endproduktes sein - der Differenzierungsvorteil. Das Risiko liegt in den Problemen, die mit der Herstellung des Neuen bei einem Lieferanten, mit der Logistik usw. verbunden sind. Die Beherrschung des Neuen muß erst gelernt werden. **Standardprodukte** sind meist genormt, die Qualität liegt fest. Verhandelt wird über Preise, Mengen und Zeiten. Man spricht auch von commodities. Im Beschaffungsbereich besteht aus Kostengründen eine Tendenz zur Schaffung von Gleichteilen.

(2) Ein besonders wichtiges **Serviceziel** liegt in der **Lieferzuverlässigkeitserhöhung.** Dieses Ziel ist vor allem dann nötig, wenn man sich auf einen Lieferanten langfristig konzentriert (single sourcing). Mit der **Lieferqualitätsverbesserung** soll der geplante Wareneingangszustand verbessert werden, Lager-, Transport- und Umpackschäden sollen vermieden werden. In Zukunft wird die Verbesserung des **Recycling** (Selbstdurchführung oder Delegation) eine große Rolle spielen. Auch aus Haftungsgründen kann man an einer **Auditierungszunahme** interessiert sein. Mehr und mehr Lieferanten sollen über Qualitätsauditierungssysteme verfügen, über die Entstehung einer einwandfreien Qualität wird Buch geführt. Die Erhöhung der **Garantieleistungen** erstreckt sich nicht nur auf die Beschaffung von Maschinen. Weitet man die Garantie für die eigenen Produkte aus Konkurrenzgründen aus, dann hat das unmittelbar Folgen für die Beschaffungsobjekte.

(3) Ein **Bezugsziel** liegt in der **Bestellmengenflexibilisierung.** Je mehr man nachfragebezogen fertigen möchte, ohne gleichzeitig auf Lagerbestände zurückgreifen zu wollen, um so wichtiger wird die Möglichkeit, je nach Marktlage weniger oder mehr bestellen zu können und auch kurzfristig damit beliefert zu werden. Insbesondere bei durch Fusionen entstandenen Konzernen wächst das Bemühen um **Einkaufszentralisierung,** um so größenbedingte Synergien zu erzielen. Selbst bei unmittelbaren Konkurrenten setzt sich zunehmend der Gedanke durch, daß man nicht mehr alles selbst machen muß, daß man vertikal (z. B. mit den Lieferanten) und horizontal (mit dem eigenen Angebotskonkurrenten) gemeinsam nach für alle vorteilhaften Lösungen suchen sollte. So ist in der Automobilindustrie ein neues **Kooperations**fieber ausgebrochen. Das dazu gegenteilige

Ziel liegt in der **Exklusivbelieferung**. Man möchte mit einem für den Marktauftritt des eigenen Produktes entscheidenen Beschaffungsobjekt nur allein beliefert werden. Im Rahmen der eigenen Maßnahmen zur Logistikrationalisierung kann vermehrt **Zentrallagerung** angestrebt werden. Das kann verbilligend und beschleunigend wirken. Dieses Ziel dominiert im Handel.

(4) Üblicherweise steht in der Praxis als **Entgeltziel** immer noch die Einkaufspreissenkung im Mittelpunkt. Nimmt man den geschilderten Gedanken der Anreiz-Beitrags-Theorie jedoch ernst, dann scheinen andere Entgeltziele sinnvoller zu sein. Die Zunahme von definierten **Leistungspreisen** bezweckt, daß man mehr Preisvereinbarungen erreichen möchte, die sich aus dem konkurrenzorientierten Leistungsvergleich ergeben. Eine andere Variante des gleichen Denkens ist die Steigerung des Anteils von **Kostenpreisen.** Man vereinbart mit dem Lieferanten ein faires Verfahren der Kostenanalyse (→ Einkaufskostenanalyse), billigt einen akzeptablen Gewinnaufschlag und erzielt einen transparenten und für beide Seiten möglichst auskömmlichen Preis. Häufig laufen die Rabattstaffeln der Zulieferer den eigenen Interessen zuwider. Deshalb ist man an einer Steigerung der **Rabattanreize** interessiert. Beim internationalen Einkauf wird man mit **Währungsrisiken** konfrontiert. Man will sie senken.

(5) Je mehr man dazukauft, je weniger man im eigenen Unternehmen selbst herstellt, je niedriger also die eigene Wertschöpfung ist, umso notwendiger wird die **Kommunikation** mit den Lieferanten. Man muß die **Kontaktqualität** verbessern. **Kommunikationsbereitschaft** und **-kompetenz** müssen angehoben werden. Bewegt man sich auf weltweiten Märkten, drohen die Marktforschungskosten zu explodieren. Hier sind Marktforschungskooperationen zur Senkung der **Marktforschungskosten** hilfreich. Die Intensität der eigenen Absatzwerbung kann gesteigert werden, wenn es gelingt, den Lieferanten in die eigenen **Werbeaktionen** einzubeziehen. Überall dort, wo die Angst vor der Informationsweitergabe an Konkurrenten eine große Rolle spielt, wird man sich um die Verbesserung der **Geheimhaltung** kümmern müssen.

Auch bei den Instrumentalzielen stellt sich wieder die Frage, welche man von ihnen mit welchen kombinieren kann (→ Einebenenkompatibilität) und welche sich zur Verwirklichung der vorgegebenen Funktionsbereichsziele eignen.

In der folgenden Übersicht 57 wird deutlich, welche Produktziele zu welchen Funktionsbereichszielen passen:

Funktionsbe-reichsziele / Instrumental-ziele	Kosten senken	Leistung steigern	Risiko senken	Flexibilität steigern
Billigprodukt	X			
Normprodukt	X			X
bewährtes Produkt	X		X	
Spitzenprodukt		X	X	
innovatives Produkt		X		
Spezialprodukt		X		
Katalogprodukt	X		X	X

Übersicht 57: Funktionsbereichsziele determinieren Produktziele

3.25 Strategien

Strategien hatten wir als Maßnahmenbündel beschrieben, die durch eine gemeinsame Idee zusammengehalten werden. Einige Klammern wurden bereits erwähnt. Bei der Marktfeldbestimmung erhielten wir durch die Kombination von Marktsubjekten und Marktobjekten (Produkte/Märkte) die Marktpenetrations-, Marktentwicklungs-, Produktentwicklungs- und Diversifikationsstrategie.

Der Zwang zu strategischem Handeln hat mehrere Wurzeln:

– Um entsprechend dem ökonomischen Prinzip Marktwirkungen zu erzielen, muß man die Kräfte bündeln; Fokussierung hinterläßt eher Spuren als Streuung (→ Prägnanzprinzip).
– Das eigene Handeln auf Märkten muß von den Partnern gelernt werden; ständige Änderungen der Impulse erschweren das Lernen (→ Konstanzprinzip).
– Die Fixierung der eigenen Handlungen für einen bestimmten Zeitraum beschleunigt das Handeln; es muß nicht immer alles in Frage gestellt werden (→ Rationalisierungsprinzip).
–

Strategisches wie auch zielorientiertes Handeln bedeutet allerdings nicht, daß man nun ständig bei dieser Marschrichtung bleiben müßte. Entsprechend der Märktedynamik gilt die Notwendigkeit, vorgenommene Fixierungen in überschaubaren Abständen auf ihre Eignung hin zu überprüfen oder kurzfristig Strategierevisionen vorzunehmen.

Aus der Vielzahl der in der Praxis vorfindbaren und in der Literatur behandelten Strategien werden hier nur einige wenige herausgegriffen.

3.251   Absatzstrategien

Wir greifen auf die Idee des Wettbewerbsdreiecks zurück (siehe Übersicht 7).

Der Anbieter muß sich in den Augen seines Nachfragers gegenüber dem Konkurrenten profilieren. Aus dieser Idee können wir dann Profilierungsstrategien ableiten. Diese sind in Übersicht 58 dargestellt.

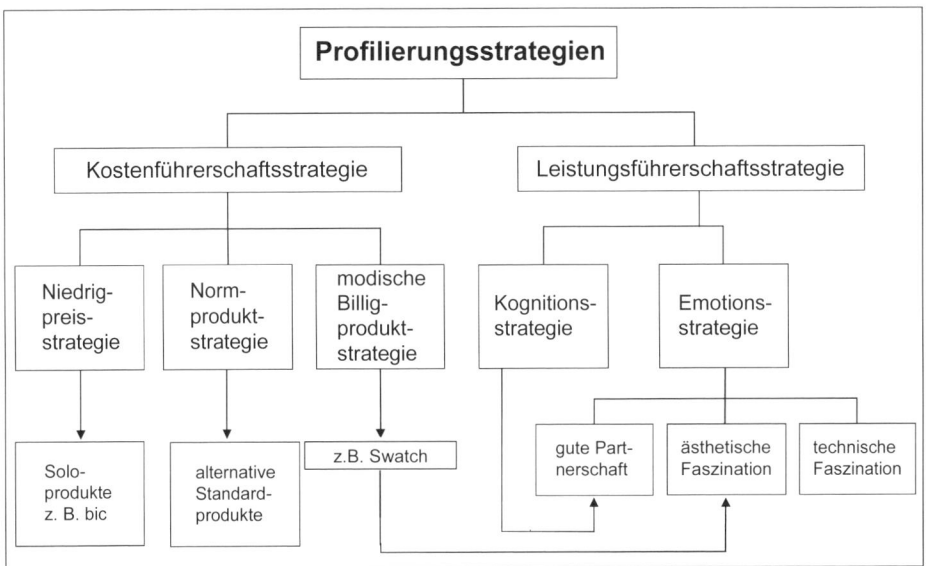

Übersicht 58: Profilierungsstrategien

In Anlehnung an Porter (1986) kann man in Kosten- und Leistungsführerschaftsstrategien untergliedern. Bei der **Kostenführerschaftsstrategie** bemüht man sich um die insgesamt niedrigsten Kosten; neben den Herstellkosten müssen z. B. auch die Absatzkosten beachtet werden. Möglichst große Mengen sollen zu Kostendegressionseffekten führen, um dann über möglichst niedrige Preise den Markt erobern zu können. Große Nachfrageschwankungen behindern diese Strategie. Die **Leistungsführerschaftsstrategie** bildet hierzu die Alternative. Man versucht, mit dem Leistungsangebot die Marktansprüche möglichst genau zu treffen. Es handelt sich in der Tendenz um eine Nischenstrategie. Um die Ansprüche möglichst genau zu treffen, wird der Gesamtmarkt in Marktsegmente zerlegt. Für die interessantesten Segmente entwickelt man geeignete Angebote (siehe hierzu Abschnitt 2.4).

Beide Strategien begegnen uns in unterschiedlichen Ausprägungen. Die Kostenführerschaftsstrategie ist möglich als absolute **Niedrigpreisstrategie.** Ein Hersteller hat in einer Produktkategorie eine Lösung gefunden, die von keinem anderen unterboten werden kann (z. B. bic-Feuerzeug). Ein anderer Hersteller verlegt sich auf **Normprodukte,** die kontinuierlich nachgefragt werden. Die Produktleistungen liegen meist ebenso fest wie die Absatzbedingungen. Somit konzentriert er sich auf die Produktionskostensenkung. Im oberen Niedrigpreiskorridor liegt die **modische Billigproduktstrategie.** Man kann auch von einer Billigproduktstrategie „mit Pfiff" sprechen. Swatch hat es verstanden, durch gestalterische Deklinationen von Ziffernblatt und Armband die Käufer durch halbjährige Sortimentswechsel zu vermehrten Neukäufen zu bewegen.

Auch die Leistungsführerschaftsstrategie weist mehrere Facetten auf. Der deutsche Maschinenbau präferiert immer noch die **Kognitionsstrategie.** Man betont den rationalen Leistungsvergleich; tendenziell bemüht man sich um Mehrleistungen. Hier gewinnt wie bei einem sportlichen Wettbewerb immer derjenige, der gerade mit der Nase vorne liegt. Kundenbindung erfolgt hier nicht. Die steht bei der **Emotionsstrategie** im Vordergrund. Man kann auch von Erlebnisstrategie sprechen. Nicht vorrangig der rationale Leistungsvergleich, sondern das Faszinierende wird betont. Die **technische Faszinationsstrategie** kennen wir im PKW-Bereich (z. B. Ferrari Testarossa), bei Kameras (z. B. Leica R8), bei Computern, Unterhaltungselektronik usw.. Die **ästhetische Faszinationsstrategie** erschließt den gesamten Designbereich, der inzwischen weite Teile des Gebrauchswarenmarktes bei Konsumprodukten erfaßt hat. Man findet diese Strategie inzwischen auch bei gewerblich genutzten Gütern (z. B. Büromöbel → USM, Computern → Apple). Die gute **Partnerschaftsstrategie** dient dazu, das eigentliche, zentrale Angebot um Dienstleistungen zu erweitern, die den Kunden, weil sie ihm wichtig sind, an den Hersteller binden. Der Kunde hat das fundierte Gefühl, bei seinem Lieferanten „in guten Händen" zu sein. Er befürchtet nicht, von seinem Lieferanten ausgenutzt zu werden. Hier funktioniert also die Anreiz-Beitrags-Theorie, es entsteht Kundenbindung.

Abschließen wollen wir diese Absatzstrategiegedanken mit einer Wenn-Dann-Überlegung (siehe Abschnitt 1.62). Wir wollen fragen, zu welchem **absatz**bezogenen Produktziel als einem wichtigen Endpunkt der Planung welche Strategie paßt. Anders ausgedrückt: Welche Strategie erfüllt welches Produktziel? Einige Anhaltspunkte enthält die folgende Übersicht 59.

Entscheidungs merkmale (Produktziele) / Profilierungs- strategien	billiges Massenprodukt	exklusives Spitzenprodukt	solides Produkt	Pionierprodukt	Me-Too-Produkt	designorientiertes Produkt	gängiges Standardprodukt
Niedrigpreisstrategie	X				X		X
Normproduktstrategie	X						
modische Billigproduktstrategie					X	(X)	
Kognitionsstrategie			X		X		
technische Faszination		X		X			
ästhetische Faszination		X				X	
gute Partnerschaft		X	X	X		X	

Übersicht 59: Zur Strategieeignung

Wenn man das Ziel **billige Massenprodukte** gewählt hat, dann kann man entweder die absolute Niedrigpreisstrategie oder die Normproduktstrategie wählen. Wenn man exklusive **Spitzenprodukte** anbieten will, dann eignen sich die ästhetische Faszinationsstrategie und die gute Partnerschaftsstrategie. Bei der Zielsetzung **solides Produkt** steht die Kognitions- und Partnerschaftsstrategie im Vordergrund. Setzt man auf **Pionierprodukte**, kann man die modische Billigproduktstrategie, die technische Faszinations- und die gute Partnerschaftsstrategie wählen. Die **Me-too**-Zielsetzung läßt andere Strategien zu: Neben der Niedrigpreisstrategie ist auch die Kognitionsstrategie möglich. Und das **Designziel** ist automatisch an die ästhetische Faszination gekoppelt. Hinzu treten die Möglichkeiten der guten Partnerschaft und der modischen Billigstrategie, wie Swatch beweist. Das **Standardprodukt-Ziel** konzentriert die strategischen Überlegungen auf niedrige Preise.

3.252   Beschaffungsstrategien

Auch im Beschaffungsbereich können wir vielfältige Maßnahmenbündel, Ideenklammern für spezifische Maßnahmen, identifizieren. Einige wichtige zeigt die folgende Übersicht 60.

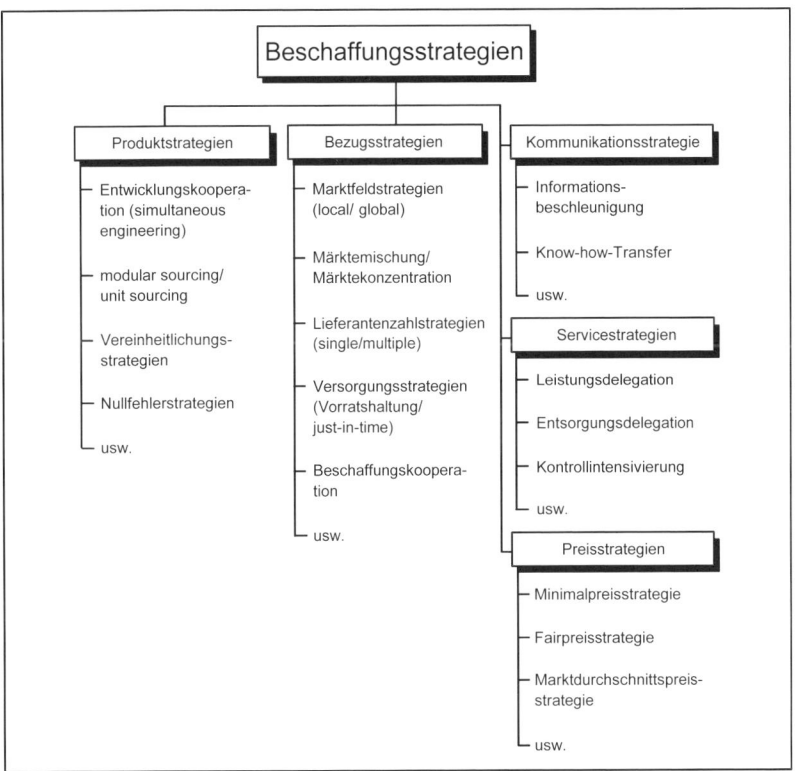

Übersicht 60: Beschaffungsstrategien

Hier wurde ein anderer Bezugspunkt gewählt. Ähnlich den Zielen wurde auch hier die Instrumentalbezogenheit bevorzugt.

Simultaneous engineering betont den Aspekt der Parallelplanung als eine **Produktentwicklungsstrategie**. Im Team wird gemeinsam mit verschiedenen Funktionsträgern unter Einbeziehung des Lieferanten nach Lösungen gesucht. Das soll der Beschleunigung, der Kostensenkung und möglichst auch der Leistungssteigerung dienen.

Modular sourcing ist der Versuch, ganze Komponenten statt Einzelteile (unit sourcing) vom Lieferanten zu beziehen (z. B. ganze Sitze, Frontteile, fertige Türen bei PKW). Man verlagert die Montagekomplexität auf den Lieferanten, der seinerseits mit seinen Vorlieferanten die Optimierung von Produktion und Montage prüft. Man spricht deshalb auch von **Systemlieferanten**. **Vereinheitlichungsstrategien** dienen zur Erhöhung des Anteils der Gleichteile auch bei verschiedenen Produkten (Normung, Baukastensystem, Plattform, Badgeengineering). Das senkt die Kosten und erhöht die Flexibilität. **Nullfehlerkonzepte** resultieren aus dem Total-Quality-Management-Gedanken. Nullfehler-Output hängt auch vom Nullfehler-Input ab.

Global sourcing als eine **Bezugsstrategie** betont den weltweiten Einkauf gegenüber dem **local sourcing** als dem Einkauf vor Ort. Selbst wenn man den Spezialisten vor Ort hat, kann es sich aus Kostengründen lohnen, auch nach sehr viel weiter entfernten Lieferanten zu suchen. Im Rahmen von Just-in-time-Überlegungen (Produktion nach Bedarf, ohne Vorrat) wird das **local sourcing** bevorzugt. Eine Verbindung beider Strategien gelingt dann, wenn man einen weltweit produzierenden ausländischen Lieferanten dazu bewegt, in der Nähe der eigenen Fertigungsstätte zu produzieren, um Distanzrisiken zu verringern. Bei der **Märktemischung** bemüht man sich, für wichtige Beschaffungsobjekte mehrere Märkte nach Kosten-, Leistungs- oder Risikokriterien zu finden. Bei der **Märktekonzentration** soll durch Mengenbündelung der Kostenvorteil genutzt werden. Die Marktbetrachtung kann auch auf Lieferanten übertragen werden. Man kann sich auf einen Lieferanten (**single sourcing**) konzentrieren oder den Bedarf auf mehrere verteilen (**multiple sourcing**). Unter Logistikgesichtspunkten dominiert heute das Bemühen um **just-in-time**-Versorgung (lagerbestandslose Fertigung). Mit Hilfe elektronisch gesteuerter Warenwirtschaftssysteme ist hierbei der Handel der Industrie einen Schritt voraus. Den Gegensatz dazu bildet die Vorratshaltung. Noch nicht sehr weit verbreitet ist die Beschaffungskooperation als gemeinsame Beschaffung verschiedener Unternehmen.

Informationsbeschleunigung als eine **Kommunikationsstrategie** hängt von den Fähigkeiten der Mitarbeiter, der Organisation und der vorhandenen Technik (Hard- und Software) ab. Simultaneous engineering ist ohne intensiven **Know-how-Transfer** kaum vernünftig realisierbar.

Unter dem Stichwort „**outsourcing**" wird geprüft, welcher Service nach außen delegiert werden kann, welcher Service von anderen Unternehmen besser oder billiger übernommen werden könnte. Je komplexer das Handlungsnetz wird, je weniger man es zentral führen kann, um so notwendiger wird die **intensivere Kontrolle,** damit das Schiff nicht aus dem Ruder läuft.

Weit verbreitet ist bei den **Entgeltstrategien** die **Minimalpreisstrategie.** Daß darunter die Qualität leiden kann, daß der Lieferant in einer Engpaßsituation sich Verlorenes zurückholt oder gar in den Konkurs geht, wird nicht immer bedacht. Der Aufbau neuer Lieferanten kann dann teuer werden. Deshalb entspricht die Alternative der **Fairpreisstrategie** eher dem Gedanken der Anreiz-Beitrags-Theorie. Wo Preise bekannt sind (z. B. bei commodities → Warenbörse), kann man auch **Marktdurchschnittspreise** wählen.

Wenn man weiß, auf welchem Markt man tätig werden will, wo welche Probleme gelöst werden sollen, und auch festgelegt hat, zu welchem Zweck man das alles tun will, dann kann man mit der Maßnahmenplanung beginnen (Ziele → Strategien → Maßnahmen).

4   Maßnahmen der Marktbeeinflussung

Wir wiesen in Abschnitt 1.3 auf die Ausweitung der Marketingbegriffe hin. Analoges läßt sich für die Marketinginstrumente nachweisen. Weil die Marketinginstrumente auch in der Literatur eine so große Rolle spielen - in den Marketinglehrbüchern nehmen sie meist den größten „Raum" ein -, müssen auch wir hier umfangreicher strukturieren. Der größere Umfang ist allein deshalb verständlich, weil es sich um das Handwerkszeug (tool-box) eines Tätigkeitsfeldes handelt. Der Markterfolg hängt davon ab, daß man die Umfeldfaktoren richtig einschätzt - dazu gehört vor allem die richtige Kundenauswahl - und ein dazu passendes Ganzes von Marketinginstrumenten unter Wahrung des ökonomischen Prinzips komponiert.

4.1   Instrumentalbetrachtung

Märkte sind in der älteren betriebswirtschaftlichen Literatur vor allem **Absatzmärkte**. Konsequenterweise werden auch nur Handlungsmöglichkeiten im Bereich der Leistungsverwertung genannt. Gutenberg hat mit „Der Absatz" (1. Aufl. 1955, 17. Aufl. 1984) den Begriff des „Absatzpolitischen Instrumentariums" eingeführt. Darunter faßte er die in Übersicht 61 dargestellten Handlungsalternativen zusammen.

Absatz-methoden	A. Vertriebssysteme	- eigene Verkaufsorgane - fremde Verkaufsorgane
	B. Absatzformen	- Verkauf über eigene Mitarbeiter - Verkauf über Einzelhandel
	C. Absatzwege	- direkt - indirekt
Preis-politik	A. Preispolitik	- monopolistischer Anbieter - bei atomistischer Konkurrenz - bei oligopolistischer Konkurrenz
	B. Preisdifferenzierung	
Werbung	A. Werbeziele	
	B. Werbemittel	- Gestaltung - Verbreitung
	C. Werbetheorie	- Zielfunktion - optimales Werbebudget
Produkt-gestaltung	A. Produktgestaltung	- Bestimmungsfaktoren - Mittel der Produktgestaltung
	B. Absatzprogramm	- die Gestaltung als Ganzes - das Produkt als Gestaltungselement

Übersicht 61: Das absatzpolitische Instrumentarium von Gutenberg

Analog zu Gutenbergs Denkweise über die Produktion werden auch hier „produktive" Faktoren genannt, ihre Wirkungsbedingungen geschildert, um dann den Kombinationsprozeß („Die optimale Kombination des absatzpolitischen Instrumentariums") zu streifen. Trotz mancher Kritik (z. B. E. Schäfer 1981, S. 149) hat sich bis heute an dieser Denkstruktur nichts Wesentliches geändert. Wie nicht anders zu erwarten, sind die Instrumentalgliederungen ständig verfeinert worden, die Detaildarstellung hat sich ebenso verändert wie der Betrachtungsschwerpunkt. Nicht alle der von Gutenberg gewählten Instrumentalbegriffe werden so auch heute noch benutzt, deshalb sollen sie kurz erläutert werden.

Der Begriff **Absatzmethode** wird enumerativ umschrieben: „Die absatzpolitische Entscheidung für die Absatzmethode umfaßt ... Entscheidungen über das Vertriebssystem, die Absatzform und die Absatzwege" (S. 105). Das **Vertriebssystem** erfaßt organisatorische Regelungen (zentraler/dezentraler Vertrieb; Selbstdurchführung oder Vertriebsausgliederung). Die **Absatzform** regelt, ob ein Unternehmen betriebseigene (z.B. Reisende) oder betriebsfremde Verkaufsorgane (z. B. Handelsvertreter) einsetzt. Der **Absatzweg** beschreibt, ob man direkt oder indirekt unter Einschaltung des Handels seine Produkte verkauft. In der **Preispolitik** steht die Ableitung des optimalen Preises unter Nutzung der volkswirtschaftlichen Preistheorie im Vordergrund. Die Marketingbemühungen zielen darauf ab, einen möglichst großen reaktionsfreien (monopolistischen) Abschnitt auf der doppelt geknickten Preis-Absatz-Kurve zu schaffen. Führt man ein neues Produkt am Markt ein, muß man, genauso, wie man eine Vorstellung über die „richtige" Produktgestaltung benötigt, auch wissen, wie der „richtige" Preis aussehen muß; das probierende Ermitteln einer Preisabsatzfunktion ist nur selten möglich. Der Handel verweigert die Listung bzw. akzeptiert nur den niedrigsten Preis. Preiserhöhungen sind kaum möglich, Preissenkungen imageschädlich. Die Bereiche Preispolitik und **Werbung** wurden inzwischen in der Literatur wesentlich ausgedehnt. **Produktgestaltung** gilt inzwischen als Kern der Marketinginstrumente.

Ein einheitliches Verständnis über die Gliederung der Marketinginstrumente liegt noch immer nur begrenzt vor, so daß zumindest ansatzweise ein kurzer Überblick über einige verbreitete Gliederungen not tut. Die Unterschiede ergeben sich weniger aus den Oberbegriffen als aus ihren Detaillierungen.

Instrumentalgliederungen		
Nieschlag/Dichtl/ Hörschgen (2002)	Meffert (2000)	Homburg/ Krohmer (2003)

• Produkt- und Programmpolitik
• Preispolitik
• Distributionspolitik
• Kommunikationspolitik
	• produkt- und programm-
	  politische Entscheidungen
	• kontrahierungspolitische
	  Entscheidungen
	• distributionspolitische
	  Entscheidungen
	• kommunikationspolitische
	  Entscheidungen
		• Produktpolitik
		• Preispolitik
		• Kommunikationspolitik
		• Vertriebspolitik

Übersicht 62: Einige Instrumentalgliederungen des Marketing

Was der eine als kontrahierungspolitische Entscheidungen bezeichnet (Preis- und Konditionenpolitik), umschreiben die anderen mit Entgeltpolitik und meinen nahezu das gleiche. In der amerikanischen Literatur sind die „4 P's" weit verbreitet (product, price, promotion, place). Hier liegt der Reiz in der Verkürzung und weniger in der umfassenden Bezeichnung. In allen Fällen wird aber deutlich, daß sich das Grundmuster von Gutenberg nur begrenzt verändert hat.

Neben dem Produkt als dem Angebotskern stehen eine Zahlungskomponente, eine Informations- oder Kommunikationskomponente (Promotion) sowie eine Zurverfügungstellungskomponente (Distribution, Place).

Weil wir mit dieser Einführung ein höheres Abstraktionsniveau (siehe Übersicht 6) bezüglich der Interaktionsobjekte (Sachprodukte: Konsumgüter und Industrie-güter/Dienstleistung), der Interaktionssubjekte (B2B/B2C) und der Interaktions-richtungen (Absatz/Beschaffung) gewählt haben, stehen wir vor dem Problem, welches Abstraktionsniveau wir für die Marktbeeinflussungsinstrumente wählen sollen. Gingen wir von einem höheren Abstraktionsniveau aus, das generell die angedeuteten Differenzierungen einschlösse, hätte das zwar den Vorteil des Neuen, jedoch auch den Nachteil, nicht zu einer Einführung zu passen, weil der doch noch nicht so sattelfeste Leser Schwierigkeiten hätte, die Aussagen in der Realität wiederzufinden. Deshalb wollen wir im Folgenden einen Überblick über

– die Absatzmarketinginstrumente der Industrie,
– die Absatzmarketinginstrumente der Dienstleister,
– die Handelsmarketinginstrumente,
– die Beschaffungsmarketinginstrumente

geben. Es wird deutlich werden, daß Strukturähnlichkeiten vorliegen, infolge der unterschiedlichen Interaktionsbedingungen jedoch Inhalts- und Akzentunter-schiede die Regel sind.

4.2 Instrumentalstruktur

Bei der Entwicklung eines entscheidungsorientierten Marktbeeinflussungsinstrumentariums müssen zumindest drei Aspekte bedacht werden:

– Wie kann eine generelle Struktur aussehen, die es ermöglicht, die vier erwähnten Entscheidungsfelder zu erfassen? Wenn man aus einer **allgemeinen** Struktur das **Spezifische** ableiten kann, fällt das Lernen leichter.
– Mit vielen Maßnahmen kann man den Markt beeinflussen. Um die Übersicht zu bewahren, benötigen wir eine Gliederungsstruktur, die verdeutlicht, auf welcher Abstraktionsstufe wir uns bewegen.
– Die zu generierende Struktur sollte so offen sein, daß es ohne allzu große Schwierigkeiten möglich ist, die jeweilige Realitätsvielfalt einzufangen und auch morgige Lösungen einzubauen.

Wir wählen als Grundstruktur eine fünfteilige Systematik, die sich als zweckmäßig erwiesen hat, um sie in den jeweiligen Anwendungsbereichen anzupassen. Den Ausgangspunkt bildet die folgende Übersicht 63:

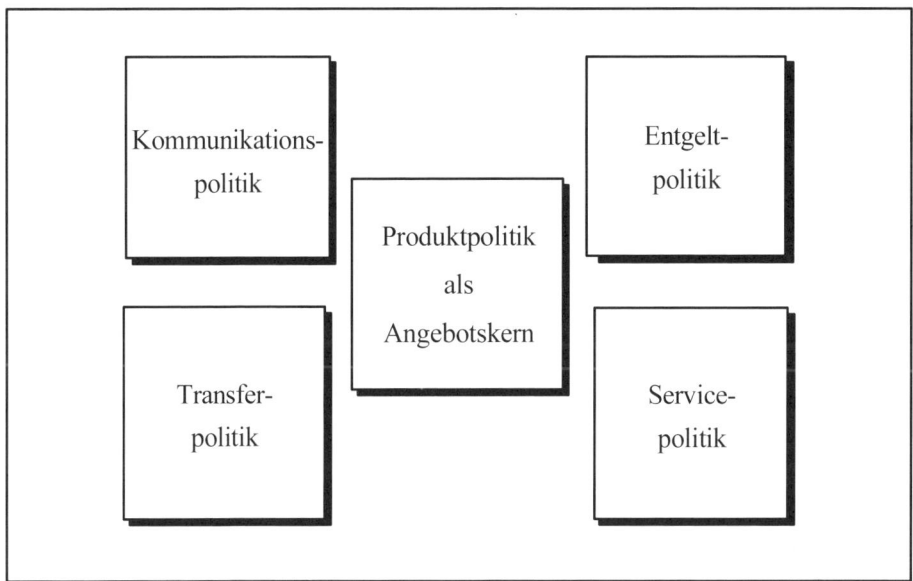

Übersicht 63: Die Instrumentalstruktur

Diese Grundstruktur wird verfeinert. Damit wir jeweils den Standort der Instrumentaldiskussion identifizieren können, wählen wir 3 Abstraktionsebenen der Instrumentalgliederung:

- Instrumentenebene: z. B. Kommunikationspolitik
- Instrumentalvariablenebene: z. B. Werbung
- Variablenausprägungsebene: z. B. Basar-Werbung

Wenn man über Alternativen spricht, muß man wissen, auf welcher Auswahlebene man sich befindet.

Die gewählte Terminologie bedarf der Erläuterung: Die inhaltlichen Bereiche der Beeinflussung werden mit **Politik** erfaßt. Man kann sie auch als **Instrumente** bezeichnen. Aufgrund der hier gewählten Entscheidungsorientierung fallen in diesen Bereichen entsprechende **Entscheidungen.** Diese werden so benannt und behandelt. Die Instrumente haben sowohl Anreiz- wie auch Forderungscharakter. So ist z. B. ein niedriger Preis für ein Produkt ein Anreiz, ein hoher eine Forderung.

4.3 Absatzmarketinginstrumente der Industrie

Die Beeinflussungsinstrumente des Absatzmarktes, gleichgültig, ob es sich um einen Konsumgüter- oder Industriegütermarkt handelt, können gemäß Übersicht 64 strukturiert werden.

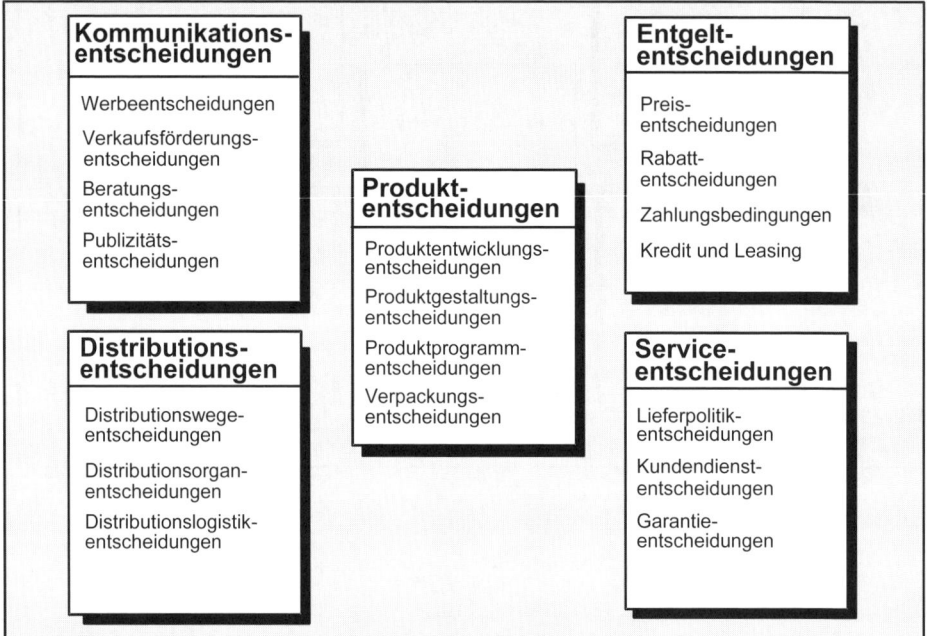

Übersicht 64: Die Struktur der Absatzmarketinginstrumente der Industrie

Die Oberbegriffe sind in diesem Entscheidungsbereich mit Ausnahme der Transferpolitik geblieben. Diese wird hier mit Distributionsentscheidungen erfaßt. Die in den Kästchen aufgeführten Entscheidungsbereiche befinden sich auf der Variablenebene, die auf einem ähnlichen Abstraktionsniveau vielfältige Detailentscheidungsmöglichkeiten beinhalten.

4.31 Produktentscheidungen

In den Produktentscheidungen fließen **Sach-** und **Formalzielentscheidungen** des anbietenden Unternehmens zusammen. Die Produktentscheidungen bilden gleichzeitig die **Verbindungsklammer** mit anderen Unternehmensbereichen (Produktion, Konstruktion, F+E, Design, Finanzen). Wenn wir, vom bereits geschilderten Gesetz der **Engpaßplanung** ausgehend, den Absatzmarkt als den Engpaß vermuten, dann wird damit die zentrale Bedeutung der Produktentscheidungen offenkundig. Im Folgenden gehen wir von einem Sachprodukt aus. Verschiedene Teilentscheidungen können gewählt werden, verschiedene Instrumentalvariablen stehen zur Verfügung.

4.311 Produktentwicklungsentscheidungen

Es muß geklärt werden, auf welches Produktstadium sich die Überlegungen konzentrieren sollen. Wir können verschiedene Schwerpunkte herausgreifen. Das sind dann die Variablenausprägungen:

4.311.1 Produktinnovationsentscheidungen

(1) **Produktinnovationsgründe:** Meist werden **Wachstumsaspekte** als Gründe genannt. Wenn man den Kundenkreis nicht ausweiten kann und die Kunden nicht zu Mehrverbrauch anzuregen vermag, muß man ihnen etwas **Neues**, Zusätzliches anbieten, damit sie mehr kaufen. Auf die Notwendigkeit der vorteilhaften Wichtigkeit aus Kundensicht hatten wir bei den Profilierungsüberlegungen bereits hingewiesen. Die hohe Mißerfolgsrate (Floprate) im Lebensmittelsektor von über 80 % (8 von 10 neu eingeführten Produkten erweisen sich nach der Markteinführung als Flop) hängt vor allem damit zusammen, daß man gegen diese beiden Profilierungsgebote verstoßen hat.

Auch ein anderer Grund wurde bereits genannt. Aus dem einfachen **Absatzmarktportfolio** ergab sich, daß es Question marks, Poor dogs, Stars und Cash cows gibt. Es handelt sich um dynamische Positionen. Man ist bemüht, genügend Cash cows zu haben, um neue erfolgreiche Stars finanzieren zu können, die dann bei langsamerem Marktwachstum zu Cash cows werden. Dieser Prozeß muß durch einen Innovationsnachschub in Gang gehalten werden.

Die Produktgeschichte hat gezeigt, daß es nur wenige Dauerbrenner gibt. Man spricht vom **Produktlebenszyklus.** Die meisten Produkte entsprechen irgendwann nicht mehr den Käuferwünschen. Die Zeitspanne ist bei modischen Produkten besonders kurz. Man spricht von geplanter **psychischer Obsoleszenz**; das Kleid, die Swatch-Uhr erfüllen noch ihre Sachleistungen, ihnen fehlt nur das anmutungshaft Neue. Veränderte Verwenderansprüche, bessere eigene oder fremde Angebote (→ Konkurrenz) führen zum Absatzeinbruch des bisherigen Produktes.

Die Verkürzung des Lebenszyklus hat allerdings Grenzen. Wenn alle 3 Monate ein Nachfolgeprodukt herausgebracht wird (z. B. Computerindustrie, Unterhaltungselektronik), dann darf man sich nicht wundern, wenn der Käufer zögert, weil er ja morgen bereits Altes gekauft hat. Daß dies auch ökologisch bedenklich sein kann, liegt auf der Hand. Man spricht auch von leap frogging.

Bessere Konkurrenzprodukte wie auch Anspruchsänderungen können zu einer Verschlechterung des eigenen **Produktimage** geführt haben. Das Produkt wird von der Zielgruppe als überholt, veraltet, verstaubt usw. eingeschätzt. So kann eine bekannte Marke (z. B. 4711 Echt Kölnisch Wasser) drastische Absatzeinbrüche erleben, denen nur durch „Runderneuerung", durch die Fokussierung auf wenige ausgewählte Märkte (z. B. Japan, USA) oder **Elimination** begegnet werden kann.

Aufgrund gesellschaftlicher Diskussionen können Daten (Limitierungsdaten) gesetzt werden, die zu Innovationen zwingen (Verpackungsneugestaltung, benzinarme Motoren, Abgaskatalysatoren). Wer hier nicht rechtzeitig mit der Innovation beginnt, verliert schnell den Anschluß.

(2) Der **Produktinnovationsprozeß** kann unmittelbar aus dem Absatzmarketingplan abgeleitet werden:

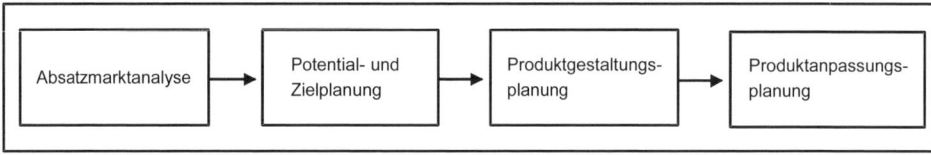

Übersicht 65: Der Produktinnovationsprozeß

Der Innovationsprozeß beginnt mit der Frage, ob das neue Produkt für den alten oder für einen neuen Markt geschaffen werden soll. Wo lassen sich interessante Probleme identifizieren? Welche Produktansprüche werden von welcher Zielgruppe in welcher Intensität gestellt? Gibt es bereits Problemlösungen der Konkurrenz? Identifizierte Probleme (Ansprüche) und nicht geeignete bisherige Problemlösungen bilden den Ausgangspunkt der Produktplanung. Einschränkend können rechtliche Limitierungen wirken. Zum einen geht es darum, was man gestalten muß (z. B. aus Produkthaftungsgründen), und zum anderen müssen Rechte Dritter (z. B. Patente, Gebrauchs- und Geschmacksmusterschutz, Warenzeichenrechte) beachtet werden. Identifizierte und für lukrativ gehaltene Probleme müssen gesetzten **Zielen** gerecht werden; vorhandene Potentiale setzen Grenzen. Ganz konkret sind an dieser Stelle die erwähnten Produktziele zu beachten. Das Ergebnis der bisherigen Überlegungen fließt ein in das Gestaltungsbriefing, mit dem man denjenigen, die am Gestaltungsprozeß beteiligt sind, deutlich machen will, was man aus Marktsicht von dem neuen Produkt erwartet. An dieser Schnittstelle gibt es häufig Verständigungsschwierigkeiten. Sie lassen sich mit einer parallelen Teamplanung reduzieren. Sie dient nicht nur der Steigerung der Planungsqualität, sondern auch der Planungsbeschleunigung.

Auf die Produktgestaltung gehen wir in Abschnitt 4.312 (Produktgestaltungsentscheidungen) ein, und die Produktanpassungsentscheidungen folgen gleich als Sonderformen der Entwicklungsentscheidungen.

(3) Erfolgsfaktoren neuer Produkte können sein:

– die Kundenorientierung wurde bereits mehrfach betont: Welcher Kunde ist interessant? Was ist dem Kunden wichtig?
– die Zukunftsorientierung: Was ist dem Kunden morgen wichtig, wie wird sich die Konkurrenz morgen verhalten?
– die Konzentration: Statt vieler kleiner, kaum bemerkbarer Innovationen empfiehlt sich häufig eher die Konzentration auf wenige marktinteressante Neuschöpfungen, für die man dann auch ein marktwirksames Vermarktungsmix gestalten kann (→ weniger ist mehr). Dies ist die Politik z. B. von Ferrero.

4.311.2 Produktdifferenzierungsentscheidungen

Das neue Produkt ist auf dem Markt eingeführt. Es erfüllt die Erwartungen. Es bedarf der Pflege. Man überlegt sich, ob man nicht mit einer **zusätzlichen Variante** zusätzliche Käufer erreichen kann. Zusätzliche Varianten können durch Produkt**mehr**-, **-weniger**- oder auch partielle **-anders**leistung auffallen. Die Normalvariante des Rasierapparates wird um eine sparsame „Studentenversion", um eine Luxusversion („Geschenkversion") und um eine „Dreitagebartversion" ergänzt. Das nennt man dann **Produktlinienpolitik.** Es dominieren substitutive (Entweder-Oder-) Beziehungen. Komplementäre Beziehungen liegen bei **Produktfamilienentscheidungen** vor. Neben dem Ursprungsprodukt (z. B. Nivea-Hautcreme) gibt es ein Shampoo, eine Lotion, ein Deodorant usw.. Produktdifferenzierungen konzentrieren sich prinzipiell auf Produktlinienentscheidungen. Bei Produktfamilienentscheidungen kommen neue Produkte hinzu, die durch eine gemeinsame Markenklammer zusammengehalten werden. Das Produktprogramm wird breiter, das Konstante bleibt das **Markenimage**; es finden **Imagetransferprozesse** statt. Die Pflege des Markenimage und sein vorsichtiger Transfer auf hinzupassende Produkte stehen im Entscheidungsmittelpunkt.

Je innovativer ein Produkt ist, je mehr es mit bisherigen Seh- und Nutzungsgewohnheiten bricht, um so größer ist das Markteinführungsrisiko (siehe Smart).

Um das Risiko zu begrenzen, beginnt man deshalb die Einführung nur mit einer Ausführung, die man auch im späteren Marktlebenszyklus für die zentrale Produktvariante hält. Erst bei spürbarer Marktakzeptanz schiebt man Varianten nach. Damit kann man dann „Konsumentenrenten" abschöpfen und gleichzeitig die Markteintrittsbarrieren für die Konkurrenz erhöhen, weil der Differenzierungsaufwand größer wird.

4.311.3 Produktvariationsentscheidungen

Der Unterschied der **Variation** zur Differenzierung liegt darin, daß das variierte Produkt das bisherige ersetzt – statt zusätzlich geht es hier um statt dessen. Es findet ein fließender Erneuerungsprozeß am Produkt statt. Das Produkt bleibt in seiner Gesamtkonzeption erhalten, lediglich Teile, Details werden verändert. Sie dienen der Auffrischung, der Aktualisierung des Produktes. Variationen können sich auf den **Produktkern** oder die **Produkthülle** erstrecken. In der Automobilindustrie bildet ein neuer Motor eine Kernvariation, eine neue Farbe, neue Scheinwerfer- oder Heckleuchtengestaltung eine Hüllenvariation. Die Hüllenvariationen werden sofort erlebt, die Kernvariationen in ihren Auswirkungen geglaubt. Produktvariationsentscheidungen stehen am Endpunkt des Absatzmarketingplanes.

Produktvariationen sind in der Automobilindustrie weit verbreitet. Man nennt sie dort **Face Lifting**, in anderen Feldern spricht man von **Relaunch.** Der PKW-Typ einer Klasse (z. B. Mercedes E-Klasse) hat eine ca. 8jährige geplante Marktlebenszeit. Die Karosserie unterliegt, auch weil sich unser Geschmack wandelt, optischem Verschleiß. Dieser fällt um so mehr auf, je zeitgeschmacksnäher das jeweils neu eingeführte Produkt ist; die Form ist bei der Einführung aktuell, diese Aktualität geht dann verloren; bis zum nächsten Modellwechsel muß nachgebessert werden. Avantgardistische Entwürfe haben dagegen mit Einführungsschwierigkeiten (Lernschwierigkeiten) zu kämpfen; im Zeitablauf gewinnen sie an Aktualität und können dann als Klassiker ohne Veränderungen längere Zeit überleben. Dies gilt für die Form des Mini Cooper – der BMW-Mini als modernes Nachfolgemodell zeigt Ähnlichkeiten. Da die Planungszeit für einen neuen PKW eben bis zu 8 Jahren dauern kann, ist es außerordentlich schwierig, eine Produktgestaltung zu treffen, die bereits bei der Einführung allseits akzeptiert wird und die Modellebenszykluszeit ohne Variationen schadlos überlebt.

4.311.4 Produkteliminationsentscheidungen

Wann ist das Ende der Marktlebensdauer erreicht, wann soll man das Produkt aus dem Markt nehmen, aus dem Programm streichen? Produkteliminationsentscheidungen werden bei prozessualer Betrachtung auch in der Kontrollphase gefaßt; hier werden sie lediglich aus systematischen Gründen erläutert.

In der Mehrzahl der Fälle handelt es sich um einen langsamen Akzeptanz-Erosionsprozeß. Nur selten stellen alle bisherigen Käufer schlagartig ihre Käufe ein, so daß sich die Eliminationsentscheidung offenkundig aufdrängt. Die Elimination des Cholesterin-Senkers Lipobay der Bayer AG u. a. aufgrund drohender Schadenersatzprozesse ist dagegen eher ein Ausnahmefall. Deshalb ist es notwendig, ein genaueres Beobachtungsinstrumentarium zu entwickeln (z. B. beständiger Marktanteilsverlust, stärkere Marktpreissenkungen als bei der Konkurrenz, Imageverlust). Der Feststellung von Krankheitssymptomen (→ Diagnose) folgt die Analyse. Woran liegt das unbefriedigende Marktresultat? Anspruchsänderungen, gesellschaftlicher Wandel, technischer Fortschritt, bessere Konkurrenzprodukte können Gründe sein. Wenn man dem nicht durch Variationsmaßnahmen begegnen kann, dann muß man den Ausstieg planen (Therapie). Man kann sofort oder mit Ankündigung zeitlich gestreckt eliminieren. Bei gesundheitsgefährdenden Produkten wird man sofort reagieren, auch dort, wo der Imageschaden groß zu werden verspricht (Lipobay). Mit Ankündigung wurde bei Braun (bel) die HiFi-Sparte eliminiert. Eine auffällige Kommunikationskampagne zum Marktaustritt führte zu einer deutlichen Umsatzzunahme - man hatte plötzlich ungeahnte Lieferschwierigkeiten.

Man hat auch die Alternative, partiell oder total zu eliminieren. In der Zigarettenindustrie gibt es Beispiele für die partielle Elimination (z. B. Overstolz). Hier wird die Werbung als größter Kostenfaktor eingestellt; dann rechnen sich auch Produkte mit Marktanteilen unter 0,1 %. Totale Elimination bedeutet dann, daß alle Marketingmaßnahmen einschließlich Produktverkauf eingestellt werden.

4.312   Produktgestaltungsentscheidungen

Wie soll ein Produkt aussehen, wie soll es funktionieren? Hier tritt das Marketing (der Produktmanager usw.) hinter die Gestalter aus Konstruktion, Forschung und Entwicklung, Design zurück. Dem Marketing obliegt im Wesentlichen die Aufgabe, die Interessen derer zu pointieren und zu vertreten, für die das Produkt gestaltet wird (→ Agentenfunktion). Hinzu tritt die Konkurrenzspiegelung, um immer wieder den Aspekt der Vorteilhaftigkeit gegenüber der Konkurrenz deutlich zu machen.

Um nun innerhalb kurzer Zeit zu guten Ergebnissen zu gelangen, empfiehlt sich ein Entwicklungsprojektteam, das gemeinsam nach Lösungen sucht. Weil die Teammitglieder alle Unterschiedliches gelernt haben, muß eine gemeinsame Sprache gefunden werden. Dazu dient zum einen der bereits geschilderte **Planungsprozeß.** Er macht deutlich, wo man mit der Entwicklung steht, was noch zu tun ist usw. Und zum anderen ist eine **Sprachregelung** nötig, die zum besseren Verständnis beiträgt. Dazu dient die folgende Instrumentalübersicht:

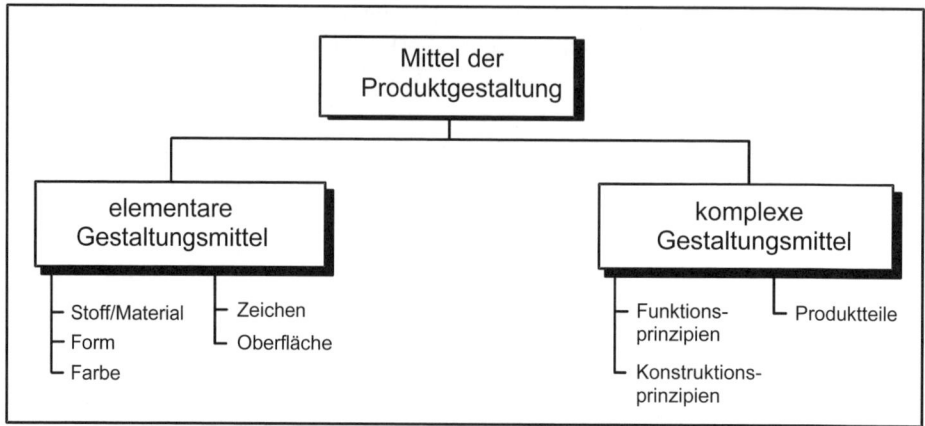

Übersicht 66: Mittel der Produktgestaltung

Statt von innerer/äußerer, Kern-/Hüllengestaltung zu sprechen, werden hier die auch in der Technik und im Design bekannten Instrumentalbegriffe gewählt. Der Denk- und Entscheidungsprozeß folgt etwa folgendem Muster: Ausgehend von einer groben **Problemlösungsidee** wird im Einzelnen geprüft, welches Gestaltungsmittel sich zur Erfüllung welcher Ansprüche eignet. Man beginnt in einem hierarchischen Entscheidungsprozeß mit der weitesttragenden Entscheidung, um sie dann stetig zu verfeinern.

Die elementaren Gestaltungsmittel Werkstoff, Form und Farbe kommen bei jedem Produkt vor. Je nach Produkt wird man prüfen, welche Sach- und Anmutungsansprüche erfüllt werden sollen, durch welche Gestaltung man sich profilieren will. Es können Zeichen auf dem Produkt (z. B. Zifferblattgestaltung bei einer Uhr) und mit dem Produkt (→ Markengestaltung) hinzutreten. Das gestalterische **Markenproblem** ist ein Zeichenproblem; das, was mit dem Image, mit einer Marke verbunden wird, ist ein Problem der Gesamtproduktgestaltung wie auch des Vermarktungsmix. In der Markenwahl können sich auch die verschiedenen Produktentscheidungen, die wir bereits erwähnten, niederschlagen (z. B. Monomarke, Produktlinien-, Produktfamilienmarke, Hersteller-, Händlermarke). Für die Marke gelten ebenso wie für das Produkt die generellen Anforderungen der **Prägnanz** und **Konstanz**. Eine Marke muß lernbar sein, sie muß herausragen, different von anderen sein. Der konstante Auftritt im Zeitablauf erleichtert das Lernen. Gegenüber dem markierten Produkt, das im Zeitablauf (Innovation - Differenzierung - Variation - Elimination - Innovation usw.) erheblichen Veränderungen unterliegt, ist die Marke das Konstante in der Zeit. Des Weiteren kann man die Oberfläche eines Produktes zeitgemäß gestalten (matt/glänzend; rau/glatt usw.).

Funktionsprinzipien erfassen die dynamischen Beziehungen in einem komplexen Produkt, wie ein Produkt mit Energie versorgt wird, wie sie gespeichert und umgeformt wird. Der Benzinrasenmäher hat Vor- und Nachteile gegenüber dem Elektrorasenmäher. Konstruktionsprinzipien erfassen statische Produktbeziehungen (z. B. Lage-, Anzahlbeziehungen). Ein quergestellter V-Motor ist platzsparender als ein längseingebauter Reihenmotor. Mercedes hat durch neue konstruktionstechnische Details den Übergang vom Reihen- zum V-Motor geschafft; ein 8-Zylinder-Motor gilt nicht nur als leistungstärker, sondern auch als laufruhiger als ein 4-Zylinder-Motor. Häufig wird auch bei einem neuen Produkt auf schon vorhandene Produktteile zurückgegriffen. Sie können als Standardware auf dem Markt erhältlich sein oder noch vom Vorgängermodell stammen. Manche Produkte mit unterschiedlichen Marken (labels) sind nahezu baugleich (z. B. Bosch- und Siemens-Hausgeräte). Man spricht von badge-engineering. In der Automobilindustrie nimmt die Verbreitung der Plattformstrategie zu. Damit lassen sich Kostendegressionseffekte erzielen.

Aus diesem Instrumentalkatalog können nun Gestaltungsschwerpunkte abgeleitet werden. Es können einzelne Gestaltungsmittel herausragen. Bei der **Materialbetonung** kann die sach- oder anmutungsbezogene Werkstoffwirkung im Mittelpunkt stehen. Audi will seine besondere Leistungskraft durch die Verwendung von Aluminium bei der Karosseriegestaltung demonstrieren. Häufiger finden wir die **Formbetonung.** So lebt das Produktdesign in starkem Maße von der Kreation außergewöhnlicher Formen. Die zeichenhafte **Markenbetonung** (z. B. Adidas-Streifen, Lacoste-Krokodil, Rolex-Krone) dient der sichtbaren Heraushebung aus einem ansonsten kaum überschaubaren Angebotsmeer. Die **Funktionsbetonung** hebt ein konkurrenzdifferenzierendes Funktionsprinzip heraus (z. B. Rotationskolbenmotor beim Mazda RX8). Die **Konstruktionsbetonung** begegnet uns vor allem bei Investitions- (Industrie-) gütern. Aber auch im Konsumgütersektor kommt sie vor (z. B. 16-Zylinder-Motor als automobile „Oberstklasse"). Die anderen Instrumente eignen sich weniger als Gestaltungsmittelschwerpunkte.

4.313 Produktprogrammentscheidungen

Programmentscheidungen erstrecken sich auf die geplante Angebotsbreite. Ein Produkt (eine Marke) kann es in nur einer Ausführung geben (**Monomarke**), in vielen alternativen Ausprägungen (**Produktlinie**) oder in sich ergänzenden Produkten (**Produktfamilie**). Darauf haben wir bereits unter der Differenzierungsüberschrift (siehe Abschnitt 4.311.2) hingewiesen. Darauf bauen dann die weiteren Programmentscheidungen auf. Hinzu treten:

- **Programmniveauentscheidungen:** Soll man mit einem weiteren Produkt das Leistungsniveau anheben oder absenken? Das hängt von der Zielsetzung und der Marktsituation ab. In einer Rezessionsphase kann sich auch eine Sparversion als sinnvoll erweisen (z. B. VW-Fox).
- **Programmkonzentrationsentscheidungen**: Die Realität zeigt, daß in „guten

Zeiten" das Bemühen, jedem Wunsch gerecht zu werden, zu einer Programm-
ausuferung geführt hat. Bei härterer Konkurrenz (→ aggressive Preiskämpfe)
muß gespart werden. Mit einem konzentrierten Programm können nicht nur
Kosten gespart, sondern auch höhere Marktwirkungen erzielt werden. Ein en-
ges Programm kann vorteilhaft und nachteilig sein. Die Firma Schlafhorst war
mit ihren Textilverarbeitungsmaschinen Weltmarktführer, als jedoch die Tex-
tilindustrie in die Rezession schlitterte, führte das zum Untergang des Unternehmens in der bisherigen Form.

— **Programmverlagerungsentscheidungen**: Man fügt neue Schwerpunkte hinzu.
 Montblanc bietet neben edlen Schreibgeräten auch hochwertige Lederwaren,
 Schreibmappen, Uhren an, deren gemeinsame Herkunft offenkundig ist.

4.314   Verpackungsentscheidungen

Die meisten Produkte müssen verpackt werden. Der teilweise auch jetzt noch betriebene Verpackungsaufwand wird aus ökologischen wie auch ökonomischen
Gründen in Zukunft sicherlich reduziert werden müssen. Sieht man davon ab,
daß Verpackungen aufgrund ihrer Gestaltung schon für sich interessant sein können, muß das Akzessorische, das Unterstützende hier besonders betont werden.

Ein Porzellanservice, ein Fernsehgerät, Weintrauben, Eier müssen auf dem Weg
vom Hersteller über den Handel bis zum Verwender vor Beschädigungen ge-
schützt werden. **Schutzoptimale** Verpackungsgestaltung läßt sich prinzipiell nur
durch Verpackungsindividualisierung erreichen. Die individuelle Anpassung an
das Packgut (Ei) läßt sich um so mehr ökonomisch rechtfertigen, wie große
Stückzahlen Kostendegressionseffekte ermöglichen. Einzelverpackungen, wie im
Maschinenbau üblich, sind mit hohen Arbeitskosten belastet. Je empfindlicher,
also gefährdeter, und je gefährlicher für Menschen und andere Produkte das Packgut ist, um so notwendiger sind schutzoptimale Verpackungen.

Ökologieoptimale Verpackungen scheinen ein Thema für eine kritische Öffentlichkeit zu werden. Das zeigt die Diskussion um den „grünen Punkt". Eine für
alle Situationen geeignete Lösung wird es nicht geben. Für viele Situationen ist das
Mehrwegsystem geeignet.

Heute noch konträr zur ökologieoptimalen steht in vielen Fällen die **verkaufsop-
timale** Verpackung. Das verpackte Produkt soll sich selbst verkaufen. Inzwischen
werden die standardisierten, mehrwegfähigen Weinflaschen durch unternehmens-
spezifische Individualisierungen zunehmend abgelöst. Gebrauchsprodukte werden
so auf der Verpackung erläutert, daß der beratende Verkäufer fast überflüssig wird.
Will man auf diese Verpackungen verzichten, sind große Änderungen in der Verkaufstechnik nötig. Das verteuert die Distribution.

Die **manipulationsoptimale** Verpackung soll den Umgang mit dem Produkt und
der Verpackung erleichtern. Das gilt sowohl für den Transport- als auch für den

Verkaufsvorgang. Und schließlich will der Verwender die Verpackung einfach öffnen, schließen, stapeln usw. können.

Eine andere Facette logistischer Überlegungen bildet die **raumoptimale** Verpackung. Auf dem Transport zum Händler muß der Container, die Palette optimal ausgenutzt werden, ohne Raum zu verschenken. Eine Flasche, die höher ist als das dafür im Kühlschrank vorgesehene Fach, hinterläßt Ärger. Produkte, die in großen Mengen transportiert und gelagert werden, verlangen raumoptimale Lösungen.

Ähnliches gilt für die **kostenoptimale** Verpackung. Ein Parfümflakon, dessen Inhalt von 7,5 cm³ 100 € kostet, muß sicherlich nicht kostenoptimal gestaltet werden. Bei Produkten, die preissensibel sind, die in großen Mengen zu niedrigen Preisen verkauft werden, wird man diese Forderung stellen. Nicht immer ist die unternehmenskostenoptimale auch die gesamtwirtschaftlich kostenoptimale Lösung.

Auf den Zusammenhang von Produkt (Packgut), Verpackung und Marke sei nur kurz verwiesen. Es gibt nicht wenige Verpackungen (z. B. Odol, 4711 Echt Kölnisch Wasser, Maggi, Underberg, Nivea), die Bestandteil der zeitinvarianten Marken- und Produktpolitik sind. Derartige Verpackungsgestaltungen lassen sich vor Nachahmungen schützen.

Damit haben wir folgendes Gerüst produktpolitischer Entscheidungen gemäß Übersicht 67 erarbeitet:

	Instrumentalvariable	Variablenausprägung
Produktentscheidungen	Produktentwicklungs-entscheidungen	Produktinnovation Produktdifferenzierung Produktvariation Produktelimination
	Produktgestaltungs-entscheidungen	Materialbetonung Formbetonung Markenbetonung Funktionsbetonung Konstruktionsbetonung
	Produktprogramm-entscheidungen	Monomarke Produktlinie Produktfamilie Programmniveau Programmkonzentration Programmverlagerung
	Verpackungs-entscheidungen	schutzoptimale Verpackung ökologieoptimale Verpackung verkaufsoptimale Verpackung manipulationsoptimale Verpackung raumoptimale Verpackung kostenoptimale Verpackung

Übersicht 67: Produktentscheidungen

Hinter der 3. Konkretisierungsstufe (Variablenausprägungen) kann man, wie auch bei den folgenden Instrumentalbetrachtungen, weitere Stufen folgen lassen. Für den hier notwendigen Überblick reicht dieses mittlere Abstraktionsniveau aus.

4.32   Serviceentscheidungen

Es ist unüblich, die Servicepolitik als eigenen Instrumentalbereich herauszuheben. Meist, wenn überhaupt, wird sie als Teilaspekt der Produktpolitik behandelt. Das scheint insofern verständlich, als es sich hier vorrangig um **produktbezogene Dienstleistungen** handelt. Wenn wir uns aber bemühen, neben dem Konsumgütersektor auch die Industriegüterwelt zu beachten, dann liegt die besondere Betonung nahe. So werden LKW häufig unter Selbstkosten verkauft, der Kostenausgleich erfolgt über die individualisierten Serviceleistungen. Hin und wieder be-

gegnet man sogar Ausgründungen von dann selbständigen Serviceunternehmen.
Wenn man besonderen Wert auf Kundenbindung legt, dann bietet die Servicepolitik vielfältige Anhaltspunkte.

Die Grenzen des Service zu anderen Instrumentalbereichen sind fließend. Finanz-
service wollen wir allerdings der Entgeltpolitik zuordnen usw. Das gelingt nicht
immer so einfach.

Bei den folgenden servicepolitischen Maßnahmen geht es neben der Behandlung
des Möglichen auch um die Überprüfung, auf was man verzichten könnte. Ikea
lebt auch von der werblichen Betonung des Service, und zwar des **Servicever-
zichts** bei Lieferpolitik und Kundendienst sowie der **Serviceausdehnung** bei der
Garantie.

4.321   Lieferpolitikentscheidungen

(1) Im Konsumgütersektor ist die **Zustellung** üblich. Im Industriegütersektor
begegnet man auch dem **Abholen** als Form der Zurverfügungstellung. Das werden
wir ebenfalls bei den Beschaffungsinstrumenten sehen. Das Zustellen kann auch
zum Bereich der Distributionslogistik zählen. Das Abholen geht darüber hinaus.
Es müssen organisatorische Maßnahmen ergriffen werden, daß der Kunde nicht
nur das eigene Lager einfach erreicht, sondern auch in schwierigen Zeiten (z. B.
freitags um 18.00 Uhr) entweder dort bedient wird oder eigenverantwortlich seine
Produkte entnehmen kann.

(2) Im Prinzip wird durchgängig eine hohe **Lieferbereitschaft** erwartet. Sofortige
Belieferung steht dem Individualisierungtrend entgegen. In der Automobilindustrie hat man die Wahl zwischen „seiner" Ausstattung in 3 Monaten oder so-
fortiger Belieferung einer Standardausführung vom Lager. Die nachfragegesteuerte
Produktionsplanung (Fertigungssteuerung) soll zur Bestandsverringerung beitragen (→ just-in-time). Massenprodukte werden teilweise auf Lager produziert, auf
Spitzenprodukte ist man bereit zu warten. Durch neue Produktions- und Steue-
rungstechniken soll die Realisationszeit für kundenindividuelle Lösungen wesentlich reduziert werden.

(3) Hohe **Lieferqualität** und **Lieferzuverlässigkeit** lassen sich auch im Rahmen
der Distributionslogistik behandeln. Lieferqualität meint, daß der Wareneingangszustand dem erwarteten oder im Liefervertrag versprochenen entspricht. Dazu
gehört auch die **Liefervollständigkeit.** Unvollständige Lieferungen (z. B. bei einer
Küche) verursachen Kosten der Nachlieferung und Ärger beim Kunden. Lieferzuverlässigkeit erstreckt sich auf die Termineinhaltung.

4.322   Kundendienstentscheidungen

Dieser Entscheidungsbereich wird häufig auch als After-Sales-Service bezeichnet.
Kundendienstentscheidungen haben eine inhaltliche (welche?) und eine organisa-

torische Komponente (wer führt durch?). Die inhaltliche Komponente können wir in Anlehnung an die Phasen des Produktumgangs strukturieren.

(1) Installation, Montage, Anpassung sind nötig, damit man überhaupt die Produktleistungen nutzen kann. Ein nicht angeschlossener Gasherd, eine nicht montierte Küche, eine Hose mit zu langen Hosenbeinen verursachen in diesem Zustand Kosten und Verdruß. Fachleute können für eine zweckgerichtete Ingebrauchnahmemöglichkeit sorgen. Im Industriegütergeschäft spielt dieser Bereich eine große Rolle.

(2) Das Produkt muß gepflegt werden: **Wartung, Pflege, Inspektion** bilden den nächsten Servicebereich. Welche Möglichkeiten in der Produktpflegeerleichterung stecken, zeigt die Automobilindustrie. Mit dem Toyota-Lexus hat man in den USA neue Maßstäbe gesetzt und BMW sowie Mercedes das Fürchten gelehrt. Im Industriegütergeschäft ist man noch einen Schritt weiter gegangen. Beim Flottenmanagement für LKW könnte man von ökonomischer Pflegeunterstützung des Spediteurs durch den LKW-Hersteller sprechen.

(3) Ein Produkt lebt nicht ewig: **Reparaturen** können nötig werden. Reparaturen lassen sich mit der Pflege verbinden. Dazu gehört dann auch die **Ersatzteilversorgung.** Nicht alles kann man reparieren. Ein zerbrochenes Weinglas muß ersetzt werden. Ein schön gedeckter Tisch wirkt bei Gläsern entweder durch Unikate oder durch zueinander passende Gläserserien. Die **Nachkaufmöglichkeit** lindert den Schmerz beim Glasverlust. Wer schon einmal umgezogen ist, wird mit Kummer vermerkt haben, wenn sein Küchenmodell nicht nachkaufbar ist. Bei Maschinen wird mit einer 15jährigen Ersatzteilversorgungsmöglichkeit gerechnet.

(4) Die problemlose **Entsorgung** wird in Zukunft eine große Rolle spielen. Neben rechtlichen Vorschriften (z. B. Altautoverordnung) sind kundenfreundliche freiwillige Lösungen denkbar.

(5) Die grundsätzliche Frage lautet: Soll man als Hersteller diese Kundendienstleistungen **selbst** anbieten, soll man das jeweils spezifische Handwerk nutzen (**delegieren**) oder soll man sich um neue Outsourcingformen bemühen? Große Firmen mit entsprechender Kapitalkraft können einen eigenen Kundendienst aufbauen (z. B. Bosch). Sie können damit Preise und Leistungen festlegen. Sie erfahren frühzeitig etwas über Produktprobleme und können gezielt reagieren.

4.323   Garantieentscheidungen

Es stellt sich die Frage, wie lange man über die Mindestdauer von 2 Jahren hinaus welche Leistungen zusichern soll:

(1) Der **Garantieumfang** regelt, welche Leistungen als zugesichert gelten sollen (Reparaturen, Austausch, Neuprodukt). Das kann sich bei einem einfachen Produkt auf das ganze, bei einem komplexen auf Teile desselben erstrecken.

(2) Die **Garantiedauer** erstreckt sich nicht nur auf die zeitliche Begrenzung. Möglich ist auch eine Nutzungsumfangsbegrenzung (z. B. 100.000 km Laufleistung eines PKW).

(3) Je preisgünstiger das Produkt ist, um so eher wird die Garantie begrenzt und vice versa. Handelt es sich um ein neues Produkt und muß man mit einem verstärkten Risikobewußtsein rechnen, wird man die Garantieausweitung als dissonanzreduzierendes Instrument einsetzen.

Kann man von einer soliden Gebrauchstauglichkeit eines Produktes ausgehen (wenig Schadensfälle), dann eignet sich die Garantieausweitung auch als Profilierungsinstrument in harten Konkurrenzsituationen.

Zusammengefaßt erhalten wir die folgende Übersicht:

	Variable	Variablenausprägung
Serviceentscheidungen	Lieferpolitik-entscheidungen	Abholen/Zustellen Lieferbereitschaft Lieferqualität Lieferzuverlässigkeit
	Kundendienst-entscheidungen	Installation/Montage/Anpassung Wartung/Pflege/Inspektion Reparatur Ersatzteilversorgung/Nachkaufmöglichkeit Entsorgung Kundendienstorganisation
	Garantie-entscheidungen	Garantieumfang Garantiedauer

Übersicht 68: Serviceentscheidungen

4.33   Distributionsentscheidungen (Vertriebsentscheidungen)

Marketing untersucht Interaktionsprozesse. Im Absatzmarketing wird der Schwerpunkt des Blicks auf die Interaktion vom Anbieter auf den Nachfrager gerichtet. Das hat zur inzwischen hier bevorzugten Bezeichnung Distributionspolitik statt der allgemeinen Transferpolitik (→ Übersicht 63) geführt. Es geht darum zu prüfen, wie und mit wessen Hilfe das Produkt zum Verwender gelangt. In Unternehmen wird mit dieser Aufgabe der **Verkauf** oder der **Vertrieb** betraut. Damit wäre diese Abteilung einem Marketinginstrument gleichzusetzen. Hinzu kommt, daß es die Aufgabe vom Verkauf ist, das **tägliche** Absatzgeschäft zu erledigen, während die Absatzmarketingaufgabe darin besteht, **langfristige** Pläne und Konzeptionen zu entwickeln, damit das tägliche Geschäft erfolgreich ablaufen kann. Die Konflikte zwischen Marketing und Verkauf werden größer, wenn auch der Verkauf strategische Pläne entwickelt.

Die Distribution hat zwei Gesichter:

- Durch die Einschaltung geeigneter Personen und Institutionen sollen möglichst günstige Kontaktchancen für die Interaktion geschaffen werden: Man spricht von **akquisitorischer Distribution.** Dazu zählt die Wahl des Absatzweges (Distributionsweg) und die Auswahl der Absatz- (Distributions-) organe.
- Und dann muß das Produkt zum Ort der Bestimmung befördert werden. Das umfaßt die **physische Distribution** (Distributionslogistik).

Strittig ist die Frage, ob der „persönliche" Verkauf (personal selling) diesem Bereich oder dem Komplex „Kommunikationsinstrumente" (Zentes 1984, S. 347) zugerechnet werden soll. Verkäuferische Tätigkeit ist immer auch mit Kommunikation (Verkaufsgespräch, Beratung, Planung usw.) verbunden, aber sie erfüllt ebenso Aktivitäten der Verkaufsanbahnung und -abwicklung. Eine Trennung ist wenig sinnvoll, deshalb wird der Aspekt des persönlichen Verkaufs hier integriert.

4.331   Distributionswegentscheidungen

Bereits Gutenberg unterschied in direkte und indirekte Absatzwege. Wir können hier von folgender Struktur ausgehen:

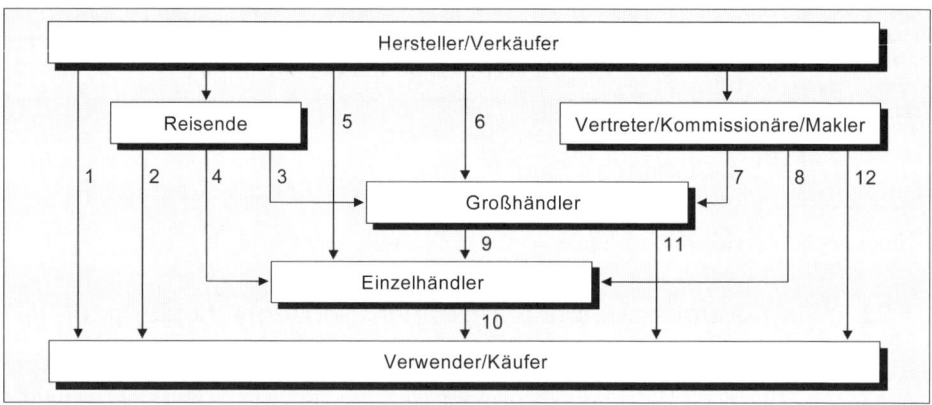

Übersicht 69: Distributionswege

(1) Beim **direkten** Distributionsweg wendet sich der Anbieter (Hersteller) **ohne** Einschaltung des Handels **direkt** an seinen Kunden (Käufer). Das kann der im

Innendienst tätige Verkaufsangestellte, aber auch die Verkaufsleitung tun, die per Brief, Telefon, Telefax, Internet, Katalog oder Fernsehwerbung (→ tele-shopping) in direkten Kontakt mit den Kunden tritt (1). Es ist aber auch möglich, daß sich Mittler einschalten. Eigene Mittler (Außendienst), die als Angestellte geführt werden, können sich ebenso an den Kunden wenden (2) wie selbständige Kaufleute (Vertreter, Kommissionäre, Makler). Letztere (12) verursachen über Provisionen usw. im Wesentlichen variable Kosten.

Der direkte Distributionsweg findet sich vorrangig bei eher begrenztem Kundenstamm. Der Besuch pro Kunde ist teuer, das muß durch hohe Kaufwahrscheinlichkeit oder hohe Kaufsumme aufgefangen werden. Erklärungsbedürftige Produkte und die Notwendigkeit langfristiger persönlicher Hersteller-Kunden-Beziehungen legen den direkten Distributionsweg nahe.

Der direkte Distributionsweg herrscht im Industriegütergeschäft vor. Im Konsumgütergeschäft findet man ihn nur vereinzelt. Hier will man der intensiven Konkurrenz durch Verkauf an der Haustür entfliehen. Der Elektrogeräteverkauf von Vorwerk, Elektrolux, der Verkauf von Avon-Cosmetics, von Tupperware sind bekannte Beispiele bei Konsumgütern.

(2) Der **indirekte** Distributionsweg erfaßt die Möglichkeiten 3 bis 11. Für diese Einteilung ist es unerheblich, ob es sich um firmeneigene (z. B. Filialen) oder firmenfremde Handlungen handelt. Durch die Einschaltung von Handlungen ist eher eine breite Distribution mit hoher Flexibilität zu erreichen. Ein meist breites Sortiment mehrerer Hersteller in einer möglicherweise das Einkaufserlebnis fördernden Atmosphäre, und das im Regelfall zu niedrigen Distributionskosten, sind weitere Vorteile.

Im Handel ist der Wandel an der Tagesordnung – neue zeitgemäße Konzepte ersetzen alte, „totgeglaubte" (z. B. „Tante-Emma-Laden") entstehen in neuem Gewand (z. B. Tankstellen-Shops). Luxushersteller gehen vermehrt dazu über, eigene, aufwendig gestaltete Verkaufstempel zu schaffen.

4.332   Distributionsorganentscheidungen

Distributionsorgane umfassen Personen und Institutionen, die sich in den Verkaufsprozeß einschalten. Als Maßstäbe für die Auswahl der Distributionsorgane gelten wiederum Kosten und Leistungen. Somit kann man im Rahmen von Input-Outputüberlegungen nach Lösungen suchen, die auf dem ökonomischen Prinzip aufbauen.

Detaillierter werden die Auswahlüberlegungen, wenn man darüber nachdenkt, ob man **ubiquitär** (überall, an jeder Ecke) oder nur sehr **selektiv** präsent sein will. Das hängt vom Produkt ab. Lebensmittel des täglichen Bedarfs möchte man in der Nähe des Arbeits- oder Wohnortes einkaufen, Juwelen eher in den Ferien oder beim geplanten, eher seltenen Einkaufsbummel. Das hängt auch von der Konkurrenzsituation ab. Bei starker Konkurrenz möchte man eher häufig präsent sein.

Kosten- und Leistungsaspekte sind durch die Organtypen vorgezeichnet. Wir gehen von folgender Struktur aus:

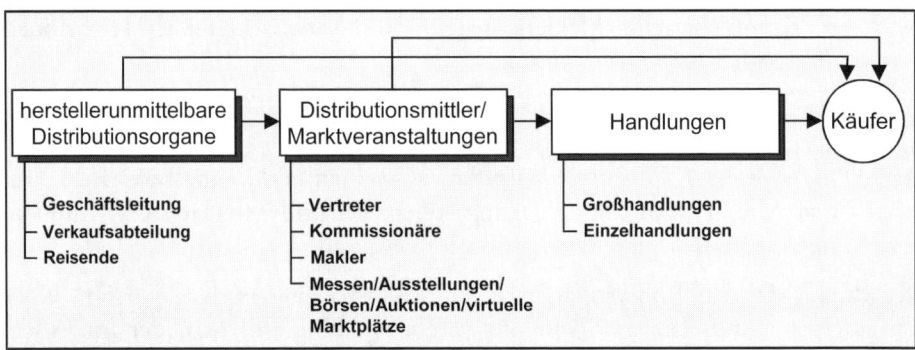

Übersicht 70: Distributionsorgane

(1) Auf die herstellerunmittelbaren Distributionsorgane wurde bereits verwiesen. Insbesondere bei mittelständischen Unternehmungen schaltet sich die **Geschäftsleitung** bei großen und wichtigen Kunden in die Verkaufsgespräche ein. Wenn sich die Geschäftsleitung bei Großunternehmen aus der Begleitung großer Geschäfte zurückzieht, ist das meist mit Kundenärger verbunden. Für die Tagesabwicklung ist dann die **Verkaufsabteilung** zuständig – der Innendienst kann aber auch in Außenkontakte einbezogen werden. Üblicherweise übernimmt das der **Reisende** als Angestellter des Unternehmens. Ihm werden Kunden oder Gebiete zur Bearbeitung zugeteilt. Neben dem laufenden Geschäft können ihm Sonderaufgaben übertragen werden (Informationsgewinnung, Produktneueinführungsaktivitäten, Verkaufsförderung). Entsprechend den Zielen und Plänen des Unternehmens kann er gesteuert werden. Das wird durch geschickte Kombination von Grundgehalt (Fixum) und Prämien (Provisionen) erleichtert. Der Reisende verursacht somit einen hohen Fixkostenblock.

Eine besondere Form des Reisenden bildet der Key Account Manager, der für wenige Großkunden (meist Händler) zuständig ist. Er kann Aufgaben im **vertikalen** Marketing übernehmen (gemeinsames Marketing zwischen Hersteller und Handel zur Kundenbeeinflussung).

(2) Als typischer Distributionsmittler gilt der **Handelsvertreter.** Er vermittelt als selbständiger Gewerbetreibender (§§ 84-93c HGB) Geschäfte im Namen und auf Rechnung einer anderen Unternehmung. Er verfügt über einen eigenen Kundenstamm, besitzt im Regelfall gute Marktkenntnisse. Er kann als Ein- oder Mehrfirmenvertreter aktiv sein. Entsprechend der üblichen Provisionsregelung verursacht er nur umsatzabhängige, also variable Kosten. Bei Produkten mit hohen

Umsatzschwankungen, bei reinen Saisonartikeln (z. B. hochmodische Bekleidung), bei risikoreichen Innovationen findet man ebenso vorrangig Handelsvertreter wie im Verkaufsgeschehen junger, aufstrebender Unternehmen, die die Fixkosten eines eigenen Außendienstes noch nicht tragen können. Der **Kommissionär** vermittelt ständig Geschäfte für Rechnung eines anderen im eigenen Namen (§ 383 HGB). Und der **Makler** ist schließlich durch die **nicht** ständige Geschäftsvermittlung gekennzeichnet.

Auf **Messen** und **Ausstellungen** zeigen Anbieter einer oder mehrerer Branchen ihre (neuesten) Produkte. Sind es reine Informationsmessen, müßte man sie unter dem Instrumentalbereich Kommunikationspolitik abhandeln. Da die Ordermessen aber noch nicht ausgestorben sind, finden sie noch hier ihren Platz, der auch geschichtlich im Vordergrund steht. Bei **Warenbörsen** werden im Regelfalle standardisierte Waren in genormten Mengen im Streckengeschäft (keine Lagerhaltung) gehandelt. Bei **Auktionen** (Versteigerungen) sind die Produkte gegenwärtig, die Preise ergeben sich durch Höherbieten oder durch Herabschleusen (Veiling). Als neuere Form von Auktionen gilt die Internetauktion (z. B. Ebay).

(3) Besonders komplex ist die Auswahl der Handlungen. **Einzelhandlungen** verkaufen Waren an **Konsumenten**, **Großhandlungen** an **Weiterverarbeiter** (z.B. Holzhandlungen an Schreiner) oder **Weiterverkäufer** (Einzelhandlung oder Institutionen, z.B. Kantinen). Anhand von **Sortimentsmerkmalen** kann man die verschiedenen Handlungen voneinander unterscheiden. Bei **Sortimentsgroßhandlungen** wird das gesamte Sortiment einer Branche (z. B. Lebensmittel) in meist begrenzter Angebotsvielfalt (Sortimentstiefe) angeboten. **Spezialgroßhandlungen** (z. B. für Käse, Fisch, Gemüse) offerieren nur einen schmalen Ausschnitt aus einem Branchensortiment mit einer sehr großen Variantenzahl.

Eine andere Unterteilung von Großhandlungen ist durch die Form der Warenzurverfügungstellung möglich. Bei **Cash+Carry**-Großhandlungen (z. B. Metro) holt der gewerbliche Käufer die Ware ab. Für den Lebensmitteleinzelhandel ist dagegen die **Zustellung** eher typisch.

Bedingt durch eine lange Geschichte und außerordentliche Marktdynamik begegnen uns vielfältige **Einzelhandelstypen.** Nur einige seien herausgestellt:

– Den **Spezialgeschäftstyp** kennen wir als Feinkostgeschäft, Juwelier, Herrenausstatter, Designboutique usw. Aus dem Sortiment einer Branche wird ein interessanter Ausschnitt gewählt. Auswahlkriterien sind Beratungsfähigkeit, Bedienfähigkeit, thematische Abgrenzbarkeit, um das passende Ambiente zu schaffen. Im Feinkostgeschäft liegt vielfach die Betonung auf erlesener Frischware. Standardartikel findet man nicht, Shrimpssalate dagegen in verschiedener Ausprägung. Alles befindet sich auf einem hohen Sortimentsniveau. Der Herrenausstatter führt statt Boss eher Zegna-/Regent-/ Kiton-Anzüge, -Jacken, -Hosen. Intensive Beratung ist möglich. Über Preise wird eher nicht geredet. Das ziemt sich nicht.

- Der **Fachgeschäftstyp** hat ein breiteres Sortiment, der Übergang vom Spezialgeschäft ist fließend; teilweise wird bedient, teilweise findet Selbstbedienung statt. Damit reduziert sich das Sortimentsniveau. Im Sportfachgeschäft werden Produkte für viele Sportarten, im Tennisfachgeschäft eben nur für diese Sportart angeboten.

- Der **Fachmarkttyp** lebt von der Sortimentsvollständigkeit einer Branche (z. B. Elektrofachmarkt). Neben den Topmarken liegt der Schwerpunkt auf dem soliden Mittelfeld, das durch günstige Sonderangebote angereichert wird. Die großflächige Präsentation vorrangig in Selbstbedienung führt eher zu Stadtrandlagen mit Parkplätzen. Beratungspersonal steht zur Verfügung. Die Lebensmittelabteilungen einiger Warenhäuser, gespickt mit Feinkosttheken, entsprechen auch diesem Typ.

- Beim **Warenhaustyp** werden die Branchengrenzen überschritten. Früher hieß es: „Alles unter einem Dach". Heute werden Sortimentsteile ausgegliedert, verselbständigt (z. B. Möbel, Elektrogroßgeräte). Die Mehrbranchensortimente werden auf die Innenstadtlage abgestimmt. Sortimentsniveau und -tiefe nehmen bei den Weltstadtwarenhäusern zu – Karstadt spricht von Glanzlichtern –, sie sind bei den Warenhäusern der Mittelstädte (ca. 300.000 Einwohner) eher flacher und enger. In den unteren Warenhauskategorien (Kaufhäuser) sind die Übergänge zum Verbrauchermarkt fließend.

- Der **Verbrauchermarkttyp** weist ebenfalls ein relativ breites, allerdings sehr flaches Sortiment auf, bei dem das untere bis mittlere Niveau dominiert. Selbstbedienung in sparsamer Umgebung kennzeichnet einen kostenbetonten, mit Sonderangeboten lockenden Verkauf. Verbrauchermärkte entstanden auf der „grünen Wiese" vor der Stadt. Der Lebensmittelanteil ist im Regelfall sehr hoch. Aus den Verbrauchermärkten haben sich mit einem anderen Schwerpunkt Baumärkte und Einrichtungsmärkte heraus entwickelt. Die Denkweise ist sehr ähnlich.

- Der **Diskonttyp** stellt den Preis in den Mittelpunkt seiner Angebotsplanung. Um durchgängig niedrige Preise realisieren zu können, muß die **Umschlagsgeschwindigkeit** hoch sein (die Verweildauer der Produkte im Geschäft ist kurz). Aldi hat das besonders konsequent umgesetzt. Hier wird auch eine besonders sparsame Atmosphäre (Latten, Kartons) erzeugt, das Personal ist immer überbeansprucht. Im Diskonttyp können Markenartikel (Penny, Lidl) oder vorrangig Handelsmarken (Aldi) angeboten werden.

Diese hier vorgenommene Typisierung unterstellt, daß der Kunde in die Geschäfte geht. Die Alternative dazu bilden Versandgeschäfte. Auf der Basis vorliegender Kataloge bestellt der Kunde die Ware, die ihm dann auf verschiedenem Wege zugesandt wird. Wir haben deshalb keinen Versandtyp hier herausgestellt, weil es die Versandhandlungen in den verschiedensten, hier nach den Sortimentskriterien dargestellten Schwerpunkten ebenfalls gibt. Der Versandhandel via Internet hat im Konsumgüterabsatz manche Blütenträume platzen lassen. Im B2B-Geschäft geht die Initiative eher vom beschaffenden Unternehmen aus, das durch Schaffung oder Beteiligung an einer Marktplattform vorrangig die Prozeßkostenreduktion bei der Beschaffungsabwicklung im Auge hat.

(4) Bei der Auswahl der Handlungen muß geprüft werden, welche Leistungen sie erbringen und welche Kosten sie verursachen.

Will man eine sehr breite Distribution auf hohem Vorrätigkeitsniveau erreichen, wird man im Regelfall eine längere Handelskette mit verschiedenartigen Einzelhandelsformen einzuschalten versuchen. Damit jeder, der mein Produkt kaufen möchte, es auch überall ohne großen Aufwand erhalten kann, wird man die **ubiquitäre** Distribution wählen. Das bedeutet, daß Handelsorgane verschiedenen Leistungsumfangs (z. B. Taschenbücher neben der üblichen Sortimentsbuchhandlung auch am Kassenterminal im Lebensmittelsupermarkt, am Zeitungskiosk, in der Tankstelle, im Verbrauchermarkt) und unterschiedlichen Kostenniveaus das gleiche Produkt verkaufen. Die Kostenunterschiede (z. B. Miete, Personal, Werbung) können zu Preisunterschieden führen; das wird teilweise noch durch umfangreiche Mengenrabattstaffelungen forciert. Gelingt es nicht, durch eine fachbezogene Mengenrabattstaffelung und durch zusätzliche Fachhandelsanreize diese Unterschiede nahezu auszugleichen, muß mit einer Marktspaltung gerechnet werden. Man verkauft vorrangig über die Massendistributionsorgane, während die auf erhöhte Pflege ausgerichteten Distributionskanäle austrocknen.

Mit diesem Entscheidungsproblem eng verknüpft ist eine Entscheidungssituation der gehobenen Markenartikelindustrie. Der bekannte Markenartikel wird im Handel gern als Werbeinstrument eingesetzt ("Lockvogel"), das bekannte Preisniveau reizt zur Preisunterbietung. Daraus folgt die Tendenz, aus der Herstellerperspektive großen Wert auf **selektive** Händlerauswahl zu legen. Statt 2.000 Küchenmöbelhändler sollen in Zukunft nur noch 500 bedient werden, die über ein gleiches Kosten- und Leistungsniveau verfügen, um imagestörende Preiskämpfe einzuschränken (siehe Abschnitt 2.7).

4.333   Distributionslogistikentscheidungen

Zu überlegen ist, wie und auf welchem Wege das erstellte Produkt dorthin gelangt, wo es verkauft oder benutzt wird. Der Beschaffungslogistik steht die Absatzlogistik (= Distributionslogistik) gegenüber. Meßkriterien für logistische Entscheidungen sind wiederum Kosten und Leistungen.

(1) **Logistikkosten** werden in starkem Maße von Mengen, Zeiten und Wegen geprägt. Lagerbestände verursachen Lager-, Zins- und Veralterungskosten. Lagerräume könnten anderweitig (z. B. beim Handel als Verkaufsräume) genutzt werden. Das Lagerpersonal muß bezahlt werden. Bei Lagerbeständen entsteht Schwund, Artikel werden unmodern usw. In den Beständen wird als Umlaufvermögen viel Kapital gebunden, das verzinst werden muß. Diese Kosten lassen sich senken. Dafür entstehen andere. Man kann sich um Bestandssenkung bemühen.

Damit der Hersteller oder der Händler dennoch lieferfähig bleibt, muß man ihn häufig beliefern. Eilbestellungen/Eillieferungen steigern im Regelfall die Kosten. Eine gänzlich andere Idee liegt den nachfragegesteuerten Warenwirtschaftssystemen zugrunde. Ein an der Kasse des Händlers gebuchter Verkauf (Scannerkasse) löst automatisch eine Bestellung aus. Nach firmenindividuellen Regeln lösen x Bestellungen in der Zeit y eine Lieferung aus. Diese zusätzlichen Kosten müssen den früheren Bestandskosten gegenübergestellt werden, um die Kostengünstigkeit festzustellen. Um zu insgesamt günstigen Lösungen zu gelangen, können sich Zentralisierungen als sinnvoll erweisen. Dabei mögen die Transportwege zunehmen, die Lagermengen werden jedoch insgesamt kleiner.

(2) **Logistikleistungen** wurden teilweise bereits als Lieferbereitschaft, Lieferqualität und Lieferzuverlässigkeit angedeutet (siehe Abschnitt 4.321). Mittel zu ihrer Sicherstellung könnten sein: Lieferbestände, ausreichende Bestückung dezentraler Läger, eigene Transportmittel in ausreichendem Umfang. Die eigenen Transportmittel mit eigenem Personal können auf die Produktbesonderheiten abgestimmt sein, um Schäden zu vermeiden. Das bindet allerdings Kapital und verursacht Fixkosten (z. B. Lohnkosten).

Zu den Logistikleistungen zählen auch Kommunikationsleistungen. Der Kunde will genau wissen, wann er beliefert wird; Liefermängel müssen nicht nur festgestellt, sondern auch kommuniziert werden, damit sie behoben werden können.

(3) Aus den Kosten- und Leistungsüberlegungen folgern wir diese Instrumentalvariablenausprägungen:

- zeitoptimale Belieferung
- kostenoptimale Belieferung
- planungsoptimale Belieferung

Bei der **zeitoptimalen Belieferung** werden die Geschwindigkeit und die Zeiteinhaltung betont. Arzneimittel müssen schnell erhältlich sein, bei Luxusprodukten muß der vielleicht späte Liefertermin genau eingehalten werden. Die **kostenoptimale Belieferung** betont im Regelfall die bestandsoptimale Lagerhaltung; und das heißt tendenziell das Bemühen um lagerlosen Verkauf. Eine **planungsoptimale Belieferung** betont den Kommunikationsaspekt. Der Lieferant muß frühzeitig über den Bedarf der Kunden Bescheid wissen, der Kunde muß wissen, wann das Produkt bei ihm von wem geliefert eintrifft.

Wir gelangen damit zu folgender Übersicht:

	Variable	Variablenausprägung
Distributionsentscheidungen	Distributionswege-entscheidungen	direkter Distributionsweg indirekter Distributionsweg
	Distributionsorgan-entscheidungen	Geschäftsleitung Verkaufsabteilung Reisende Vertreter/Kommissionäre/Makler Messen/Ausstellungen Sortimentsgroßhandlungen Spezialgroßhandlungen Spezialgeschäftstyp Fachgeschäftstyp Fachmarkttyp Warenhaustyp Verbrauchermarkttyp Diskonttyp
	Distributionslogistik-entscheidungen	kostenoptimale Belieferung zeitoptimale Belieferung planungsoptimale Belieferung

Übersicht 71: Distributionsentscheidungen

4.34 Entgeltentscheidungen

Entscheidungen dieses Bereichs sind prototypisch für Anreiz-Beitrags-Überlegungen. Ein Preis von x € hat zum einen Forderungscharakter – das anbietende Unternehmen glaubt, nur damit seine Ziele verwirklichen zu können – und zum anderen einen Anreizcharakter, wenn er von dem Käufer als besonders günstig erlebt wird (z. B. bei Preisreduzierungen im Sonderangebot).

4.341 Preisentscheidungen

(1) Preisentscheidungen haben unterschiedliche Stoßrichtungen:

– **Preisfestsetzungen** bei der Einführung neuer Produkte
– **Preisreduktionen** in harten Konkurrenzsituationen zum Erhalt der Marktattraktivität
– **Preiserhöhungen** zur Vermeidung von Verlustsituationen

Damit wird deutlich, daß im Marktlebenszyklus eines Produktes zunächst das Finden des „richtigen" Preises den Ausgangspunkt darstellt. Was auf das Finden des „richtigen" Preises einwirkt, wird noch erläutert. Hat man den Einführungspreis zu hoch gewählt, bietet sich entweder die Möglichkeit der Preissenkung oder man bemüht sich um die Attraktivierung des Angebotes (→ Nachbessern). Eine Preissenkung ist einfach durchzuführen. Ihr Erfolg ist deshalb nicht einfach abzuschätzen, weil man das Konkurrenzverhalten und die neue Preisattraktivität schwer abschätzen kann. Kundenbindung ist bei Markenprodukten nur ausnahmsweise durch die rationale Wirkung einer Preissenkung erzielbar. Deshalb empfiehlt sich der eher schwierige Weg, das Angebot besser **emotional** zu positionieren, damit durch eine **prägnantere** Angebotsgestaltung der bereits gesetzte Preis als angemessen empfunden wird. Schwieriger sind Preiserhöhungen. So lassen sich Bemühungen bei einigen Marken beobachten, denen es seit Jahren nicht gelingt, die Preise zu steigern (z. B. Alpia - eine Stollwerck-Schokoladenmarke).

Wie kann man nun den „richtigen Preis" finden? Weit verbreitet ist in der Marketingliteratur die Darstellung von **Preisabsatzfunktionen**. Gutenberg (1984, S. 247) führt die doppelt geknickte Preisabsatzfunktion ein:

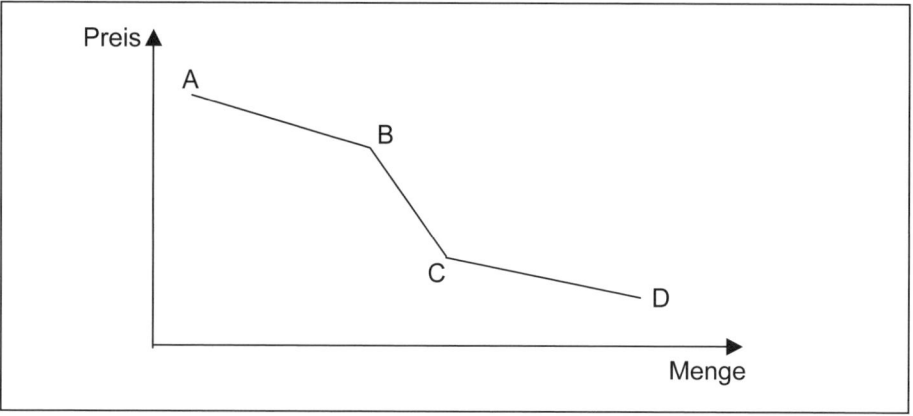

Übersicht 72: Doppelt geknickte Preisabsatzfunktion

Hier wird unterstellt, daß die abgesetzte Menge allein vom Preis abhängt und die Mengenveränderung in deutlichen Sprüngen erfolgt. Die Abschnitte A - B und C - D gelten als besonders preissensibel, der Abschnitt B - C wird als monopolistischer Preisbildungsspielraum bezeichnet. Man kann diese Kurve so interpretieren: Im Unternehmen bemüht man sich, durch Marketingmaßnahmen eine hohe Markenbindung zu erreichen, um den Preisbereich B - C zu erreichen. Preise über B in Richtung A müssen vermieden werden, um Absatzeinbrüche zu verhindern. Preise unter C in Richtung D können im Rahmen der Kostenführerschaftsstrategie eine Rolle spielen, soweit die Konkurrenz nicht mit einer entsprechenden Preissenkung folgt.

Im Marketing konzentrieren sich die Überlegungen also auf den B-to-C-Bereich. Es stellen sich allerdings einige kritische Fragen – zwei wichtige seien hervorgehoben:

a) Das **Ermittlungsproblem** ist nicht zufriedenstellend gelöst – ansonsten wäre es schwer erklärbar, daß marketingorientierte Unternehmen immer wieder feststellen müssen, „falsche" Preise gewählt zu haben. So waren beispielsweise die SLK-Preise bei Mercedes zu niedrig, die New-Beetle-Preise bei VW bei der Produkteinführung zu hoch. Das Ermittlungsproblem ist deshalb so schwer lösbar, weil die Gesamtattraktivität eines Angebots bewertet wird und damit Vernetzungsprobleme entstehen.

b) Das **Reduktionsproblem**: Es wird ein monokausaler rationaler Zusammenhang zwischen Preis und Menge unterstellt. Die gesamte bisherige Lektüre sollte gezeigt haben, daß wir auch theoretisch vielfältige Einflußgrößen, wie sie uns in der Realität begegnen, beachten müssen. Der monopolistische Preisbildungsspielraum erfaßt die Leistungsführerschaftsstrategie. Sie ist tendenziell eine Nischenstrategie – man wählt gezielt Marktsegmente aus. Im Marketing interessieren uns Kunden, die wir aufgrund ihres Verhaltens in Gruppen zusammenfassen. In einem Marktsegment gibt es einen Preis für ein Produkt, den man im Wesentlichen aus der historischen Preisbewilligungsbereitschaft dieses Marktsegmentes vor dem Konkurrenzhintergrund ableitet. Ist der Preis zu hoch, stört er merkbar die Angebotsattraktivität, dann muß das Angebot attraktiver gestaltet werden oder es wird auf „Aufpreise" verzichtet (z. B. PKW). Ist der Preis niedrig, dann wird der Marketingaufwand reduziert (z. B. SLK). Möglich ist es auch, das Angebot zu differenzieren, indem man z. B. einfachere oder aufwendigere (Premium) Gestaltungen wählt und damit zusätzliche Preisbereiche schafft.

Deshalb wollen wir im Folgenden lediglich Preiseinflüsse erläutern und auf die aus der Mikroökonomie stammenden monopolistischen, oligopolistischen und polypolistischen Preisbildungsüberlegungen verzichten. Dies wären lediglich Wiederholungen anderweitig Dargestelltens, ohne die komplexe Realität zu erklären.

(2) Preiseinflüsse: Die **Preisuntergrenze** wird langfristig von den **Vollkosten** bestimmt. Davon kann man in Abhängigkeit von der jeweiligen Zielsetzung (z. B. Ausweitung des Marktanteils) zeitlich begrenzt abweichen (Teilkosten). Man muß nur deutlich sagen, welche anderen Produkte mit welchem Ziel die nicht gedeckten Kosten tragen sollen. Die **Preisobergrenze** hängt von der **Preisbewilligungsbereitschaft** der Kunden ab. Sie ist schwierig realitätsnah zu erfragen. Fachleute mit guter prognostischer Wirkungskenntnis können helfen. Konkurrenzpreise geben ebenso Anhaltspunkte wie das eigene Image beim Kunden. Stehen bei dem Produkt Sachleistungen im Vordergrund, wird man ihre Vorteilhaftigkeit aus den Augen der Kunden zu gewichten versuchen. Bei den faszinativen Anmutungsleistungen wird man sehr genau die kundensegmentspezifischen Maßstäbe beachten müssen. Grenzen werden auch durch die **Konkurrenz** gesetzt. Bietet der Konkurrent ein in den Augen des Kunden ähnliches Produkt zu einem attraktiven Preis an, so muß das eigene schon einiges mehr bieten, was in den Augen des Kunden einen darüberliegenden Preis rechtfertigt. Die eigene **Zielsetzung** (s. Kapitel 3) darf man nicht aus den Augen verlieren. Will man zum Beispiel in einem wichtigen Markt einen bedeutenden Marktanteil erzielen, kann es zeitlich begrenzt sinnvoll sein, deutlich unter Vollkosten anzubieten. Man wird sich dann dem Vorwurf des **Dumping** stellen müssen. Schaltet man den Handel in seine Distribution ein (indirekter Distributionsweg), dann muß man auch prüfen, wie weit die eigene Preisvorstellung in die Preisbänder des **Handels** paßt. Verkauft man vorrangig über preisaggressive Handelsformen (z. B. Verbrauchermärkte, Diskontgeschäfte), dann wird man dort mit einem deutlich über dem typischen Preisband liegenden Preis (z. B. Überschwellenpreis) Schiffbruch erleiden. Und schließlich wird man auch die **gesamtwirtschaftliche Situation** berücksichtigen müssen. Daß man bei stagnierender Nachfrage und harter Konkurrenz die Preise für neue PKW-Typen nicht einfach erhöhen kann, hat auch die deutsche PKW-Industrie schmerzlich erfahren müssen.

Zusammengefaßt ergibt sich folgendes Bild der Einflußgrößen auf die Preisbildung:

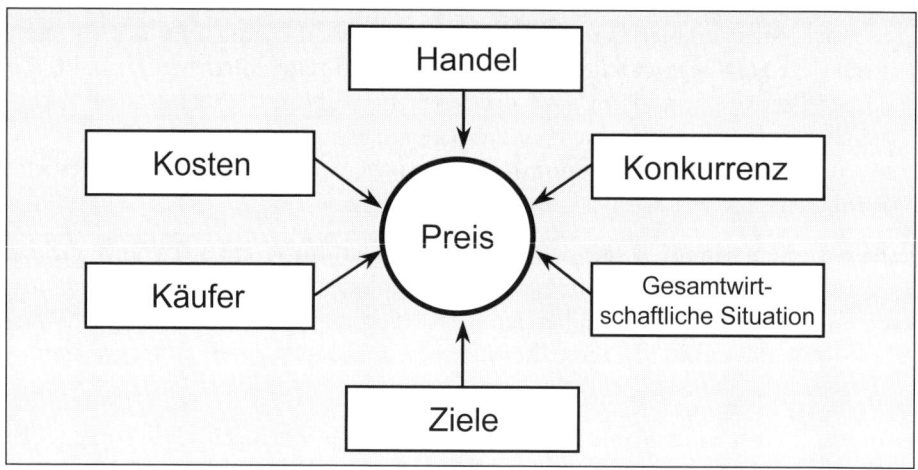

Übersicht 73: Einflußfaktoren auf die Preisbildung

Mit diesem Überblick wird auch der Unterschied zwischen volks- und betriebswirtschaftlicher Betrachtung deutlich. Während in der Mikroökonomie in Abhängigkeit von der Marktform Preis-Mengenzusammenhänge abgeleitet werden, erfaßt das Marketing wesentlich mehr Einflußgrößen, die eine mathematische Ableitung des „richtigen" Preises erschweren, wenn nicht gar verhindern.

(3) Verschiedene preispolitische Alternativen stehen zur Verfügung.

– Die Absicht der „**penetration policy**" liegt darin, durch einen niedrigen Einführungspreis den Markt zu öffnen, viel Nachfrage auf sich selbst zu vereinigen und der Konkurrenz das Geschäft uninteressant erscheinen zu lassen.
– Den Gegenpol bildet die sogenannte „**skimming-policy**". Man beginnt mit einem hohen Einführungspreis, da man unterstellt, daß zum Beispiel die Konsumpioniere mehr zu zahlen bereit sind als die Nachzügler. Mit eventuell größer werdender Menge senkt man dann im Zeitablauf den Preis.
– Bezogen auf die Preise unterscheiden wir **Unter**- und **Überschwellen**preise. Hier steht Preisgünstigkeit gegen Leistungsvermögen des Produktes. Tafelschokolade unter 0,40 € (z. B. Alpia) steht hochpreisige (z. B. Lindt: 1,30 €) gegenüber.
– Anbieter von Markenartikeln auf hohem Leistungsniveau sind meist stark daran interessiert, daß die Preise ihrer Produkte nicht durch Preiskämpfe verändert (d. h. erniedrigt) werden. Nur noch bei Verlagserzeugnissen und Pharmaka ist die Preisbindung der Händler möglich. Deshalb richten sich viele Maßnahmen der Hersteller darauf, den Händler zur **Preiskonstanz** zu bewegen. Der Preis wird als Schlüssel zur **Qualitätsbeurteilung** (Risikovermeidung) und zur **Demonstration** (Luxus oder Bescheidenheit) benutzt. Preisminderungen bringen diese Bilder (Schlüssel) durcheinander.

Maßnahmen der Preispolitik sind eher durch geringe Flexibilität gekennzeichnet, da Preisreduktionen nur schwer nach oben korrigiert werden können. Handelsmarken, die im Wesentlichen als Gattungsprodukte (generische Produkte) verkauft werden, sind durch hohe Preiskonstanz am unteren Preisband (→ Dauertiefpreise), Herstellermarkenprodukte im mittleren Niveaubereich wegen ihrer Lockvogeleignung im Handel durch Preisvariabilität für begrenzte Zeit (→ Sonderangebote) und Spitzenmarken (z. B. Luxusmarken) wegen der Selektivität der Distribution durch hohe Preiskonstanz am oberen Preisband gekennzeichnet. **Preisabsprachen** zwischen verschiedenen Anbietern sind grundsätzlich entsprechend dem Gesetz gegen Wettbewerbsbeschränkungen verboten. Bei sehr ähnlichen Produkten (z. B. PKW-Benzin) kann sich die **Preisführerschaft** eines Anbieters beispielsweise infolge seines großen Marktanteils herausbilden, dem dann die anderen Anbieter mit ihrer Preisveränderung folgen. Preissenkungen vermeiden die kleineren Anbieter, weil sie wissen, daß darauf der größere sofort reagiert.

4.342   Rabattpolitikentscheidungen

Rabatte sind Nachlässe auf Listenpreise, die für Leistungen gegeben oder aufgrund vorhandener Nachfragemacht ertrotzt werden. Sie kommen als Preisnachlässe oder als Naturalrabatt vor. Sie sollen zu einer Feinsteuerung der Preispolitik beitragen. Wirtschaftlich bedeutsam sind die Händlerrabatte. Händler sind Meister im Er-

finden neuer Rabatte. Manche Rabatte (z. B. Listungsrabatte) bilden die Eintritts-
bedingungen in Vertragsverhandlungen, also kann man sie auch gleich anbieten.
Nach dem Wegfall des Rabattgesetzes und der Zugabenverordnung (2001) sind
jedoch die Freiräume für Hersteller (→ Direktvertrieb) oder Händler wesentlich
vergrößert worden.

(1) Bei den rabattpolitischen Maßnahmen sind der Phantasie keine Grenzen gesetzt. **Funktionsrabatte** sind Abschläge vom Endverkaufspreis als Entgelt für
Leistungen, die das Handelsunternehmen oder der Konsument (z. B. bei Mitnah-
merabatt) erbringt (z. B. Vorrätigkeit, Beratung, Präsentation, Lieferung, Montage
usw.). Erstere bilden den wesentlichen Bestandteil der Handelsspanne. Funktionsrabatte haben nur so lange einen Sinn, wie man von einem fixierten Endpreis
ausgeht, bei Nettopreisen kommen sie nicht vor. **Mengenrabatte** sollen durch
Bestellkonzentration die Abwicklungskosten senken und zu höherer Vorrätigkeit
führen. Das Pendant dazu bildet der **Mindermengenzuschlag** als Preiserhöhung.
Zeitrabatte sollen die Produkteinführung (z. B. Einführungsrabatt, Subskripti-
onspreis) oder den Ausverkauf (Auslaufrabatt) beschleunigen. **Treuerabatte** sind
Gesamtumsatzrabatte, die ein Hersteller einem Händler/Weiterverarbeiter für die
während eines Zeitraums (z. B. 1 Jahr) insgesamt getätigten Käufe gewährt (Bo-
nus). **Sonderleistungsrabatte** können Zweitplazierungsrabatte (der Hersteller
erhält im Handelsunternehmen eine zusätzliche Plazierung), Sonderangebotsrabat-
te (der Händler forciert den Absatz durch Preisreduktionen), Aktionsrabatte (der
Hersteller wird zum Beispiel an einer Aktionswoche (→ italienische Woche) beteiligt), Sortimentsprämie (der Händler listet mehrere Produkte des Herstellers),
Werbekostenzuschüsse (der Hersteller beteiligt sich an der Handelswerbung), Jubiläumsrabatt (der Hersteller gewährt dem Händler zu dessen Jubiläum einen Son-
dernachlaß) sein. Der Handel läßt sich stets Neues einfallen.

(2) Weit verbreitet ist das Unbehagen in der Industrie über das Ausufern der
Rabatte. Nach dem Motto „Klagen ist einfacher als Handeln" wird übersehen, daß
man selbst den Forderungen ja zugestimmt hat. Die Erfahrung ist für viele
schmerzlich, daß einmal eingeführte Rabatte nur schwer rückgängig gemacht werden können. Zumindest drei wichtige Aspekte sollten bei rabattpolitischen Entscheidungen bedacht werden:

– Nach dem do-ut-des-Prinzip (siehe Anreiz-Beitrags-Theorie) sollten nur **lei-
  stungs**bezogene Rabatte gewährt werden; fallen die Leistungen weg, dann muß
  bekannt sein, daß diese spezifischen Rabatte auch nicht mehr gelten.

– Das Rabattsystem sollte **transparent** sein und die Bedingungen sollten für alle
  gleich gelten. Dies gilt bei Ferrero. Vielfach wird bei zusätzlicher Rabattgewäh-
  rung übersehen, daß die Verschwiegenheit der Beglückten Grenzen hat; man ist
  stolz auf das Erreichte und möchte das auch mitteilen: Das kann zu epidemi-
  schen Weiterungen führen. Auch Fusionen im Handel haben ähnliche Wirkungen, wenn Preise und Rabatte verglichen werden.

– Rabatte gewähren kann jeder: Verhandlungsfestigkeit ist da viel schwieriger zu praktizieren. Zum Management gehört auch, über die Folgen des heutigen Tuns für das morgige Handeln nachzudenken (→ Strategieaspekt).

4.343   Zahlungsbedingungen

Zu den Zahlungsbedingungen rechnen wir hier auch die Lieferbedingungen.

(1) **Zahlungsbedingungen** beschreiben die Zahlungstermine, die Zahlungsmittel (Devisen, Wechsel usw.), die Zahlungswege (über welche Banken), Zahlungssicherungen, die Skontohöhe und auch die Inzahlungnahme. Jedes Unternehmen ist an einem schnellen Zahlungseingang interessiert. Die Forderung „schneller Zahlungseingang" (z. B. innerhalb 14 Tagen) wird mit dem Anreiz „Skonto" geködert. Im internationalen Absatz bereiten die **Devisenkursschwankungen** große Probleme. Wird zum Beispiel der Yen in Japan abgewertet und ist der Preis der dorthin exportierten Ware nicht um den Differenzbetrag erhöhbar, führt das zur Gewinnschmälerung. Sie kann wiederum dadurch verringert werden, daß man im gleichen Umfang in Japan einkauft. Der ungünstigere Verkauf wird durch den günstigeren Einkauf ausgeglichen oder allgemeiner: Das Währungsrisiko läßt sich durch die Ausgeglichenheit der Warenströme reduzieren (→ **warenwirtschaftliche** Lösungsebene). Auf der rein **finanzwirtschaftlichen** Lösungsebene bewegt man sich mit **Devisentermingeschäften**. Vor allem bei einem Verkauf an neue Kunden, in neue Wirtschaftsgebiete muß an das Risiko des Zahlungseingangs gedacht werden. **Zahlungsabsicherungen** (z. B. Hermes-Versicherung, Avale, Akkreditive) sind an spezifische Bedingungen geknüpft. Die **Inzahlungnahme** soll sich hier lediglich auf Gebrauchtwaren und nicht auf Gegen- und Kompensationsgeschäfte konzentrieren. Wer einen Neuwagen kauft, ist bemüht, für sein Altauto eine möglichst hohe Gutschrift zu erhalten. Der professionell betriebene Gebrauchtwarenmarkt kann den Neuwarenmarkt über eine attraktive Preisgestaltung wesentlich erleichtern.

(2) Die **Lieferbedingungen** regeln zum Beispiel den Gefahrenübergang, die Fracht und Verpackungsberechnung, Umtauschmöglichkeiten, Zeitpunkte und Orte der Lieferung, Pönalien (Strafen) bei der Nichteinhaltung von Vertragsbestandteilen (z. B. Lieferzeit).

Im Zentrum der Lieferbedingungen stehen die sogenannten **Incoterms**. Auf diese international standardisierten Lieferbedingungen (Internationale Handelskammer, Paris) gehen wir bei den Beschaffungsinstrumenten noch ein.

4.344   Kredite und Leasing

Lieferantenkredite an Händler und Weiterverarbeiter sind nichts Neues. An Konsumenten gerichtete Kredite kommen in einigen Produktbereichen unter Einschaltung des Handels vor. Am weitesten verbreitet sind von Automobilhändlern vermittelte Kredite. Hier wird der Käufer Eigentümer, das kreditgebende

Unternehmen (z. B. PKW-Hersteller, Bank) sichert sich den Kredit durch Übernahme des Kraftfahrzeugbriefs. Wie intensiv dieses Instrument genutzt wird, kann man an der Zinshöhe bei sich schlecht verkaufenden PKW ablesen. Im Prinzip lassen sich die Erfahrungen dieser Branche auch auf andere Produktbereiche (z. B. Audio- und Videogeräte, Einrichtungen wie Küchen usw.) übertragen. Das geschieht in Deutschland allerdings nur selten.

Etwas weiter durchgesetzt hat sich das **Leasing,** das von verschiedenen Firmen angeboten wird. Es handelt sich um besondere Ausprägungsformen von Mietverträgen. Der Leasingnehmer wird lediglich Besitzer, nicht Eigentümer. Er kann vereinbaren, daß das Leasingobjekt gewartet und/oder jeweils gegen die neueste Entwicklung ausgetauscht wird. Bei jungen Unternehmen mit begrenztem Eigenkapital und hohem Erfolgsrisiko können auf diese Weise das Büromobiliar, die Bürotechnik, der Fahrzeugpark, der Maschinenpark usw. finanziert werden. Weiterhin werden steuerliche Vorteile genannt.

Insgesamt ergibt sich folgende Übersicht:

	Variable	Variablenausprägung
Entgeltentscheidungen	Preisentscheidungen	penetration policy skimming policy Unterschwellenpreis Preiskonstanz Preisvariabilität
	Rabattentscheidungen	Funktionsrabatt Zeitrabatt Mengenrabatt Treuerabatt Sonderleistungsrabatt
	Zahlungsbedingungen/ Lieferbedingungen	kurzes/langes Zahlungsziel Devisenkursabsicherung Zahlungsabsicherung Incoterms
	Kredit/Leasing	Lieferantenkredit Mietkauf

Übersicht 74: Entgeltentscheidungen

4.35   Kommunikationsentscheidungen

Je anonymer die Beziehungen zwischen Hersteller und Käufer sind, je weniger der eine vom anderen weiß, umso wichtiger wird dieser Instrumentalbereich. Kann sich ein Handwerker zur Not noch auf erfolgreiche Arbeit, auf Kundenzufriedenheit und die voraussichtliche Mund-zu-Mund-Werbung verlassen, im internationalen Absatzmarketing ist ein Überleben nur mit geplanter Kommunikationsarbeit möglich.

Der Kommunikationserfolg hängt von mehreren Faktoren ab. Einen wichtigen Einflußfaktor bildet die **Beeinflussungsintensität.** Man muß entsprechend dem geschilderten Figur-Grund-Prinzip (siehe Abschnitt 2.2) das „Rauschen" des Marktfeldes durch den eigenen Auftritt durchbrechen. Die Intensität kann sich im Kommunikationsbudget niederschlagen. Durch häufigere Schaltung einer Anzeige z. B. im SPIEGEL, eines Spots im Fernsehen, durch mehrere Sponsoringbeteiligungen wird die Chance größer, daß das, was man sagen will, auch bemerkt wird. Unter dem Aspekt des ökonomischen Prinzips wird man allerdings zu prüfen haben, wie intensiv man denn auf jeden Fall kommunizieren muß, damit der gewünschte Kommunikationserfolg auch eintritt. Und der hängt auch von der **Beeinflussungsqualität** ab. Einige Anhaltspunkte sind der folgenden Übersicht zu entnehmen:

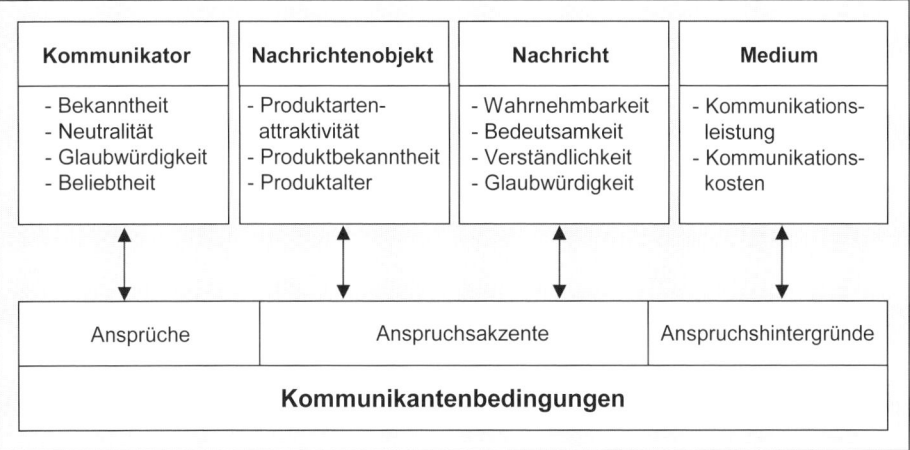

Übersicht 75: Einflußfaktoren auf den Kommunikationserfolg

Die vorrangige Einflußgröße, die den Kommunikationserfolg bestimmt, ist der **Kommunikant** (z. B. der Umworbene). Die Profilierungsüberlegungen haben uns gezeigt, daß nur das für den Markterfolg ausschlaggebend ist,

– was der Kommunikant (Kunde) bemerkt,
– was ihm wichtig ist,
– was ihm vorteilhaft erscheint,
– was er dem Hersteller (Kommunikator) auch immer zuordnet.

Informationen über Sachverhalte, die den Kommunikanten nicht interessieren, für die auch kein Interesse zu wecken ist, kann man sich schenken. Man hat umso mehr Erfolg, je mehr man seinen Kommunikationswünschen konzentriert entspricht. Nicht nur das Produkt-, sondern auch das Kommunikationsinteresse ist im konservativen Milieu ganz anders als im hedonistischen Milieu. Wenn man mit einer „hedonistischen" Sprache die erstgenannte Zielgruppe anspricht, wird man kaum den gewünschten Erfolg erzielen.

Ein **Kommunikator** muß, das ergibt sich ja auch aus dem Profilierungsgebot, wahrgenommen werden. Das bedeutet in diesem Kontext: **Bekanntheit.** Bekanntheit läßt sich schaffen durch die bereits mehrfach erwähnten gestalttheoretischen Prinzipien: Figur-Grund, Prägnanz und Konstanz. Vor dem Rauschen der Konkurrenz muß man Kontur gewinnen. Bekannt wird man leichter, wenn man sich unterscheidet. Dazu eignet sich ein prägnanter Auftritt. Dem dient zum Beispiel die Wahl eines dominanten Produktzieles und die Auswahl der hierzu passenden Kommunikationsmaßnahmen (z. B. zieladäquater **Werbestil**). Der Auftritt sollte nicht ständig verändert werden, damit Zeit zum Lernen bleibt. Bekanntheitsstreben sollte mit Facetten verbunden werden, die zur Zielbotschaft passen. Der Kommunikator gilt, weil man ihm eine Beeinflussungsabsicht unterstellt, die ihm nützt, als nur begrenzt **glaubwürdig.** Dem entgegen zu wirken dient das Bemühen, so **neutral** wie möglich aufzutreten. Mehrere Aktivitäten der **Produktpublizität** erfolgen vor diesem Hintergrund. **Glaubwürdigkeit** ist auch eine Frage der Kompetenz. Der Kommunikator kann sich das Image eines kompetenten Anbieters für einen bestimmten Produktbereich erworben haben. Das erleichtert den Kommunikationserfolg. Diese Kompetenz muß gepflegt und immer wieder bestätigt werden. Im Leben eines Unternehmens spielt die Frage nach der Kompetenz (das, wofür man vor allem kompetent gehalten werden will) immer wieder eine bedeutende Rolle. Zwänge des Marktes (z. B. Veränderungen der Kunden, Kundenansprüche, Konkurrenzverhalten) führen häufig zu zentrifugalen Angebotslösungen. Über den Imagetransfer (Übertragung des Kompetenzimage auf neue Angebote) werden immer weitere Ringe um den bisherigen Angebotskern gelegt, bis Angebotsdiffusität herrscht (z. B. Kompetenz in Elektrizität, in High-Tech usw.). **Beliebtheit,** Wertschätzung kennen wir als Ziele privater Kommunikation. Liegen sie nicht vor, muß man bei Diskussionen, Verabredungen usw. mit Gegenmeinungen rechnen („Wir haben eben eine andere Wellenlänge."). Das erschwert den Austausch. Zwischen Unternehmen und den Zielgruppen ist das kaum anders. Kompetenz und Beliebtheit sind wichtige Grundlagen für Markenbindungen, für Wiederholungskäufe.

Nicht jedes **Nachrichtenobjekt** ist gleich kommunikationsgeeignet. Für Kartoffeln, Salz, Mehl oder Waschmittel zu kommunizieren, ist ungleich schwieriger, als dies für Sportautos, Stereoanlagen, neue Mode ist. Man kann von einer unterschiedlichen **Produktartenattraktivität** sprechen. Vor allem dort, wo ein Produkt binnen kurzem die geplante Tageskapazität füllen soll, muß bei der Einführung viel für die **Produktbekanntheit** getan werden. Neue PKW werden beispielsweise mit intensiver Werbung (viele Medien, kurze Schaltintervalle) eingeführt. Bei einem neuen PKW-Typ, für den es keinen Vorgänger gibt (so zum Beispiel bei der Einführung der Mercedes A-Klasse) wird lange vor der Markteinführung geworben. Im Produktlebenszyklus flacht das Interesse meist ab. Viele interessieren sich für Neues, während Altes langweilt. Im fortgeschrittenen **Produktalter** wird man daher anders kommunizieren müssen.

„Wie sag ich´s meinem Kinde?" Die **Nachrichtengestaltung** beeinflußt offenkundig auch den Kommunikationserfolg. Beim Lesen einer Gebrauchsanweisung wird das sicher jeder schon einmal festgestellt haben, insbesondere, wenn man sich über Unverständlichkeit geärgert hat. Auch hier gilt zuerst wieder der Faktor **Wahrnehmbarkeit.** Die Informationsüberlastung, geringes Interesse am Thema, Zeitstreß führen zu hohen Barrieren der Wahrnehmung. Daraus folgt häufig, daß zum Beispiel Werbung in der bisherigen Präsentationsform einem Glücksspiel gleichkommt, wenn man Absatzbeeinflussung unterstellt. Die Nachricht muß für den Kommunikanten **bedeutsam** sein, wir erwähnten das bereits. Wenn der Kommunikant wegen zu vieler Informationen überlastet ist, darf man ihm auch nicht zuviel zumuten. Also muß man sich bei der Nachrichtenauswahl auf das wenige Wichtige für die Kernzielgruppe beschränken, statt lexikalische Vollständigkeit (für jeden etwas) anzustreben. Eigentlich ist es selbstverständlich: Kommunikation muß verständlich sein. Häufig handelt es sich allerdings um Ratespiele. **Verständlichkeit** (Wort- und Bildverständlichkeit) bemißt sich an der Kernzielgruppe, das kann Unverständlichkeit für Randzielgruppen bedeuten. Des Weiteren konzentriert sich Verständlichkeit nicht nur auf das kognitive (bewußte) Verstehen von Sachinformationen, es geht auch um das Verstehen des Anmutungshaften, des Erlebnishaften usw. Dazu eignen sich Bilder (Imageries) besonders. Und sicherlich gilt auch hier wieder der **Glaubwürdigkeitsfaktor.** „Wer einmal lügt, dem glaubt man nicht.", „Lügen haben kurze Beine" usw. Aber was ist Wahrheit? Den genormten Benzinverbrauch eines PKW kann man noch messen, bei der Komfortmessung wird das schon sehr viel schwieriger; und wie soll ein „edler Eindruck" gemessen werden? Kurzum: Es geht darum, Nachrichten so zu gestalten, daß Aussage und spätere Produktbewertung im Alltag in den Augen der Kernzielgruppe möglichst wenig differieren.

Wie soll die Nachricht übermittelt werden? Die Kanal- oder **Medienauswahl** erfolgt streng nach dem ökonomischen Prinzip. Die **Kommunikationskosten** sind meist zum größeren Teil sogenannte „Streukosten", zum kleineren Teil Entwicklungs- und Produktionskosten. Ein Inserat muß gestaltet werden (Foto-, Grafik-, Kreativkosten). Und dann muß man es in einer Zeitung, Zeitschrift usw. „schalten". Eine Seite im Stern kostet (4farbig) ca. 50.000,– €. Im Fernsehen, Rundfunk werden „Spots" geschaltet. Der Fernsehkanal streut die Werbebotschaft. Im Augenblick erregt die Entwicklung des Internet Aufmerksamkeit. Unter Kostengesichtspunkten bemüht man sich darum, eine vorgegebene Kontakthäufigkeit (die Zielgruppe soll möglichst vollständig in der Zeit x möglichst y-mal erreicht werden) kostenminimal zu erzielen. Dazu werden im Rahmen der **Mediaplanung** verschiedene Medien miteinander kombiniert. Jedes Medium erreicht eine spezifische Zielgruppe (Teilreichweite). Dabei können sich Teilreichweiten so ergänzen, daß die gesamte Zielgruppe erschlossen wird.

Den Kosten stehen **Leistungen** gegenüber. Wer wird mit der Nachricht erreicht (→ Reichweite)? Wie hoch oder wie niedrig sind die „Streuverluste"? Wie vielen hat man etwas gesagt, denen man eigentlich gar nichts sagen wollte? Welche Gestaltungsmöglichkeiten bietet ein Medium? Die Tageszeitung verfügt vorrangig über Schwarz-Weiß-Kontraste, Zeitschriften lassen atmosphärische Colorbilder zu. Im Radio kann man akustische Erlebnisse in dynamischer Form vermitteln, im Fernsehen kann man Bewegungen sehen und hören, vielleicht auch später einmal olfaktorisch genießen (riechen). Gedrucktes kann man nachlesen, Spots sind meist schnell vorüber. Kanäle verfügen über redaktionsspezifische Glaubwürdigkeitsimages bei ihren Nutzern. Der SPIEGEL ist für einen eingefleischten CSU-Wähler weniger glaubwürdig als die Zeitschrift FOCUS.

Nach diesen allgemeinen kommunikationstheoretischen Vorbemerkungen wollen wir jetzt zu den einzelnen Instrumentalbereichen übergehen.

4.351   Werbeentscheidungen

(1) Durchaus nahe an der Alltagssprache kann Werbung auch im Marketing verstanden werden. Man wirbt um die Gunst einer Person, man wirbt für eine Idee, eine Meinung. Der Hersteller (Kommunikator) will mit Kommunikationsinstrumenten seine Kunden zu einem für ihn günstigen Denken und Handeln bewegen. Diese kommunikative Beeinflussung kann von Angesicht zu Angesicht, per Telefon, per Brief erfolgen. Dann liegt Individualkommunikation vor (→ direct mailing). Schaltet man ein Inserat, einen Spot, wählt man Plakate usw., dann sprechen wir von Massenkommunikation.

(2) Die Planung der Werbung erfolgt ähnlich der Produktneuplanung. Man beginnt mit der Festlegung der **Zielgruppe,** derer also, die man beeinflussen will. Entsprechend der gewählten Überschrift sind das die Kunden. Man kann sich an wenige ausgewählte Einzelkunden **(Einzelumwerbung),** an gut definierte Kundengruppen **(Gruppenumwerbung)** oder an sehr viele Kunden wenden **(Massenumwerbung).** Dann muß geklärt werden, welche **Werbeziele** erreicht werden sollen. Die häufiger genannten ökonomischen Werbeziele (z. B. Steigerung des Umsatzes) verstoßen vor allem gegen das Gebot der Bereichsadäquanz (siehe Abschnitt 3.21). Zur Umsatzsteigerung tragen viele Unternehmensbereiche bei (z. B. Produktion, Beschaffung, Gestaltung oder Distribution, Service, Produktgestaltung). Man begnügt sich daher mit kommunikationsbezogenen Werbezielen. Schwerpunkte können sein (Koppelmann 1981, S. 112 ff.):
− Aufmerksamkeit gewinnen/wahrgenommen werden
− Einstellungen, Meinungen positiv beeinflussen
− Wissen vermitteln
− Bekanntheitsgrad steigern
− Handlungsabsichten verstärken
− Bestätigung der richtigen Kaufentscheidung

Aus der Anspruchsanalyse der Kunden (siehe Abschnitt 2.3) weiß man, was interessiert. Daraus wurden Konsequenzen für die Produktgestaltung (→ Produktentscheidungen) gezogen. Und daraus ergeben sich wieder Konsequenzen für die Werbung. Es muß unter dem bereits mehrfach erwähnten Profilierungsgebot das **Werbethema** verabschiedet werden. Es kann sich aus dem bereits benutzten **Werbeslogan** (z. B. Audi: Vorsprung durch Technik) als Themenvariation ergeben (z.B. Audi A 8 – der Quantensprung). Die Themen können einen Leistungs- oder einen Kostenschwerpunkt haben. Die zu kommunizierenden Leistungen können das Kognitive (Sachleistungswerbung) oder eher das Emotionale (Anmutungsleistungswerbung) betonen (**Leistungswerbung**). Die Industriegüterwerbung wird von der ersten, die Konsumgüterwerbung von der zweiten Variante beherrscht. Der Kostenschwerpunkt führt zur **Preiswerbung.** Der attraktive Preis, möglicherweise umrahmt von günstigen Verbrauchskennzahlen, wird herausgehoben.

Aus dem Werbethema leitet man den **Werbestil** ab. Man wählt eine ganz spezifische Gestaltungsidee. So wird die Preiswerbung häufig im **Basarstil** dargeboten: Eher marktschreierisch, aggressiv in der Gestaltung wird der Preis in den Gestaltungsmittelpunkt gestellt. Der Sachleistungswerbung entspricht eher der **technische Leistungsstil.** Viele Einzelinformationen, in knapper, technischer Sprache werden schwarz-weiß angeboten. Mehrere Werbestile (ausführlicher Weuthen 1988, S. 204 ff.) befinden sich im Übergang zur Anmutungsleistungswerbung. Der **solide Werbestil** stellt das Bewährte, Vertraute, Bekannte in den Mittelpunkt. Der **gute Beraterstil** lebt von der Wissensweitergabe eines Fachmannes. Der **distinguierte Werbestil** ist gekennzeichnet durch zurückhaltende Noblesse, durch Understatement. Die Praxis konfrontiert uns mit vielfältigen, weiteren, immer wieder neuen Werbestilen.

Nach der inhaltlichen und formalen Fixierung kann man sich der **Medienwahl** zuwenden. Seltener kommt eine umgekehrte Reihenfolge vor – die Wahl des Mediums bestimmt dann die Gestaltung. Wenn man schnell auf dem Markt bei vielen etwas erreichen will, konzentriert man sich auf TV-Werbung, dementsprechend wird dann der TV-Spot gestaltet.

4.352   Verkaufsförderung

Die Abgrenzung dieser Kommunikationsvariante von den anderen gelingt systematisch kaum befriedigend. Das Verkaufspersonal und die Verkaufsinstitutionen haben wir als distributionspolitische Instrumente behandelt. Die Variablenausprägungen der Verkaufsförderung sind zu den vorhandenen zum Zwecke der **Steigerung** von Verkaufsanreizen vor Ort (z. B. im Einzelhandelsgeschäft) hinzugetreten. Ihre Wirkung ist meist zeitlich begrenzt – Werbung beeinflußt das Firmen-, Marken- oder Produktimage eher langfristig.

Der Praxis ist manches als Verkaufsanreiz eingefallen; dabei interessierte die Instrumentalsystematik allenfalls am Rande. Preisanreize, zum Beispiel als Sonderangebote, haben wir behandelt. Hier soll die Betonung auf dem Informationsaustausch liegen, was allerdings nur begrenzt gelingt. Hier zeigt sich besonders kraß, daß die Instrumentaleinteilung eher dem Prinzip der Operationalität als dem der logischen Überschneidungsfreiheit gehorcht.

Wer wird in den Prozeß der Kommunikation zwecks Verkaufsförderung einbezogen? An erster Stelle sollten das die eigenen oder z. B. als Handelsvertreter selbständigen Personen des Verkaufs sein. Der eigene Außendienstmitarbeiter (Reisende) muß ebenso bei der Einführung eines neuen Produktes geschult werden wie fremde Mittlerpersonen. Wie sollten sie sonst ihre Kunden von den Vorzügen des Neuen überzeugen können? Diese Maßnahmen (Variablenausprägungen) wollen wir **Verkäuferpromotions** nennen. Ähnlich gewichtig sind die **Händlerpromotions**. Der Händler muß gewonnen werden, um das neue Produkt gut verkaufen zu können, sein Interesse muß geweckt werden, überhaupt etwas zu tun. Das Produkt soll so präsentiert werden, daß es sich bestens selbst verkauft, selbst für sich spricht. Dazu dienen dann auch sächliche Verkaufshilfsmittel (z. B. Regale, Truhen, Gondeln). Regalstopper, Displaymaterial usw. sollen den Kunden mit der „Nase auf das Produkt stoßen". Deutlich weniger wichtig sind die **Kunden-** (Verwender-)**promotions**. Nicht immer wird dabei auf die für die Werbung gewählte Tonalität genügend Rücksicht genommen. Beispiele für die erwähnten Schwerpunkte können der folgenden Übersicht entnommen werden:

Richtung	Maßnahmen
Verkäufer-promotions	Verkaufshandbücher, Verkaufsmappen, Verkaufsinformationen (Argumentationssammlungen), Testergebnisse, Verkäuferbriefe, Verkäuferzeitung, Verkäuferseminare, Verkäuferwettbewerbe, Tonbildschauen, Videobänder, Salesfolder
Händler-promotions	Leistungsschulungen, Präsentationsschulungen, allgemeine Marketingschulung, Dekorationsdienst, gemeinsame Aktionsplanung, Wettbewerbe, Preisausschreiben, Gewinnspiele, Displaymaterial, Stopper, Gondeln, Regale, Truhen, Ständer usw.
Kunden-promotions	Zugaben, Preisausschreiben, Gewinnspiele, Proben, Muster, Rezepte, Geschenkaktionen, give-aways usw.

Übersicht 76: Verkaufsförderungsmaßnahmen

4.353   Beratungsentscheidungen

Vor allem bei Industriegütern spielt die **persönliche Anwendungsberatung** eine große Rolle. Neue Maschinen, neue Werkstoffe müssen in ihrer Leistungskraft demonstriert werden. Es muß gezeigt werden, „wie es geht". Dabei erhält man auch Informationen darüber, welche Probleme die Anwender mit dem neuen Produkt haben, wo „Sand im Getriebe" ist. Das kann für Verbesserungen genutzt werden. Die anwendungstechnischen Abteilungen (Aweta) unterstehen nicht immer dem Marketing; das führt zu Problemen des Instrumentaleinsatzes (genauer: der Variablenausprägung). Diese Anwendungsberatung durch Personen ist auch bei Konsumgütern möglich. Kauft man ein neues technisches Produkt, kann dem eine Anforderungskarte für eine kompetente persönliche Instruktion beigefügt werden. Das wäre bei komplizierten technischen Produkten denkbar (z. B. DVD-Rekorder, HiFi-Anlage, DIY-Maschinen). Gerade bei Produkten, bei denen die Wahrscheinlichkeit groß ist, daß nicht alle vorhandenen Leistungen wahrgenommen werden – bei Innovationen kommt das häufiger vor –, eignet sich die persönliche Anwendungsberatung. So verkauft die Firma Festo seit kurzem ihre ursprünglich für den gewerblichen Bercich konzipierten Geräte auch an Heimwerker im Set zu ca. 5.000 € einschließlich der Zurverfügungstellung eines Schreiners für einen Tag.

Eine andere Form dieses Instruments bildet die **Gebrauchsanweisung** als **schriftliche** Anwendungsberatung. Eben weil in manchen Unternehmen die Anwendungsberatung nicht ernst genommen wird, sehen manche Gebrauchsanweisungen liederlich aus. Die Produktunzufriedenheit entsteht, wenn die Montageanleitung schlecht verständlich gestaltet wurde. Den Gradmesser für die Verständlichkeit bildet die Verstehensfähigkeit des Nutzers, nicht die des Gestalters. Auch hier gilt der mehrfach betonte Subjektivitätsgrundsatz. Nur gestalten leider in vielen Fällen Techniker für Techniker – das kann selten gut gehen.

4.354   Publizitätsentscheidungen

Als weiteres Kommunikationsinstrument wird üblicherweise die Öffentlichkeitsarbeit (Public Relations) dargestellt (z. B. Meffert 2000, S 724 ff.). Faßt man Public Relations als unternehmenszielgerechte Beeinflussung verschiedener Teilöffentlichkeiten (z. B. Aktionäre, Nachbarn, politischer Raum, Lieferanten, Kunden) auf, dann ist sie nur zu einem Teil absatzbezogen. Die hier spezifischen Überlegungen werden mit der **Produktpublizität** besser abgedeckt (Labonté 1988). Wichtig ist dabei, daß an die Stelle der Unternehmung als Kommunikator ein sogenannter **Mediator** tritt. Die **direkte** Kommunikation wird zur **indirekten**. Dies zeigt die folgende Übersicht, (Labonté 1988, S. 56); anstelle des Herstellers kommuniziert nun der neutrale Mediator.

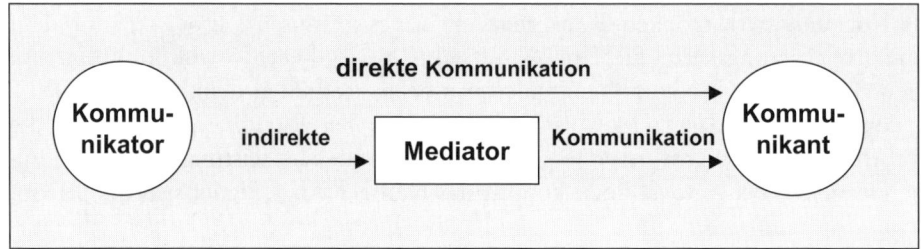

Übersicht 77: Zur Struktur der Produktpublizität

Der geschickt ausgesuchte Mediator wirkt neutral und glaubwürdig, weil man ihm keine einkommenssteigernde Beeinflussungsabsicht unterstellt. Man kann ihn unterschiedlich beeinflussen. **Pressemaßnahmen** (z. B. Interviews, Bemusterungen, Bildmaterial, Produktgeschichten) erleichtern die Arbeit des Redakteurs.

Hier bietet sich für kleine Unternehmen mit sehr geringem Werbepotential dennoch die Möglichkeit, marktbekannt zu werden. Dabei darf man das Risiko nicht übersehen, daß der Redakteur aus meiner Version die seinige macht, weil es ja „seine Geschichte" ist. Hier muß eine vertrauensvolle Zusammenarbeit langfristig gepflegt werden.

Teurer sind andere Publizitätsmaßnahmen. Daß ein Kriminalkommissar im Fernsehen einen BMW der 7er-Klasse, einen Mercedes der E-Klasse usw. fährt, hat mit dem spartanischen Leben eines Beamten wenig zu tun. Viele Gegenstände (Requisiten) werden von Unternehmen zur Verfügung gestellt, um im Rahmen der Spielhandlung eines Films als von interessanten Personen genutzte Produkte **(Product Placement)** wahrgenommen zu werden. Das führt insbesondere dann zu Konflikten, wenn das in die Filmhandlung „eingebaute" Produkt nicht zur Szenerealität passt. Das **Sponsoring** von Sportveranstaltungen, Kulturereignissen, aber auch von Dorffesten hat sich inzwischen durchgesetzt. Vielfältigen Vorteilen des Gesponserten (Geld, Sachmittel, Planungshilfen usw.) stehen andere des Sponsors gegenüber (Präsenz, soziale Wirkung, Nutzung von Veranstaltungen im Absatz usw.). Sponsoring unterscheidet sich vom Mäzenatentum dadurch, daß beiderseitige Vorteile zum Abschluß der Verträge führen (Anreiz-Beitrags-Theorie).

Zusammengefaßt ergibt sich folgender Überblick:

	Variable	Variablenausprägung
Kommunikationsentscheidungen	Werbeentscheidung	Einzelumwerbung Gruppenumwerbung Massenumwerbung Leistungswerbung Preiswerbung Basarstil technischer Leistungsstil solider Werbestil distinguierter Werbestil
	Verkaufsförderungs-entscheidung	Verkäuferpromotion Händlerpromotion Kundenpromotion
	Beratungsentscheidung	persönliche Anwendungsberatung Gebrauchsanweisung
	Publizitätsentscheidung	Pressemaßnahmen Product Placement Sponsoring

Übersicht 78: Kommunikationsentscheidungen

Damit können wir den ersten Instrumentalbereich abschließen. Wir haben einen Überblick über viele Beeinflussungsmöglichkeiten des Absatzes aus industrieller Sicht gewonnen. Später muß geklärt werden, welche dieser Instrumente wie miteinander kombiniert werden können.

4.4 Absatzmarketinginstrumente der Dienstleister

Der primäre Sektor (An- und Abbau) spielt nur noch eine geringe Rolle. Der sekundäre Sektor (Industrie) verliert deutlich an Bedeutung, während der tertiäre Sektor (Dienstleistungen) erheblich wächst. Deshalb müssen wir auch auf die Absatzmarketinginstrumente dieses Bereichs eingehen. Die Grundstruktur ähnelt der der Industrie.

Es werden Möglichkeiten für die Inanspruchnahme von Produktionsfaktoren geschaffen, um spezifische Wünsche zu befriedigen. Das damit geschaffene, nicht materiell faßbare **Produkt** kann dann grob mit Sicherheit (Versicherungsdienstleistung), Liquidität (eine Bankdienstleistung), Gesundheit (eine Arztdienstleistung), Schönheit (Kosmetik, Coiffeur usw.), Unterhaltung (Kino, Theater, Oper, Konzert), Hygiene (z. B. Raumpflege, Textilreinigung), Erholung (Reisen, Bildung) usw. umschrieben werden. An der Dienstleistungserstellung wirken viele mit, daraus ergeben sich auch bezogen auf die Instrumentalbereiche Abgrenzungs-schwierigkeiten (Meffert/Bruhn 1995, Corsten 1997, Bieberstein 1995).

4.41   Produktpolitik (Dienstepolitik)

(1) Welche Dienste (Produkte) sollen angeboten werden? Durch welche Dienste will man sich von der Konkurrenz abheben? Die Dienstepolitik setzt der Nach-ahmung geringere Barrieren entgegen als die Sachproduktpolitik, deshalb werden Innovationen schnell nachgeahmt, wenn sie Erfolg versprechen. Prinzipiell kön-nen hier die gleichen Entscheidungsfelder wie bei den **Produktentwicklungsent-scheidungen** (Innovation, Differenzierung, Variation, Elimination) erwähnt wer-den – auf eine Wiederholung wollen wir verzichten.

(2) Die **Gestaltungsentscheidungen** weisen andere Schwerpunkte auf. Dies ist dadurch bedingt, daß der Dienst ja nicht vorliegt, sondern erst durch die Kombi-nation von Produktionsfaktoren (Mensch, Technik) entsteht. Worauf wird bei der Dienstleistungsgestaltung besonderer Wert gelegt? Was soll das eigene Produkt gegenüber anderen auszeichnen und womit verspricht man sich bessere Erfolgs-chancen? Anknüpfungspunkte finden wir bei den Dienstleistungsansprüchen (siehe Übersicht 33):

- Im Falle der **Sicherheitsbetonung** soll Vertrauen, Zuverlässigkeit ausgestrahlt werden. Dazu gehört zum einen lange Erfahrung im Produktbereich, die auch bekannt gemacht wurde. Und zum anderen sind gute Mitarbeiter mit ständiger Schulung, beste Technik und eine auf Sicherheit angelegte Strategie für diesen Gestaltungsschwerpunkt ausschlaggebend. Die Lufthansa folgt diesem Kon-zept, das gleichzeitig eine starke Markenbetonung aufweist – das Markenzei-chen als Symbol, worauf man sich verlassen kann.

- Im Falle der **Bequemlichkeitsbetonung** steht der geringe persönliche Auf-wand des Nutzers im Mittelpunkt des Interesses, dem Nutzer soll möglichst viel abgenommen werden. Der Termin beim Arzt, Friseur usw. erspart das Warten. Der Versicherungsaußendienstler wickelt den Schaden ab usw. Im In-nendienst hat man trotz unterschiedlicher Versicherungspolicen nur einen An-sprechpartner, bei der Werbeagentur ist das für den Auftraggeber der Kontak-ter. Das Versicherungsunternehmen Hamburg-Mannheimer kommuniziert die-ses Konzept („Der Herr Kaiser von nebenan").

- Im Falle der **Atmosphärenbetonung** legt man Wert darauf, daß sich der Kun-de wohl fühlt, daß eine Atmosphäre geschaffen wird, die den besonderen Kundenwünschen (z. B. Prestige) entspricht. Singapore-Airlines hat offenkun-dig diesen Gestaltungsschwerpunkt gewählt.

- Im Falle der **Günstigkeitsbetonung** geht es um die plausible Ermöglichung eines niedrigen Preises, man könnte auch von Leistungsstripping sprechen. Nur das unbedingt Notwendige wird bei Comdirect angeboten, um den Zah-lungsverkehr sicherzustellen. Ryanair, Easy-jet konzentrieren sich nur auf das kostengünstige Fliegen und Landen bei voll ausgelasteten Maschinen. Trotz erstaunlich niedriger Preise werden Gewinne ausgewiesen. Die Billigflieger haben nicht nur einen neuen Markt geschaffen, sondern inzwischen auch den etablierten Linienfliegern viele Kunden abspenstig gemacht.

(3) Bei den **Programmentscheidungen** ergeben sich folgende Alternativen:

– Mit der **Programmbreite** erfassen wir die komplementären Produktbeziehungen – man kann auch von Verbundwirkungen sprechen. Wenn eine Bank (z. B. Deutsche Bank) zu ihren bisherigen Leistungen auch noch Versicherungs- (z. B. Deutscher Herold) und Bauspardicnstleistungen (z. B. DB Bauspar AG) zusätzlich anbietet, dann wird offenkundig die Programmbreite erweitert.

– Daneben kann die **Programmtiefe** vergrößert werden. Hier handelt es sich um alternative Produktbeziehungen. Bei der Bahn AG kann man einige Strecken mit wenigen Haltepunkten (ICE) bis zu vielen Haltepunkten (Nahverkehr) befahren. Das wirkt sich in Geschwindigkeit, Komfort und Preis aus.

– Das **Programmniveau** erfaßt die Leistungslage, auf der sich die Dienstleistungen bewegen. Bei einem renommierten Coiffeur kann die Frisur den letzten Schick erhalten, beim Vorstadtfriseur werden die Haare geschnitten – man sieht wieder ordentlich aus.

4.42 Distributionspolitik

Wie kann der Kunde die Dienstleistungen nutzen, wie kann er mit ihnen in Kontakt treten?

Wegen des besonderen Produktcharakters scheint es sinnvoll zu sein, die Servicepolitik in der Produkt- bzw. Distributionspolitik aufgehen zu lassen, zumal Service als Dienstleistung am Produkt zu verstehen ist.

(1) Auch Dienstleistungen können **direkt** oder **indirekt** verkauft werden. Der **direkte** Distributionsweg kann gewählt werden, um Kosten zu sparen (z. B. Comdirect, Cosmos-Versicherung). Man kann Personen nach Adreßlisten anschreiben (push-Vertrieb) oder über intensive Werbung Nachfragesog erzeugen (pull-Vetrieb). Bei individuellen Kundenbeziehungen (z. B. bei Gesundheits- oder Schönheitsdienstleistungen) fallen Produktions- und Distributionsort (z. B. Kosmetik-Studio, Arzt-Praxis) zusammen. Auch das Internet ermöglicht den direkten Absatz.
Demgegenüber verkaufen die großen Reiseveranstalter (z. B. TUI) ihre Dienstleistungen vorrangig **indirekt** über Reisebüros, die Allianz ihre Versicherungen auch indirekt über Agenten und Makler.
(2) Neben den herstellerunmittelbaren **Distributionsorganen** (Geschäftsleitung, Verkaufsleitung, Verkaufsmitarbeiter im Innendienst, Reisende) kommen entsprechend Übersicht 70 auch vermittelnde Personen bzw. Institutionen vor. Das sind im wesentlichen Ein- oder Mehrfirmenvertreter (Agenten und Makler). Statt der Handlungen, die ja Sachprodukte ein- und verkaufen, kennen wir bei Dienstleistungen lediglich unternehmenseigene Verkaufsfilialen (z. B. Bankfilialen, Verkaufsstellen der DB, Verkaufsniederlassungen der Lufthansa) und selbständige Vermittlungsunternehmen (z. B. Reisebüros). Distributionslogistik spielt allenfalls

als **Kommunikationsvernetzung** zwischen den Personen und Institutionen mit Hilfe des Internet eine Rolle. Die Anbindung des Laptop des Agenten oder der eigenen Außendienstmitarbeiter vor Ort an den Computer der Zentrale erleichtert ganz wesentlich das Abschlußgespräch.

(3) Als neuen Aspekt wollen wir die **Kontaktbequemlichkeit** herausstellen. Dazu gehört u.a. die **Kontaktnähe**. Diese ist für die Erledigung von Alltagsaufgaben (z. B. Zahlungsabwicklung) hilfreich, bei beratungsintensiven Dienstleistungen (z. B. Alterssicherung) ist das „Verkaufslokal" am Ort nicht so wichtig. Entweder wird der Kunde zu Hause besucht oder er wird in das Beratungscenter gebeten. Einen weiteren Aspekt bildet die **Kontaktqualität**. Wird der Kunde nicht überzeugt, läßt er sich Alternativangebote machen. Das ist umständlich und kostet Zeit. Da Dienstleistungen in ihren Bedingungen relativ leicht für den Mittler zugänglich sind, sollte es möglich sein, daß er auch die Konkurrenzprodukte in die Überlegungen miteinschließt.

4.43   Entgeltpolitik

Nicht alle entgeltpolitischen Entscheidungen bei Sachprodukten spielen auch bei Dienstleistungen eine Rolle.

(1) Bei mehreren Dienstleistungen sind preispolitische Entscheidungen begrenzt (Preislimitierung). Verkehrs**tarife**, Versicherungs**prämien**, Telefon**tarife**, Brief- und Paket**porto** der Deutschen Post AG, Start- und Lande**gebühren** der Flughafen AG usw. sind noch nicht vollständig liberalisiert. Interessanter sind die Fälle der freien **Preisgestaltung**. Die Preisgestaltung kann **kostenorientiert** erfolgen. Auf die Selbstkosten wird ein für notwendig gehaltener Gewinnaufschlag draufgesetzt. Es handelt sich um eine herkömmliche Kosten-plus-Preisgestaltung. Aggressiver ist dann die **verbundorientierte** Preisgestaltung, wie wir sie aus der Sortimentspreispolitik des Lebensmitteleinzelhandels kennen. Ein Produkt (eine Basiseinheit) usw. wird optisch besonders günstig angeboten (z. B. unter Selbstkosten). Weil man weiß, daß neben diesem Basisprodukt auch andere gekauft werden, wählt man bei den anderen gewinnversprechende Preise. Wegen der vielfältigen Differenzierungsmöglichkeiten in der Leistungspolitik sind auch entsprechende Preisdifferenzierungen zu beobachten, die Preisintransparenz trägt eher verwirrende Züge. **Kundenorientierte** Preisgestaltung sieht anders aus. Zur Transparenz (Vereinfachung statt Differenzierung) kommen Aspekte wie Konstanz (keine großen Preissprünge) und eine als fair empfundene Preislage hinzu. Einen anderen Schwerpunkt kann man mit **konkurrenzorientierter** Preisgestaltung setzen. Dazu paßt die schon erwähnte penetration policy. Mit einer neuen Dienstleistung oder einem neuen Marktauftritt will man möglichst schnell einen hohen Marktanteil erzielen, um für die Mittler interessant zu werden. Und dem Konkurrenten möchte man hohe Markteintrittsbarrieren entgegensetzen. Das kann in der Einführungsphase zu Preisen unter Selbstkosten führen. Ist das Unternehmen zu klein, hat man also nicht das Finanzpotential, um die anfängliche Durststrecke zu über-

winden, dann kann man die ebenfalls schon erläuterte skimming policy wählen. Die neue Dienstleistung wird von Konsumionieren eben besonders honoriert.

(2) Im Prinzip sind alle Varianten der **Rabattpolitik** aus dem Sachproduktbereich auch im Dienstleistungsbereich denkbar. **Mengenrabatte** im Theaterabonnement, 10er Tickets in der Waschstraße, Gruppenversicherungen, Sonderpreise für Kreditkarten bei Gruppenabschlüssen deuten das an. **Treuerabatte** sind bei Versicherungen üblich. **Leistungsrabatte** finden wir auch dort, wenn zum Beispiel jährliche Zahlung vereinbart wird.

Es wird interessant sein zu beobachten, wie bei wachsender Konkurrenz normierte Gebührenordnungen (z. B. bei Ärzten, Rechtsanwälten, Architekten, Notaren) an Bedeutung verlieren.

(3) Auch bei den **Zahlungsbedingungen** sind deutliche Ähnlichkeiten zu den Sachprodukten feststellbar. Neben den Zahlungszielen kommen Sofortzahlung, Vorauszahlung, Anzahlung usw. in Frage.

4.44 Kommunikationspolitik

Die Bedeutung der Kommunikationspolitik wächst im Dienstleistungsbereich. Inzwischen dürfen Steuerberater, Ärzte, Rechtsanwälte werben. Privatuniversitäten sind durch ihre Kommunikation bekannter als bedeutend; wofür sollen staatliche Universitäten werben, wenn wichtige Fächer dem numerus clausus unterliegen? Werden Studiengebühren und dazu noch in unterschiedlicher Höhe eingeführt, sieht das ganz anders aus.

(1) Die **Werbeentscheidungen** für Sachprodukte fallen für Dienstleistungen auf dem hier gewählten Abstraktionsniveau ähnlich aus, so daß wir auf Übersicht 77 zurückverweisen können.

(2) Auch die gewählte Unterscheidung der **Verkaufsförderung** in Maßnahmen, die sich an eigene Mitarbeiter, Mittler und Kunden richten, kann so übernommen werden. Bei den eigenen Mitarbeitern und Mittlern dominieren neben geeigneter Produktschulung Anreizsysteme (z. B. Provisionen, Incentives: Reisen, Orden, Prämien).

(3) **Publizitätsentscheidungen** beziehen sich weniger auf einzelne Dienstleistungen, mehr dagegen auf das gesamte Unternehmen (Unternehmensmarke). Das gilt dann entsprechend für die schon erwähnten Variablenausprägungen.

Beratungsleistungen müssen bei Dienstleistungen nicht gesondert erwähnt werden. Sie sind eng an die Distributionsorgane gekoppelt. Daraus ergibt sich als Zusammenstellung der Variablenausprägungen dann die folgende Gesamtübersicht:

	Variablen	Variablenausprägungen
produktpolitische Entscheidungen	Entwicklungsentscheidung	Innovation Differenzierung Variation Elimination
	Gestaltungsentscheidung	Sicherheitsbetonung Bequemlichkeitsbetonung Atmosphärenbetonung Günstigkeitsbetonung
	Programmentscheidung	Programmbreite Programmtiefe Programmniveau
distributionspolitische Entscheidungen	Distributionsweg-entscheidung	direkter Distributionsweg indirekter Distributionsweg
	Distributionsorgan-entscheidung	Geschäftsleitung/Verkaufsleitung Verkaufsabteilung Außendienst, Reisende Agenten, Filialen, Vermittlungsunternehmen
	Distributionslogistik-entscheidung	Kommunikationsvernetzung
	Kontaktbequemlichkeits-entscheidung	Kontaktnähe Kontaktqualität
entgeltpolitische Entscheidungen	Preisentscheidung	kostenorientierte Preisgestaltung verbundorientierte Preisgestaltung kundenorientierte Preisgestaltung konkurrenzorientierte Preisgestaltung
	Rabattentscheidung	Mengenrabatt Treuerabatt Leistungsrabatt
	Zahlungsbedingungen	Anzahlung/Vorauszahlung Sofortzahlung Zielzahlung
kommunikationspolitische Entscheidungen	Werbeentscheidung	Einzelumwerbung Gruppenumwerbung Massenumwerbung Leistungswerbung Preiswerbung Basarstil technischer Leistungsstil solider Werbestil distinguierter Werbestil
	Verkaufsförderungs-entscheidung	Verkäuferpromotions Händlerpromotions Kundenpromotions
	Publizitätsentscheidung	Pressemaßnahmen Product Placement Sponsoring

Übersicht 79: Marketinginstrumente für Dienstleistungen

4.5   Absatzmarketinginstrumente des Handels

Wären diese Instrumente nicht anders zu gruppieren, als wir dies bisher taten, kämen nicht neue Inhalte hinzu, könnten wir auf dieses Kapitel verzichten.

Schaut man sich die Entwicklung einiger umfangreicher Lehrwerke des Marketing an (z. B. Nieschlag/Dichtl/Hörschgen bis 1974), so findet man dort Hinweise auf die Handelsherkunft dieser Werke, wenn dort auf Standort, Betriebstyp und Betriebsbereitschaft hingewiesen wurde, ansonsten aber Instrumente der Industrie dargestellt werden.

Aus der vermittelnden Funktion zwischen dem Hersteller und Verwender ergeben sich einige Unterschiede zu den Instrumenten der Industrie. Wir gehen von folgender Übersicht aus:

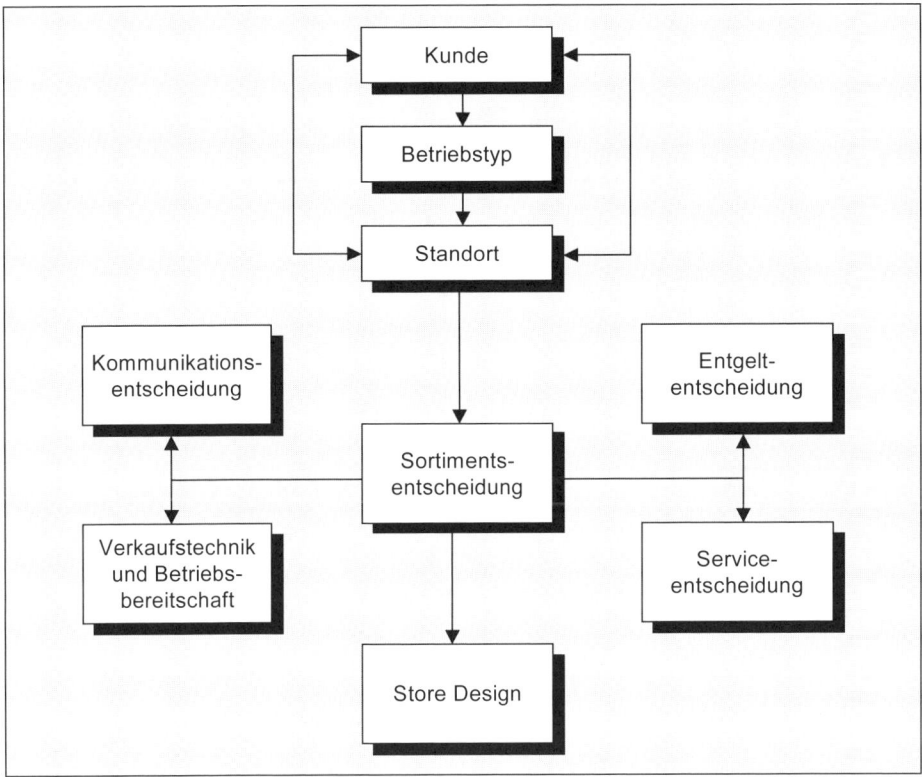

Übersicht 80: Zur Struktur der Absatzmarketinginstrumente des Handels

Daß auch hier alles vom Kunden abhängt, wird inzwischen nicht mehr überraschen. Je nachdem, welche Kunden man ansprechen will, wählt man

– eher **konstitutive** Marktbeeinflussungsinstrumente. Die Betriebstypen- und Standortwahl kann man als grundsätzliche, das weitere Geschehen präjudizierende Entscheidungen bezeichnen. Diese Entscheidungen werden sehr langfristig getroffen;

– und eher **repetetive** Entscheidungen. Die übrigen Instrumente müssen ständig überprüft und an die jeweiligen Marktbedingungen angepaßt werden.

Bei den folgenden Instrumentalbetrachtungen können wir auf einige Ausführungen zurückgreifen.

4.51   Betriebstypenentscheidungen

Die Wahl eines Betriebstyps entspricht der Händlerwahl im Rahmen der Distributionsorgane. Da wir dort bereits die verschiedenen Typen erläuterten, muß dieser Verweis genügen. Statt dessen wollen wir auf Entscheidungsüberlegungen (siehe Abschnitt 1.42) zurückgreifen, indem wir Auswahlkriterien für den einen oder anderen Betriebstyp (hier genauer: Einzelhandelstyp) entwickeln und prüfen, welcher Betriebstyp dann gewählt werden kann. Wir gehen von Übersicht 81 aus.

Wenn-Komponente / Dann-Komponente	Spezialgeschäftstyp	Fachgeschäftstyp	Fachmarkttyp	Warenhaustyp	Verbrauchermarkttyp	Diskonttyp
Stammkunden	XXX	XX	X	X	X	X
Laufkunden			X	X	X	X
Kundenbindung	XXX	XX	X	X	X	X
Verkaufsrationalisierung	X	X	XX	XX	XX	XXX
Erlebnisatmosphäre	XXX	XX	XX	XX	X	X
intensive Beratung	XXX	XX	X	X		
Topmarkentauglichkeit	XXX	X	X	X		
Warenumschlagsgeschwindigkeit	X	X	XX	XX	XX	XXX
Einzelgeschäft	XX	XX	X			
Filialgeschäft	X	X	X	XX	XX	XXX
XXX: trifft stark zu XX: trifft zu X: kann zutreffen						

Übersicht 81: Zur Eignung von Einzelhandelstypen

Wenn man Wert auf **Stammkunden** (Kunden, die immer wieder kommen) legt, dann bietet sich der Spezialgeschäftstyp besonders an; auch das Fachgeschäft entspricht noch dieser Vorstellung. **Laufkunden,** die zufällig an dem Geschäft vorbei kommen, findet man eher in den anderen Betriebstypen. Die **Kundenbindung** ist im Regelfall im Spezialgeschäft am größten. Statt flüchtiger Kundenkontakte entstehen Bindungskräfte zum Verkaufspersonal, dem Geschäftsinhaber usw. Bei Aldi ist das sehr viel schwieriger – ein Schwätzchen mit der Kassiererin wird dort nicht gern gesehen. Hier steht vielmehr die **Verkaufsrationalisierung** im Vordergrund. Mit möglichst wenig Personal und geringen Verkaufsstellenkosten soll die Grundlage dafür geschaffen werden, daß man nur kleine Aufschläge auf die Einkaufspreise benötigt, um dennoch ausreichend Gewinne zu erzielen (→ kleine Handelsspanne). Wer sich in sparsamster **Atmosphäre** (Dachlatten, Ware in Versandkartons) nicht wohlfühlt, sollte diesen Betriebstyp meiden. Hier dominiert eine Sparsamkeitsatmosphäre, während in einer Parfümerie, bei einem Juwelier eine Luxusatmosphäre herrschen kann. Hier wird intensiv **beraten.** Das kann Personalprobleme verursachen, schafft aber auch Bindungskräfte. Darauf legen Hersteller von **Topmarken** Wert (Juwelieruhren: z. B. Piaget, Patek Philip). Nur unter schwierigen Bedingungen wird man ihre Produkte auch im Sortiment von Fachgeschäften, Fachmärkten, Warenhäusern (→ Flaggschiffe, Weltstadtwarenhäuser) finden.

Die teuren Produkte werden nicht so häufig verkauft wie Swatch-Uhren; die **Warenumschlagsgeschwindigkeit** (Verkäufe je Artikel pro Zeitraum) von Topmarken, von Waren in Spezialgeschäften ist deutlich niedriger als in Diskontgeschäften. So hat Aldi eine 4-5mal höhere Umschlagsgeschwindigkeit als ein Lebensmittelsupermarkt (Fachgeschäft).

Wer mit einem Geschäft starten will, wird Schwierigkeiten haben, wenn er das mit dem Diskonttyp versucht. Die kritische Einkaufsmenge, die er für günstige Angebotspreise benötigt, ist inzwischen so groß, daß es ohne viele **Filialen** nicht mehr geht. Ein Spezialgeschäft ist dagegen eher als **Einzelgeschäft** möglich. Mit Einkaufskooperationen können auch einzelne Geschäfte durchaus überleben. Inzwischen existieren auch mehrere Spezialgeschäftsketten (-filialen), die entweder als Handelsfilialen (z. B. Wempe, Douglas) oder als Herstellerfilialen (z. B. Esprit, Hermès, LVMH, Prada) auftreten.

Es gibt nun große Handelskonzerne (z. B. Metro, Rewe), die verschiedene Typen unter dem Firmendach vereinigen. Sie werden nach Kosten-Leistungs-Aspekten positioniert.

4.52 Standortentscheidungen

Die Standortwahl ist allenfalls langfristig variabel. Sie ist eng an den Betriebstyp gebunden. Großflächige Betriebstypen findet man eher in den Randzonen der

Städte („grüne Wiese"); Spezial- und Fachgeschäfte sowie Warenhäuser liegen eher in der City.

Müller-Hagedorn (2002, S. 112) differenziert fünf Arten von Standorten:

	Standorttyp	Häufig bevorzugt von...	Bevorzugte Güterarten
Typ 1	in großer räumlicher Nähe zu den Wohnorten der Haushaltungen, die als Kunden gewonnen werden sollen	Nachbarschaftsgeschäften und kleinen Fachmärkten	regelmäßig anfallender Bedarf; geplante, routinierte Einkäufe; Einkäufe, die zu Fuß erledigt werden
Typ 2	in großer räumlicher Nähe zu Konkurrenzbetrieben	Fachgeschäften	Güter, deren Beschaffung eingehende Informationssuche erfordert
Typ 3	in großer räumlicher Nähe zu Betrieben mit ergänzendem Sortiment	Fachgeschäften, Spezialgeschäften	
Typ 4	in großer räumlicher Nähe zu Passantenströmen	Spezialgeschäften Fachgeschäften Warenhäusern	Güter mit hohem Impulskaufanteil
Typ 5	verkehrsgünstig gelegen	Verbrauchermärkten/ Baumärkten Diskontgeschäften	Güter mit hohem Flächenbedarf

Übersicht 82: Standorttypen

Auch hier erfolgt die Wahl nach **Kosten-** und **Leistungskriterien.** So ist die Miete in der Innenstadt höher als in der Stadtrandlage. Das kann durch höhere Erlöse infolge höherer Kundenfrequenz und durch spannenträchtigere Sortimentsteile ausgeglichen werden. In der Stadtrandlage muß durch höhere Werbeintensität für mehr Kundenzuspruch gesorgt werden, in der City kann das zumindest teilweise überflüssig sein.

Wichtig für die Erlösabschätzung ist die Ermittlung des Kundenpotentials. Wie viele Kunden können woher kommen? Hierbei handelt es sich gleichsam um ein Kräftespiel zwischen rivalisierenden Einkaufsorten und je Einkaufsort zwischen den unmittelbaren Konkurrenzunternehmen. Dabei spielt auch tradiertes Einkaufsverhalten eine große Rolle. So wird vielfach das, was man so zum Leben braucht, vor Ort (z. B. im Dorf) gekauft, Bekleidung im Mittelzentrum und Möbel, Schmuck, neue Mode usw. in der entfernten Großstadt. Dabei muß die Großstadt A, die man wählt, nicht näher liegen oder bequemer erreichbar sein als die Großstadt B. Es kann sich die historische Gewohnheit herausgebildet haben, eben in A zu kaufen.

4.53   Sortimentsentscheidungen

Die **Produkt**- und Programmentscheidungen (Produktlinie, Produktfamilie, Produkte) der Industrie entsprechen den **Sortiments**entscheidungen im Handel. Das Warensortiment, das der Händler führt, wird im wesentlichen durch die Einzelhandelsgeschäftstypen beeinflußt.

(1) Die Sortimente lassen sich mit den schon erwähnten Begriffen

– Sortimentsbreite
– Sortimentstiefe
– Sortimentsniveau

beschreiben.

Welche Waren will der Händler anbieten? Das **breiteste Sortiment** finden wir in Weltstadtwarenhäusern (z. B. Harrods/London, KaDeWe/Berlin, Macy´s/New York, Takashimaya/Kyoto). Hier findet man ein umfassendes Angebot verschiedener Branchen. Damit werden **Verbundkäufe** gefördert (z. B. Anzug, Schuhe, Koffer, Lebensmittel). Enger begrenzt, aber immer noch eine Branche überschreitend, ist das problemlösungsorientierte Sortiment (alles für die Küche, den Garten, das Kind usw.). Hier treten noch deutliche Verbundeffekte wegen der Problemkohärenz zutage. Weltstadtwarenhäuser haben nicht nur ein sehr breites, sondern meist auch ein **tiefes** Sortiment. In einem Artikelbereich werden viele Varianten (z. B. Größen, Farben, Marken) angeboten. Das Spezialgeschäft wird durch ein solch tiefes Sortiment in starkem Maße charakterisiert bei begrenzter Sortimentsbreite. Im Regelfall kann man davon ausgehen, daß tiefe Sortimente mit einem hohen **Sortimentsniveau** einhergehen; die Produkte befinden sich auf einem hohen Preis-/Leistungslevel. Das führt zu einer geringeren Umschlagsgeschwindigkeit.

Diese sortimentsbestimmenden Faktoren üben nun einen erheblichen Einfluß auf die anderen Handelsinstrumente aus. Ein hohes Sortimentsniveau setzt umfangreiche Beratung, hohes Präsentationsniveau, konstante Hochpreispolitik (Überschwellenpreis usw.) voraus.

(2) Diese sortimentsbestimmenden Faktoren schlagen sich in unterschiedlichen Sortimentsgestaltungsmaßnahmen nieder. Einige, sich vorrangig auf die Sortimentsbreite erstreckende Gestaltungsmaßnahmen, seien hier kurz umrissen.

Sortimentsexpansion erfolgt durch Sortimentsdifferenzierung (zusätzliche Artikel in bestehenden Warengruppen) oder auch durch Sortimentsdiversifikation (neue Warengruppen: neben Anzügen jetzt auch Schuhe). Dem steht die Sortimentskontraktion gegenüber. Auch sie weist zwei Alternativen auf. Entweder man wählt die Sortimentsbereinigung, indem man einzelne Artikel einfach streicht (z. B. statt 13 nur noch 9 Whiskymarken), oder man eliminiert ganze Warengruppen (Sortimentselimination). Das hat bei den Warenhäusern stattgefunden. Dann besteht die Möglichkeit der Sortimentsvariation, indem Warenarten umgeschichtet werden (z. B. statt 13 nur noch 3 Whiskymarken und zusätzlich 3 spanische und 2 italienische Brandymarken). Und schließlich haben wir die Möglichkeit der Sortimentsinnovation, wenn das Sortiment einer grundsätzlichen Erneuerung unterzogen wird. Das kommt allerdings selten vor.

4.54   Store-Design-Entscheidungen

Nicht nur, weil sich dieser Begriff international durchgesetzt hat, sondern auch, weil die naheliegende Übersetzung (Ladengestaltung) mißverständlich ist, haben wir diese Bezeichnung gewählt.

(1) Verschiedene Aspekte determinieren den Entscheidungsraum:

Store-Design erstreckt sich auf die Frontgestaltung (Fassade, Beleuchtung, Firmenname), die Gestaltung des Eingangsbereichs und des Innenbereichs. **Exterior Design** schafft die Identität (Identifikation) des Ladens nach außen. Der Eingangsbereich kann einladend, Neugierde weckend oder reserviert, abwehrend gestaltet sein. Die Frontgestaltung kann zwischen einfach-zweckmäßig über heiteranmutig bis zu nobel-entrückt liegen. **Interior Design** betrifft alle Gestaltungsmaßnahmen des Einzelhandelsgeschäftes ab Eingangsbereich.

Die Innengestaltung wird durch die Variablen der Ebene, der Wand und der Decke beeinflußt. Welche Warenträger und Präsentationsmittel sollen wo aufgestellt werden? Damit wird der Kundenfluß bestimmt. So kann man die am häufigsten gekauften Waren dort plazieren, wo der Kundenfluß eigentlich eher niedrig ist (z. B. in der Mitte des Geschäfts und nicht in der Rand- und Kassenzone). Durch die Fußbodengestaltung (Material- und Farbwahl) kann nicht nur der Kundenfluß geprägt werden, sondern auch die Kaufatmosphäre (Anmutung und Lautstärke) beeinflußt werden. Die Übereinanderordnung der Waren (Bück-, Sicht-, Reckzone) ist ebenfalls erfolgsbestimmend: Die Sichtzone ist wertvoller als die Bück- oder Reckzone, deshalb wird man dort eher die spannenträchtigeren Waren anbieten. Die Deckengestaltung trägt zur Beleuchtung und zum atmosphärischen Eindruck bei. Neben der undifferenzierten Gesamtausleuchtung sind Lichtinseln usw. möglich.

(2) Der Einsatz dieser und weiterer Gestaltungsalternativen hängt vom Charakter des Einzelhandelsgeschäfts ab. Bei einem reinen **Funktionsladen** herrscht eine nüchterne, auf den schnellen und bequemen Einkauf ausgerichtete Atmosphäre vor (z. B. einfache Regale, konstante Warenpräsentation, undifferenzierte Raumausleuchtung). Dies ist für den Diskonttyp kennzeichnend. In einem **Erlebnisladen** erwartet man dagegen unter anderem stimulierende Präsentationsmittel, aufwendige Warendarbietung, Ruhe- und Verweilzonen, Produktherausstellungen durch Licht und Präsentationssonderplätze.

Ein Erlebnisladen kann nach dem Shop-in-the-Shop-Prinzip geführt werden. Man hat den Eindruck, man träfe auf mehrere Markengeschäfte. Die Sortimente werden nach Marken untergliedert. Das Galeria-Konzept des Kaufhof tendiert in diese Richtung. Zwischen diesen beiden polaren Einrichtungstypen finden sich vielfältige Varianten.

4.55   Verkaufstechnik und Betriebsbereitschaft

Zur **Verkaufstechnik** zählen die Aspekte

- Selbstbedienung,
- Bedienung,
- Bedienung mit Vorwahl.

Bei **Selbstbedienung** sorgen die Mitarbeiter im Wesentlichen für das Nachfüllen mit Ware, für die geordnete Präsentation und für das Kassieren. Im Falle der Bedienung müssen zusätzliche Fachkräfte für Beratung und Planung vorhanden sein. Dies ist bei hochwertiger Beratung besonders schwierig, den jeweils aktuellen Kundenfrequenzen anzupassen, weil diese Verkäufer (z. B. Innenarchitekten) nur selten aufgrund ihrer Qualifikation zu stundenweisem Arbeiten bereit sind. Bei der Bedienung mit Vorwahl informiert sich der Kunde selbst und wählt Originale oder Muster aus. Das Bedienungspersonal hat lediglich die Aufgabe, Informationslücken zu beseitigen, beim Anprobieren zu helfen und den Kaufabschluß herbeizuführen.

Das beratende Verkaufspersonal muß ständig geschult werden. Dazu tragen auch die Markenhersteller bei. Daraus können Loyalitätskonflikte insoweit erwachsen, als die Verkäufer dann eher **hersteller**markenorientiert als **händler**sortimentsorientiert argumentieren.

Mit **Betriebsbereitschaft** sind die Öffnungszeiten und die daraus folgende Personaleinsatzplanung gemeint. Die Diskussion um die starren Öffnungszeiten hat inzwischen dazu geführt, daß Geschäfte abends länger öffnen dürfen, aber nicht müssen. Die längeren Öffnungszeiten für Läden in Bahnhöfen, von Tankstellen sorgen für zusätzliche Kundenakquisition. Daß Einkaufen zum Sonntagserlebnis für die ganze Familie werden kann, wissen Japankenner. Die Reduktion von Regelungen schafft Freiräume für die Profilierung durch neue/andere Leistungen.

4.56   Serviceentscheidungen

(1) Das Servicepaket des Handels kann recht differenziert und umfangreich sein.

Der **Beschaffungsservice** soll den Beschaffungsaufwand des Kunden reduzieren. Dazu gehören der Bestell-, Liefer- und Geschenkservice (z. B. Fleurop). Auch der Kauferleichterungsservice (Parkplatz, Kinderspielplatz) zählt zu dieser Rubrik.

Ob man die Beratungs- und Planungsaktivitäten als **Informationsservice** (z. B. Küchenplanung, Lichtplanung) hier behandelt oder dem vorherigen Kapitel zuordnet, darüber läßt sich streiten; wichtig ist lediglich, daß in dieser Tätigkeit ein akquirierendes Instrument des Handels liegt.

Der **Anpassungsservice** umschließt Installations-, Änderungs- und Anfertigungsservice (Party-Service). Damit ist der **Erhaltungsservice** verbunden. Pflegen, Warten und Reparieren sind hierzu zählende Maßnahmenkomplexe. Und schließlich sei der **Kaufsicherungsservice** erwähnt. Dazu gehören Garantie und Umtauschservice.

(2) Serviceentscheidungen konzentrieren sich darauf, ob man sich profilieren will durch das **Hinzufügen** oder das **Weglassen** von Serviceleistungen. Im letzteren Falle ist das dann die Grundlage für die Niedrigpreisargumentation (Ikea). Die konservative Entscheidung liegt im Beibehalten des bisherigen Serviceumfanges. Die Entscheidungen werden von Branchenusancen, Kundenerwartungen und Konkurrenzgegebenheiten geprägt. Im Mittelpunkt stehen Kosten-Preisüberlegungen. Das kann in der Überlegung münden: „Was können wir an Servicekosten einsparen, um durch Preissenkungsmaßnahmen zu gewinnen?" Die im Wesentlichen von Produktbesonderheiten geprägten Branchenusancen offenbaren eine Tendenz zum Konservativen. Es empfiehlt sich, stets intensiv zu prüfen, was denn notwendig ist. Maßstab ist dabei die Kundenerwartung. Insbesondere Kunden mit knappem Budget können bei Einrichtungsgegenständen zu Eigenleistungen bereit sein, wenn sie den Eindruck gewinnen, daß sie damit fühlbar Geld sparen. Ein zusätzlicher Erwartungsaspekt ergibt sich aus ihren betriebstypabhängigen Erfahrungen. Die servicebezogenen Konkurrenzaktivitäten werden selbstverständlich mit in die Überlegungen über die Maßnahmenwahl einbezogen.

4.57   Entgeltentscheidungen

Daß zum Kauf von Produkten über eine interessante Entgeltpolitik angeregt werden kann (Sonderangebote), dürfte jeder kennen.

(1) Im Rahmen der **Preispolitik** ist zu überlegen, ob man autonome oder heteronome Preispolitik betreiben soll. Mit **autonomer** (aktiver) Preispolitik versucht der Händler, unter Beachtung seiner Kunden, seines Sortiments, seines Konkurrenzumfelds und seiner Zielsetzung Preise in Form von **Sonderangeboten** zu wählen, die ihm insgesamt ein Optimum versprechen. So kann er über die Mischkalkulation zu interessanten Preisen gelangen, die den Kunden ins Geschäft locken, wo dieser dann über Verbundkäufe auch höher kalkulierte Produkte mitkauft. Der Gewinn ergibt sich dann aus dem Gesamtkauf und nicht aus dem Kauf des einzelnen Artikels. So können dann auch Verkaufspreise sinnvoll sein, die sich unter dem Einstandspreis befinden. Hier obliegt dem Preis eine werbliche Zugkraft (z. B. Butterpreis im Lebensmitteleinzelhandel). Man kann auch vom Ankerpreis für den Preiswürdigkeitseindruck eines Geschäftes sprechen. Die autono-

me Preispolitik finden wir vor allem in den Großformen des Einzelhandels, die **heteronome** Preispolitik eher bei mittelständischen Spezial- und Fachgeschäften. Wenn sich der Hersteller um eine an der Handelsfront einheitliche Preispolitik bemüht, sieht man als Verfechter dieser Preispolitik keine Notwendigkeit, sich über Preissenkungsmaßnahmen zu differenzieren.

Ein anderer Aspekt wird mit der **Preislagenpolitik** erfaßt. Mit Hilfe der linearen **Preisspreizung** erzielt man gleichverteilte Preislagen, bei der progressiven Preisspreizung wachsen die Preisabstände. Neben den Normalpreisen begegnen uns verschiedene Formen von Sonderpreisen (Sonderangebote).

(2) Die Grenzen für **Rabatte** und **Zugaben** sind inzwischen eliminiert. Manchmal stoßen sich die Maßnahmen am Wettbewerbsrecht. Zugaben in einigen Bereichen (z. B. bei Pkws), die bisher eigentlich illegal waren, sind nunmehr legitimiert. Insbesondere in absatzschwachen Zeiten werden diese Instrumentalbereiche präferiert.

(3) Zu den **Zahlungsbedingungen** zählt nicht nur, wann bezahlt werden muß (Anzahlung, Restzahlung), sondern heute in größerem Umfange, was wie hoch in Zahlung genommen wird (z. B. Auto älter als 10 Jahre bis zu 1.500 €. Die Inzahlungnahme wird durch eine Reduktion der Handelsspanne erkauft.

(4) Kredite und **Leasing** können hier analog zur Industrie betrachtet werden, deshalb wollen wir auf eine gesonderte Darstellung verzichten.

4.58   Kommunikationsentscheidungen

Das bereits erwähnte Kommunikationsmodell gilt prinzipiell auch für den Handel. Je nach Regionalität des Kundeneinzugsgebietes sind die Kommunikationsmaßnahmen allerdings beschränkt.

(1) Die **Werbung** des Einzelhandels konzentriert sich im wesentlichen auf die Ziele:

– Bekanntheitssteigerung
– Imagestärkung
– aktuelle Angebotsinformationen

Während in der Industrie die Werbung vorrangig der Imagestärkung dient, legt der vorrangig umsatzorientierte Handel großen Wert auf <u>aktuelle</u> Angebotsinformationen. Dabei wird viel über Preise geredet (→ Preiswerbung).

Wichtig ist, daß sich der Händler bei seinen werblichen Maßnahmen Klarheit über seine Position im Konkurrenzumfeld verschafft hat, damit seine Aussagen auch Spuren bei seinen Umworbenen hinterlassen. Vorrangig wirbt der Einzelhandel mit den Zeitungen beigelegten oder an Haustüren verteilten Handzetteln, Beilagen, mit Inseraten in Zeitungen und seltener in Zeitschriften. Die Kinowerbung hat stark abgenommen, auch Plakatwerbung findet sich auf die unmittelbare

Umgebung des Händlers begrenzt. Bedeutsam könnte Telefonwerbung werden. Auch das Direct Mailing (Werbebrief) spielt eine Rolle. Filialisierte Unternehmen verfügen über günstigere Möglichkeiten der Werbung. Insbesondere in Kleinstädten oder Mittelzentren wurden Werbegemeinschaften gegründet, um durch ortsspezifische Werbungs- und Verkaufsförderungsmaßnahmen der Abwanderung von Kaufvolumen in die Großstädte Einhalt zu gebieten.

(2) Vom und beim Handel realisierte **Verkaufsförderungsaktionen** sind gang und gäbe. Ob man nun zu Ausstellungen, Vernissagen, Kochhappenings oder kirmesähnlichen Veranstaltungen einlädt, vielfach soll außerhalb der üblichen Geschäftszeit für ausgewählte Personenkreise etwas Anregendes geboten werden. Aus dem Unterhaltungscharakter soll sich eine erlebnisreiche Atmosphäre der Produktzuwendung entwickeln. Wiederkehrende Aktionen mit gleichbleibendem Zielpublikum können zur Kundenbindung (→ Stammkundschaft) beitragen.

(3) Die **persönliche Akquisition** des Verkäufers - noch nicht sein Beratungsgespräch nach der Kontaktaufnahme - findet man im Handel viel zu selten. Über die Gewinnung interessanter Adressen, die schriftliche oder fernmündliche Besuchsankündigung können durchaus interessante Kundenbeziehungen im höherwertigen Gebrauchsgütermarkt angebahnt werden. Hier wird nicht darauf gewartet, daß Kunden vorbeikommen - man bewegt sich zum Kunden hin.

(4) Nicht vergessen werden sollte die **Produktpublizität** des Handelsunternehmens. Berichte in der örtlichen Presse über Jubiläen, Sponsoraktivitäten usw. sind nicht ganz unwichtig für die Kompetenzgewinnung.

4.6   Beschaffungsmarketinginstrumente

Die gerade gewählte Überschrift macht deutlich, daß wir gegenüber der bisher gewählten Betrachtung abstrakter werden - wir differenzieren nicht mehr nach Industrie, Dienstleister und Handel, sondern unterstellen, daß die Beeinflussungsinstrumente des Beschaffungsmarktes eine generelle Behandlung zulassen. Wie die Praxis zeigt, ist dies durchaus zulässig.

Wir greifen für die jetzt zu entwickelnde Struktur der Beschaffungsmarketinginstrumente auf Übersicht 62 zurück. Die fünfteilige Grundstruktur bleibt bestehen. Eine marktspezifische Modifikation wird notwendig. Was dort allgemein als **Transfer**politik bezeichnet und im Absatzbereich als **Distributions**politik konkretisiert wurde, wird jetzt als **Bezugs**politik umschrieben. Der Blickwinkel, von dem aus die Betrachtung erfolgt, hat sich verändert (herein statt hinaus). Wir gehen von folgender Struktur aus:

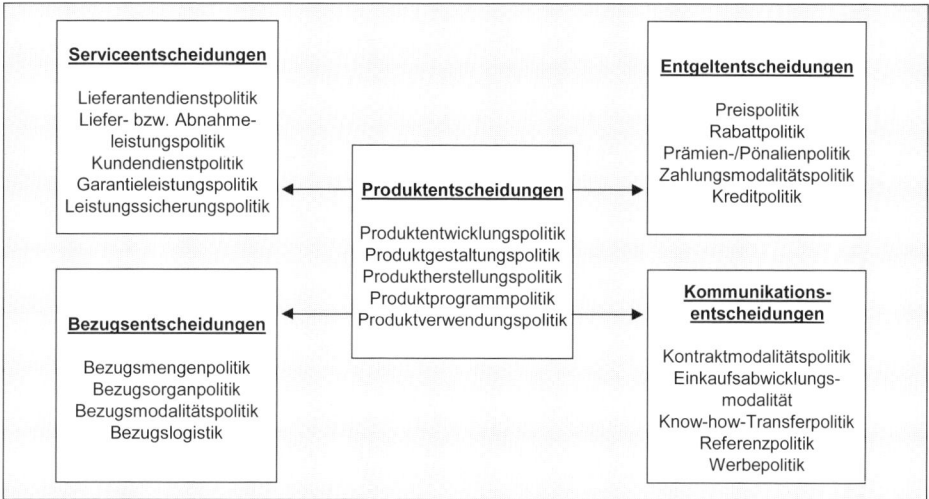

Übersicht 83: Beschaffungsinstrumente

Die Überlegungen zu einem beschaffungspolitischen Instrumentarium sind sehr viel jünger (siehe ausführlicher Koppelmann 2004, S. 2271 ff.) als die analogen Überlegungen im Absatzbereich. Daraus resultieren mehrere Probleme:

– Sowohl in Theorie als auch in Praxis findet man eine wesentlich geringere Differenzierung vor als im Absatzbereich.
– Es haben sich noch keine vereinheitlichten Bezeichnungen herausgebildet. Überspitzt kann man sagen, daß jeder Beschaffungsmanager (Einkäufer etc.) seine eigene Begriffswelt pflegt. Bei beschaffungswirtschaftlichen **Konzern**tagungen beobachtet man häufig, daß eine völlig unterschiedliche Sprache gepflegt wird.
– Diese unbefriedigende Situation führt dazu, daß hier besonderes Gewicht auf die Begriffsklärung gelegt werden muß. Selbst in beschaffungstheoretischen Grundlagenwerken sucht man häufig vergebens nach Beschaffungsinstrumenten.

Wenn man sich darum bemüht, etwas Neues zu kreieren, dann kann man sich der Methode der **Analogie** bedienen. Das bedeutet in diesem Fall, wir überlegen, ob man nicht das eine oder andere Pendant zu den absatzpolitischen Instrumenten finden könnte.

4.61   Produktentscheidungen

(1) Im Rahmen der Produktpolitik fallen die Entscheidungen über die **Beschaffungsobjekte.** Damit ist die Frage des make-or-buy verbunden. Was will man selbst herstellen, was will man fremdbeziehen? Im Mittelpunkt des Interesses stehen Materialien (→ Materialwirtschaft). Das sind Roh-, Hilfs- und Betriebsstoffe. Sie werden verarbeitet und verbraucht. Hinzu treten Halbfabrikate, Fertigteile, Komponenten. Sie werden auch als **Repetierfaktoren** bezeichnet. Damit man sie verarbeiten kann, sind Maschinen, Werkzeuge, Anlagen nötig (→ **Potentialfaktoren**). Auch die müssen beschafft werden. Maschinen und Anlagen müssen betrieben werden; dazu benötigt man Energie. Auf diese genannten Beschaffungsobjektgruppen konzentriert sich die folgende Betrachtung. Dies deckt sich mit der gängigen Praxis. Daß man auch Dienstleistungen (z. B. Reinigung, Kantinenbetrieb, Schulung, Informationen, Kreation und Streuung der Werbung), Personal, Kapital, Rechte, Grundstücke, Unternehmen beschafft, haben wir bereits erwähnt, das soll jedoch unseren exemplarischen Blick nicht trüben. In der Praxis weitet man inzwischen den Bereich der Beschaffungsobjekte aus.

(2) Bis vor kurzem war es selbstverständlich, daß neue Produkte im eigenen Hause entwickelt wurden (→ **Produktentwicklungspolitik**). Der Gedanke des Lean Management hat inzwischen dazu geführt, daß vermehrt geprüft wird, ob man nicht besser aus Zeit-, Kosten- und Qualitätsgründen andere in den Entwicklungsprozeß einbezöge. Das kann der Lieferant sein, man kann das gemeinsam tun oder einen Dritten mit der Entwicklung beauftragen. So wird das Porsche-Entwicklungszentrum in Weissach für andere aktiv, ohne selbst in den späteren Produktionsprozeß einbezogen zu werden. Die Beschaffungsstrategien „simultaneous engineering", „modular sourcing" legen Gedanken zu diesen Variablenausprägungen nahe. Das beschaffende Unternehmen muß jeweils prüfen, ob und wie weit es sinnvoll ist, bisherige Eigenarbeiten nach draußen zu verlagern, weil daraus ein Verlust an Kernkompetenzen resultieren kann. Ob das eine oder andere Anreiz oder Forderung ist, hängt davon ab, ob man selbst bzw. der Lieferant überhaupt über geeignete Kapazitäten verfügt und ob diese Kapazitäten auch zum Bedarfszeitpunkt zur Verfügung stehen, was sie kosten usw. Ein anderes Alternativenpaar betont den Entwicklungsstand. Man kann sich für die grundsätzliche Neuentwicklung oder für eine kontinuierliche Weiterentwicklung entscheiden. Die Fortentwicklung führt zu schnelleren Ergebnissen und verursacht meist auch geringere Kosten, bis das Fortentwicklungsende erreicht wird. Die Fortentwicklung (→ Produktvariationen) bildet häufig die Verbindung zwischen zwei Neuentwicklungen. Bei Fortentwicklungen behält man im Regelfall den Lieferanten bei. Neuentwicklungen bieten verbesserte Absatzmarktchancen oder die Möglichkeit der Prozeß- und Gestaltungsoptimierung. Dem stehen Floprisiken gegenüber.

(3) In der **Produktgestaltungspolitik** wird geregelt, wie das Beschaffungsobjekt beschaffen sein soll. Man kann festlegen, welche Leistungen es erbringen soll, aber auch, wie es die Leistungen erbringen soll, indem eine Konstruktionszeichnung vorgegeben wird. Darin können auch Vorschriften über die Gestaltungstoleranzen enthalten sein. Enge Gestaltungstoleranzen müssen nicht unbedingt eine rigide Forderung sein. Verfügt der Lieferant über geeignete Mitarbeiter, Maschinen, Prozesse, welche enge Toleranzen garantieren, dann wird er froh sein, wenn er sie nutzen kann; damit profiliert er sich. Je nachdem, wer das Ersatzteilgeschäft durchführen möchte, muß überlegt werden, ob eine Beschaffer- oder Lieferantenmarkierung vorgenommen werden soll. Produkteinpassung verlangt vom Lieferanten Überlegungen zur Einpassung des neuen Produktes in größere Zusammenhänge; das ist auch beim modular sourcing wichtig. Bei der Produktanpassung greift der Beschaffer auf fertige Produkte (Katalogprodukte) des Lieferanten zurück. Das reduziert Kosten und Risiken.

(4) Die **Produktherstellungspolitik** beeinflußt die Produktion des Lieferanten. Geringe Toleranzen des hergestellten Produktes können gefordert werden. Aus Kostengründen kann Material beigestellt werden, wenn der eigene Materialpreis unter dem Bezugspreis des Lieferanten liegt. Ähnliche Kostenüberlegungen betreffen die Beistellung von Werkzeugen. Der Beschaffer stellt dem Lieferanten Werkzeuge zur Verfügung; sie bleiben sein Eigentum. Bei einem Lieferantenwechsel (z.B. konkursbedingt) kann er sie dem neuen Lieferanten sofort zur Verfügung stellen.

(5) Die **Produktmodifikationspolitik** erfaßt Entscheidungen im gedanklichen Prozeß nach der Erstfertigung. Man kann Produkte vereinheitlichen, um Kosten zu sparen, flexibler zu werden. Standardisierte Produkte werden an mehreren Stellen von mehreren Beschaffern eingesetzt. Für standardisierte Produkte gibt es meist auch mehrere Lieferanten – der Preiswettbewerb ist größer. Bei großen Bedarfsmengen kann sich die entgegengesetzte Politik der Spezialisierung empfehlen – es sind keine weiteren Kostendegressionseffekte zu erwarten. Spezialisierungen lassen Differenzierungen zu. Damit sind Leistungsprofilierungen möglich. Bei den Produktleistungen kann man Wert auf Konstanz oder Veränderungsmöglichkeiten legen. Soll ein Produkt länger auf dem Markt bleiben, kann es nötig werden, die Leistungen zu reduzieren (abspecken) oder sie zu steigern. Davon lebt die Produktlinienpolitik.

(6) Im Rahmen der **Produktprogrammpolitik** wird überlegt, ob man von einem Lieferanten lediglich das eine oder andere besonders interessante Produkt (→ Rosinenpicken) kauft oder, um vorrangig beliefert zu werden, auch weniger interessante Beschaffungsobjekte ordert. Das kann auch die Beschaffungsprozeßkosten reduzieren. Je nach Marktmacht oder Bedeutsamkeit des Beschaffungsobjektes wird man die eine oder andere Alternative bevorzugen.

(7) Die Marktstellung des Lieferanten kann dazu führen, daß er im Rahmen der **Produktverwendungspolitik** zum Beispiel aus Qualitätsgründen Auflagen macht, wie das Produkt zu verarbeiten ist. Aus Beschaffersicht ist das somit eher ein Anreiz. Ähnliches gilt für die Zusage, das neue Beschaffungsobjekt zum Beispiel vorerst lediglich im eigenen Spitzenprodukt einzusetzen. Wenn es gelingt, das eigene Absatzinteresse mit dem des Lieferanten zu verbinden, dann ist genau das gelungen, was der Anreiz-Beitrags-Theorie entspricht.

Damit ergeben sich in der Produktpolitik die in Übersicht 84 dargestellten Entscheidungsmöglichkeiten:

	Variable	Variablenausprägung
Produktentscheidungen	Produktentwicklungspolitik	Eigenentwicklung Lieferantenentwicklung Partnerentwicklung Drittentwicklung Neuentwicklung Weiterentwicklung
	Produktgestaltungspolitik	Gestaltungsvorschriften Leistungsvorschriften geringe/weite Gestaltungstoleranzen Beschaffermarkierung Lieferantenmarketing Produkteinpassung Produktanpassung
	Produktherstellungspolitik	geringe/weite Realisationstoleranzen Materialbeistellung Werkzeugbeistellung
	Produktmodifikationspolitik	Produktvereinheitlichung Produktdifferenzierung Produktveränderung Produktleistungskonstanz Produktleistungsveränderbarkeit
	Produktprogrammpolitik	Produktselektionspolitik Produktmixpolitik
	Produktverwendungspolitik	Produktgestaltungszusagen Einsatzleistungszusagen

Übersicht 84: Produktentscheidungen

Bei der Auswahl dieser Variablenausprägungen muß entsprechend der Anreiz-Beitragstheorie stets geprüft werden, was beim Lieferanten als Anreiz wirken kann und was dieser Anreiz zur Durchsetzung der für unbedingt notwendig erachteten Forderungen beiträgt. Denn nach dem ökonomischen Prinzip geht es ja darum, einen bestimmten Input zu möglichst geringen Kosten zu erhalten, wobei der Lieferant mit dem vom Beschaffer gegebenen Output zufrieden ist. Dieses Zufriedenheitsergebnis hängt stark von der jeweiligen Handlungssituation ab – wir kommen darauf noch zurück.

4.62   Serviceentscheidungen

Noch stärker als im Absatzbereich empfiehlt sich in der Beschaffung die besondere Servicebetrachtung. Entsprechend der Anreiz-Beitrags-Theorie werden hier Dienstleistungen erbracht, die erhebliche Konsequenzen haben können.

(1) Die **Lieferantenunterstützungspolitik** erstreckt sich auf Hilfen, die man **dem Lieferanten** geben kann: Beschaffungs-, Absatz-, Finanzierungs-, Produktions-, Entwicklungshilfen. Auch hier entscheidet das ökonomische Prinzip. Die Unterstützung ist sinnvoll, wenn sie den Beschaffer weniger kostet, als sie beim Lieferanten bewirkt. Wenn man selbst zum Beispiel auf Auslandsmärkten präsent ist, kann man für den Lieferanten, der zu klein ist, miteinkaufen. Wenn die eigene Entwicklungsabteilung nicht ausgelastet ist, kann sie in Entwicklungsprojekte einbezogen werden. Wenn dem Lieferanten das Kapital zur Beschaffung einer leistungsfähigen Maschine, Anlage usw. fehlt, kann man ihm bei der Beschaffung eines Kredites helfen (→ siehe auch Entgeltentscheidungen). Lopez als Beschaffungsverantwortlicher bei Opel machte Furore durch seine Optimierungsberatung bei den Lieferanten.

(2) Bei der **Lieferungspolitik** wird die Form der Zurverfügungstellung geklärt. Soll der Lieferant zustellen oder will man mit eigenem Fuhrpark/fremdem Spediteur abholen? Beide logistischen Konzepte können sinnvoll sein. Insbesondere bei der Just-in-time-Strategie wird sofortige Lieferbereitschaft und hohe Lieferzuverlässigkeit erwartet. Das Anreizpendant dazu ist die Abnahmebereitschaft und -zuverlässigkeit, auch wenn die gegenwärtigen Geschäftsbedingungen anders als bei Vertragsabschluß aussehen. Man hält sich an die Verträge und sucht nicht nach Fluchtmöglichkeiten. Vom Lieferanten erwartet man im Regelfall hohe Lieferqualität. Bei Qualitätsschwankungen kann man ihm entgegenkommen, indem man Andersverwendungen prüft.

(3) Die **Kundendienstpolitik** ist der bekannteste Servicebereich. Man kann vom Lieferanten verlangen, daß er die Beschaffungsobjekte so liefert, daß möglichst wenig weitere Manipulationen nötig sind. Sie kosten Geld und Schäden sind dabei auch möglich. Eine neue Maschine muß montiert werden, ihre Funktionsfähigkeit muß sichergestellt werden. Bei Instandhaltung werden Ersatzteile benötigt, die nachbestellbar sein müssen. Wichtig kann dann auch sein festzulegen, wie lange man Ersatzteile zu geplanten Bedingungen erhalten kann. So werden Forderungen nach 15jähriger Ersatzteilversorgung erhoben. Personen und Instrumente können zur Verfügung gestellt werden. Grundsätzlich muß die Frage geklärt werden, wer den Kundendienst für das fertige Produkt übernehmen soll. Bosch hat als Zulieferer ein großes, eigenes Kundendienstnetzwerk aufgebaut. Recyclingfragen und damit Überlegungen, wer wem womit hilft, werden an Bedeutung gewinnen.

(4) Die Fragen der **Garantiepolitik** sind tendenziell eher unter der Forderungsperspektive zu betrachten. Produkthaftungsfragen machen dies erforderlich.

(5) In der jüngeren Zeit hat die **Leistungssicherungspolitik** unter dem Stichwort Total-Quality-Management (TQM) an Bedeutung gewonnen. Ist ein Lieferant auditiert (Bewertung des Qualitätssicherungskonzeptes des Lieferanten) worden, ist er so lange an dieser Beschafferanforderung interessiert, wie andere Lieferer-konkurrenten noch nicht so weit sind. Qualitätsdokumentationen sind auch aus Haftungsgründen erwünscht. Weitergehend sind dann Entscheidungen, durch geeignete organisatorische Maßnahmen dafür zu sorgen, daß Fehler gar nicht erst entstehen können.

Das führt zu folgender Übersicht 85:

	Variable	**Variablenausprägung**
Serviceentscheidungen	Lieferanten-unterstützungspolitik	F&E-Hilfen Gestaltungshilfen Fertigungshilfen Beschaffungshilfen Absatzhilfen Finanzhilfen
	Lieferungspolitik	Zustellen Abholen Lieferbereitschaft Lieferzuverlässigkeit Abnahmebereitschaft Abnahmezuverlässigkeit Lieferqualitätseinhaltung Abnahmetoleranz
	Kundendienstpolitik	Produktiongerechte Anpassung Absatzgerechte Anpassung Montage/Entwicklung/Probelauf Wartung/Reparatur/Instandhaltung Ersatzteilversorgung Personalhilfen Sachhilfen Kundendienstübernahme Recyclinghilfen
	Garantiepolitik	Garantieumfang Garantiedauer Kulanz
	Leistungssicherungspolitik	Qualitätsauditierungsbreitschaft Qualitätsdokumentation Nullfehlerkonzeption

Übersicht 85: Seviceentscheidungen

4.63   Bezugsentscheidungen

Wegen der veränderten Betrachtungsrichtung sprechen wir jetzt statt von Distributions- besser von Bezugspolitik.

(1) Entscheidungen zur **Bezugsmengenpolitik** werden in der Literatur ausführlich erörtert. Die optimale Bestellmengenformel (Grochla/ Schönbohm 1980, S. 152) hat ihre Bedeutung verloren, weil heute die Bestimmung des Primärbedarfs (herzustellende Fertigprodukte) viel wichtiger ist. Der Primärbedarf oder die Angebotsmengenplanung erfolgt im **Absatz**. Die sich daraus ergebenden Mengen werden im Rahmen-/ Abrufauftrag fixiert und dann wird je nach Technik (z.B. Bestellrhythmusverfahren) die sich aus der Produktionsplanung (→ PPS-System) ergebende Menge geordert. Dabei sind verschiedene Mengenentscheidungen möglich. Bei der just-in-time-Strategie wählt man kleine Bezugsmengen eines Teils, Produktes, so wie man es gerade benötigt. Bei Standardrohstoffen kann es sinnvoll sein, günstige Preise auf den Spotmärkten auszunutzen und sie auf Vorrat zu lagern, also große Mengen einzukaufen. Unterliegen die eigenen Produkte erheblichen Nachfrageschwankungen (z.B. saisonbedingt), dann muß der Lieferant in der Lage sein, sich diesen Änderungswünschen anzupassen. Je exakter man Mengen und Termine plant, je kürzer die Lieferzeit sein muß, um so wichtiger ist die Bestellmengeneinhaltung.

(2) Die **Bezugsorganpolitik** zeigt die Möglichkeiten, **wer** einkauft. Bei komplexen Unternehmen (z.B. Konzernen) stellt sich die Frage, was von der Zentrale und was im jeweiligen Werk eingekauft werden soll. Das, was mehrere Werke benötigen, kann zentral veranlaßt, zumindest koordiniert werden. Im global sourcing empfiehlt es sich, aktiv auf den Märkten der Welt nach Lieferanten zu suchen. Die großen Handelsunternehmen und in jüngerer Zeit auch einige Industrieunternehmen verfügen über Einkaufsniederlassungen (z.B. in China), um eine zentrale Anlaufstelle für Lieferantenkontakte zu schaffen. Einkaufsreisende, -vertreter usw. können diese Aufgabe ebenso übernehmen. Hier ist inzwischen ein Beschaffungsaußendienst neben dem lange bekannten Verkaufsaußendienst entstanden. Kostengünstig können sich Kooperationen auswirken. Sie sind als vertikale Kooperation mit den eigenen Lieferanten oder horizontal mit Unternehmen der gleichen Fertigungsstufe denkbar. Wertstoffe (z.B. Werkstoffabfälle) können ebenfalls gemeinsam verkauft werden.

(3) Die **Bezugsmodalitätspolitik** regelt, **wie** die Verträge gestaltet werden. Den Rahmenauftrag haben wir schon erwähnt. Hier sind lediglich die Lieferzeitpunkte mit den spezifischen Mengen noch offen. Das Subcontracting kommt besonders im Anlagenbau vor. Der Kunde legt fest, welche Vorlieferanten der Lieferant zu beauftragen hat. Beim Konsignationsbezug stellt der Lieferant dem Beschaffer die Lieferobjekte in einem beim Beschaffer zugänglichen Lager zur Verfügung. Bezahlung erfolgt nach Lagerentnahme. Lagerkosten und -risiko gehen zu Lasten des Lieferanten. Wenn ein Beschaffungsobjekt für die eigene Produktleistung besonders wichtig ist, kann man sich um Exklusivbezug kümmern, um den Beschaffungskonkurrenten auszuschalten. Je weniger genau man die Absatzmengen (Primärbedarf) planen kann, um so notwendiger wird das Bemühen um Kapazitätsreservierung, um im Falle eines großen Markteinführungserfolges die Nachfrage auch bedienen zu können. Sonst öffnet man den Markt für die Konkurrenz. Im Handel kommt der Fixhandelsbezug vor. Es wird ein genauer Termin fixiert, Terminüberschreitung kann zum Kaufrücktritt und zu Schadensersatzforderungen führen. In den bereits erwähnten **Incoterms** (ab-Werk-Erfüllungsort, Frachtführerübergabe-, Kostenübernahme- und Ankunftsortbestimmungen) sind Regelungen standardisiert, welche Leistungen auf dem Wege vom Lieferanten zum Kunden von wem erbracht werden, wer Kosten und Risiken trägt. Abfallwirtschaftlich muß die Frage geklärt werden, wer zu welchen Bedingungen die Wertstoffe zurücknimmt.

(4) Die **Bezugslogistik** hat im Bemühen um Zeit- und Kostenverringerung an Bedeutung gewonnen. Im Handel dominiert heute das Bemühen um Zentrallagerbezug, um die Filialen von der Lagerverantwortung zu entbinden und auf die Verkaufsaufgabe zu konzentrieren. Industrieunternehmen mit der just-in-time-Strategie bevorzugen den Niederlassungs-(Werk-)Bezug. BMW hat für sein Werk Regensburg den Fremdlagerbezug gewählt – alles wird in ein vom Logistikunternehmen Schenker verwaltetes Lager eingeliefert. In der Automobilindustrie ist allgemein das Gebietsspediteurwesen weit verbreitet. Es wird dem Lieferanten vorgegeben, mit welchen Transportmitteln, Transportführern und auf welchen Wegen die Logistik abzuwickeln ist. Damit dies friktionslos geschieht, empfiehlt es sich, die Kommunikationstechnik festzulegen.

Somit erhalten wir die folgende Übersicht:

Variable	Variablenausprägung
Bezugsentscheidungen	
Bezugsmengenpolitik	kleine Bezugsmengen grosse Bezugsmengen variable/konstante Bezugsmengen Bestellmengeneinhaltung
Bezugsorganpolitik	Zentraleinkauf Werkseinkauf Einkaufsniederlassung Einkaufsreisende Einkaufsvertreter/-makler/- kommissionäre
Bezugsmodalitätspolitik	Rahmenauftrag Subcontracting Konsignationsbezug Exklusivbezug Kapazitätsreservierung Fixhandelsbezug Werkstoff-/Abfallrücknahme
Bezugslogistikpolitik	Zentrallagerbezug Niederlassungsbezug Fremdlagerbezug Transportmittelvorschriften Transportführervorschriften Transportwegevorschriften

Übersicht 86: Bezugsentscheidungen

4.64   Entgeltentscheidungen

Augenblicklich dominiert das Kostensenkungsziel. In der Praxis wird das vielfach gleichgesetzt mit einer aggressiven Preisforderungspolitik. Die Anreiz-Beitrags-Theorie legt einen sehr viel differenzierteren Maßnahmeneinsatz nahe.

(1) Preispolitik kann als Preisdruckpolitik bedeuten, daß der Beschaffer möglichst niedrigere Preise durchzusetzen versucht. Preise, die unter den Gesamtdurchschnittskosten des Lieferanten liegen, können bei Lieferanten zur Desinvestition, zur Qualitätsreduktion, zur Liefereinschränkung, bis zum Konkurs führen. Die Preisdruckpolitik muß nicht weise sein. Die Machtsituation kann im gegenteiligen Fall sogar dazu führen, daß man den Lieferanten durch eine für ihn attraktive Preissogpolitik lieferwillig machen muß. Eine andere preispolitische Alternative liegt in der Preissetzungs- und Preisbewilligungspolitik. Im ersten Fall hat man aus dem Gesamtpreis, der für ein Fertigprodukt marktmöglich ist, einen Preis abgeleitet (target price), den man erzielen muß. Gemeinsam mit dem Lieferanten überlegt man dann, wie man das umsetzt. Im zweiten Fall geht der Beschaffer auf die Lieferantenforderungen ein. Das kann bei gewünschten Leistungserhöhungen des Beschaffungsobjektes notwendig sein, aber auch, wenn der Preis insgesamt nicht so wichtig ist. Eine weitere Alternative liegt in der Preiskonstanz. Bei der Festpreispolitik wird ein Preis für eine fixierte Zeit vereinbart, bei der Preisanpassungspolitik werden Mechanismen für Preiserhöhungen (z.B. bei neuen Lohnabschlüssen) oder für Preissenkungen (z.B. wenn Materialpreise gefallen sind) festgelegt.

(2) Die **Rabattpolitik** ist im Handel als Forderungsinstrument weit verbreitet. Nicht nur Mengenrabatte (Preisabschläge bei Mengenstaffelung), sondern auch vielfältige Sonderleistungsrabatte (z.B. Zweitplazierungsrabatt, Auslistungsverhinderungsrabatt, Jubiläumsrabatt) werden gefordert. Hierzu gehören auch Skonto (Preisreduktion z.B. um 3 % bei Zahlung innerhalb von 10 Tagen) und Mindermengenzuschlagsverzicht (Preisaufschläge bei kleineren Mengen).

(3) Die **Prämienpolitik** hat Anreizcharakter. Mit zusätzlichen Zahlungen werden zusätzliche Leistungen belohnt. Zeitprämien werden vorrangig für Lieferbeschleunigungen bezahlt, das interessiert vor allem im Anlagenbau. Mengenprämien sind möglich, wenn der Lieferant ungeplante Mengenänderungen (z.B. starke Erhöhungen) akzeptiert. Eine Belieferungsprämie kann gezahlt werden, wenn der Beschaffer bei Marktengpässen vorrangig beliefert wird. Das Gegenteil der Prämie ist die **Pönalie.** Sie kann als Forderung vereinbart werden, um den Lieferanten zur Einhaltung der Liefervereinbarungen zu zwingen. Strafen werden fällig, wenn das Beschaffungsobjekt nicht die vereinbarten Leistungen erbringt, nicht zum vereinbarten Zeitpunkt geliefert wird usw.

(4) Mehrere Möglichkeiten bietet die **Zahlungsmodalitätspolitik.** Wichtig ist in der internationalen Beschaffung die Zahlungsmittelpolitik, um die Risiken der Währungskursschwankungen zu reduzieren. Bei der Zahlungsterminpolitik wird der Zahlungszeitpunkt festgelegt. Damit kann ein **Kredit** verbunden sein. Bei „Vorkasse" erhält der Lieferant (Liefererkredit) einen, bei längerem Zahlungsziel gibt er einen Kredit (Beschafferkredit). Leasingmöglichkeiten können ebenfalls seitens des Beschaffers gewünscht werden.

Wir gelangen zu folgendem Überblick:

	Variable	Variablenausprägung
Entgeltentscheidungen	Preispolitik	Preisdruckpolitik Preissogpolitik Preissetzungspolitik Preisbewilligungspolitik Festpreispolitik Preisanpassungspolitik
	Rabattpolitik	Mengenrabatt Sonderleistungsrabatt Skonto Mindermengenzuschlagsverzicht
	Prämien-/ Pönalienpolitik	Zeitprämie Mengenprämie Belieferungsprämie Leistungsstrafen Zeitstrafen
	Kreditpolitik	Liefererkredit Beschafferkredit Leasing
	Zahlungs-modalitätenpolitik	Zahlungsmittelpolitik Zahllungsterminpolitik

Übersicht 87: Entgeltentscheidungen

4.65   Kommunikationsentscheidungen

Gegenüber der Absatzkommunikation, zum Beispiel bei Konsumgütern, weist die Beschaffungskommunikation deutliche Unterschiede auf. Man wendet sich hier weniger an anonyme Massenmärkte, meist kennt man seine Lieferanten, man pflegt eine business-to-business-Kommunikation.

(1) Bei der **Kontaktmodalitätspolitik** geht es um Maßnahmen zur Kommunikationserleichterung. Kontaktbereitschaft gilt für Lieferant und Beschaffer, sie ist Voraussetzung für einen Informationsaustausch. Personenadäquanz bedeutet, daß kompetente Personen für den Informationsaustausch auf beiden Seiten zur Verfügung stehen – wie sollen sonst die Strategien modular sourcing und simultaneous engineering (siehe Abschnitt 3.252) verwirklicht werden? Dazu gehört auch die richtige Hard- und Software (Medienadäquanz). Das Internet und dann das gemeinsame Extranet unterstützen die gemeinsamen Koummunikationsbemühungen. Personen können sich auf Lieferantentagen im Hause des beschaffenden Unternehmens austauschen. Auf Einkaufsmessen hofft der Beschaffer, interessante

Lieferanten (z.B. in China) zu finden. Weil der Lieferant über ein schwaches Absatzmarketing verfügt, muß der Beschaffer dies durch aktives Beschaffungsmarketing ausgleichen.

(2) **Einkaufsabwicklungsmodalitäten** regeln den Umgang mit dem Lieferanten.
Um eine Vergleichbarkeit der Lieferantenangebote sicherzustellen, kann man den
Angebotsmodus festlegen, um leichter Gleiches mit Gleichem zu vergleichen. Die
nächste Stufe ist der Bestell- und Stornierungsmodus, bei dem geregelt wird, ab
wann Bestellungen verbindlich sind, unter welchen Bedingungen sie storniert
werden können. Beim Berechnungsmodus einigen sich Beschaffer und Lieferant,
wie man mit Zöllen, Abgaben, Verpackungsberechnungen usw. umgeht.

(3) Die **Know-how-Transferpolitik** bildet das Kernstück der Kommunikationspolitik, man kann sie als die inhaltliche Seite der Kontaktmodalitätspolitik bezeichnen. Wenn man gemeinsam mit dem Lieferanten ein neues Beschaffungsobjekt
entwickeln will, muß man offen über die dabei auf beiden Seiten entstehenden
Probleme sprechen. Ebenso wie innerhalb des Unternehmens die Grenzen der
Funktionsbereiche überwunden werden müssen, gilt das auch für die Beziehungen
zwischen Lieferant und Beschaffer. Beliefert der Lieferant auch Konkurrenten des
Beschaffers, sind Geheimhaltungsprobleme zu lösen. Zielgerichtetes Handeln setzt
Marktinformationen voraus. Dem ökonomischen Prinzip entspricht es, wenn
man sich einigt, wer welche Informationen gewinnt, um Doppelarbeit zu vermeiden. Bei neuen Werkstoffen, neuen Maschinen usw. kann Anwendungsberatung
vom Beschaffer gefordert werden.

(4) Um das Risiko zu begrenzen, den falschen Vertragspartner gewählt zu haben,
sind Referenzen zweckdienlich **(Referenzpolitik)**. Der Beschaffer kann sie vom
Lieferanten wie auch umgekehrt verlangen.

(5) Im Gegensatz zum Absatz hat die **Werbepolitik** in der Beschaffung nur begrenzte Bedeutung. Eher ausnahmsweise wird Bedarfswerbung betrieben, weil man
meist die in Frage kommenden Lieferanten kennt. Das Internet ermöglicht im
Rahmen des global sourcing auch die Kontaktanbahnung zu noch unbekannten
Lieferanten. Mit dem Lieferanten kann man vereinbaren, daß er sich an den eigenen Werbeaktivitäten (Sprungwerbung) beteiligt. Als Weiterentwicklung gilt das
ingredient branding (z.B. intel-inside). Möglich ist es auch, Lieferantenwettbewer-
be durchzuführen. Die Siegerveröffentlichung (z.B. bei Ford Q1-Lieferanten) dient
beiden Seiten.

Wir erhalten folgenden Maßnahmenüberblick:

	Variable	Variablenausprägung
Kommunikationsentscheidungen	Kontaktmodalitätspolitik	Kontaktbereitschaft Personaladäquanz Medienadäquanz Einkaufsmesse Lieferantentag
	Einkaufsabwicklungs- modalitäten	Angebotsmodus Offertenresonanz Bestell-/Stornierungsmodus Berechnungsmodus
	Know-How-Transferpolitik	Problemaustausch Geheimhaltung Marktinformationen Produktanwendungsberatung
	Referenzpolitik	Lieferantenreferenz Beschafferreferenz
	Werbepolitik	Bedarfswerbung Sprungwerbung Lieferantenwettbewerbe

Übersicht 88: Kommunikationsentscheidungen

4.7 Zusammenfassung

Viele Details wurden auf den letzten Seiten erläutert. Um der Gefahr zu begegnen, vor lauter Bäumen (Instrumenten, Variablen, Variablenausprägungen) den Wald nicht mehr zu erkennen, soll mit der folgenden zusammenfassenden Übersicht die Grundstruktur (die Waldanlage) noch einmal hervorgehoben werden:

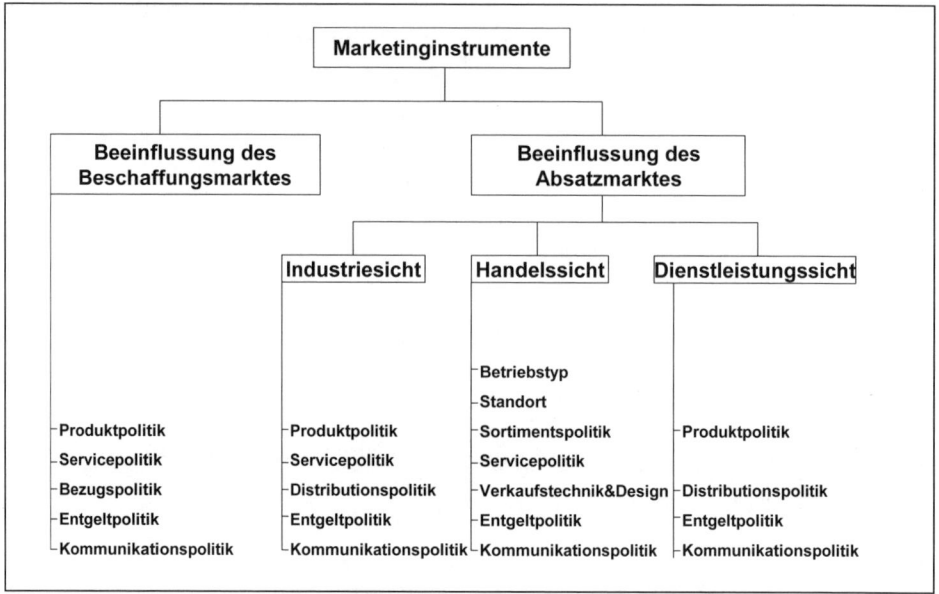

Übersicht 89: Die Marktbeeinflussungsinstrumente

Diese Übersicht zeigt, dass die Übersicht 63 nur geringe inhaltliche Modifizierungen erfährt, je nachdem, ob es sich um einen Absatz- oder Beschaffungsmarkt handelt, oder welche Perspektive auf dem Absatzmarkt (Industrie, Dienstleister, Handel) dominiert. Das erleichtert das Lernen.

5 Kombination der Beeinflussungsinstrumente: Das Marketing-Mix

Marketinginstrumente kosten Geld; diesen Input nimmt man in Kauf, weil man hofft, dadurch einen höheren Nutzen (Output) zu erzielen. Auch die Wahl und Kombination der Marketinginstrumente unterliegt dem ökonomischen Prinzip. Nach Gutenberg ist (1984, S. 11) das Optimum erreicht, wenn die Grenzproduktivitäten der eingesetzten Marketinginstrumente gleich sind. Diese Lösung setzt voraus, dass man die Grenzproduktivitäten isoliert messen kann. Das bereitet deshalb große Schwierigkeiten, weil die geschickte Instrumentalkombination eine ganzheitliche Wirkung hinterlässt (das Ganze ist mehr als die Summe der Teile), eine Wirkungsisolierung nicht oder nur sehr begrenzt möglich ist.

5.1 Kombinationsprobleme

Viele Marketinginstrumente wurden inzwischen beschrieben. Wir können sie uns als Werkzeuge in einer „tool-box" vorstellen. Wie sollen wir jedoch mit ihnen umgehen? Die Auswahl des Werkzeugs hängt von der Reparatursituation oder der Konstruktionssituation ab; analog müssen wir sagen: Die Auswahl des Marketinginstruments hängt von der Beeinflussungssituation ab (**Auswahlproblem**). Damit sind wiederum Probleme der **Limitationalität** (Instrumente, die auf jeden Fall gemeinsam miteinander eingesetzt werden müssen) und der **Substitutionalität** (Instrumente, die sich gegenseitig ausschließen, die alternativ zu betrachten sind) verbunden.

Das zu wissen, reicht jedoch für die erfolgreiche Arbeit bei weitem nicht aus. Die aus dem Werkzeugkasten situationsspezifisch herausgenommenen Werkzeuge müssen nun bedient werden. Dabei ist zum einen die Reihenfolge der Handhabung festzulegen (**Sequenzproblem**). Und zum anderen muss daran gedacht werden, dass manche Aufgabe durch geschickte Verbindung mehrerer Werkzeuge leichter und besser gelöst werden kann. In die Denkweise des Marketing übertragen, bedeutet das, die sich gegenseitig stützenden Effekte ausgewählter Instrumente zu nutzen (**Synergieproblem**).

Und schließlich müssen wir beachten, dass wir unter dem Diktat des ökonomischen Prinzips leben. Wenn wir die Wirkungen (Leistungen) der Instrumente geschätzt (prognostiziert) haben, müssen wir, basierend auf einer Kostenschätzung, ein situationsgerechtes Budget entwickeln, innerhalb dessen der Instrumentaleinsatz erfolgt. Damit ist das **Intensitätsproblem** des Instrumentaleinsatzes angesprochen. Ein Modell, das diese Probleme lösen würde, liegt nicht vor. Wenn überhaupt, befasst man sich allenfalls mit Teillösungen.

Da diese Probleme in der Praxis allerdings ständig gelöst werden müssen und, wie wir in der täglichen Praxis sehen, ja auch werden, könnte man daraus den Schluß ziehen, den Umgang mit den Marketinginstrumenten als einen individuellen Lernprozess sich selbst zu überlassen: statt learning by teaching, learning by doing. Nun wird dem learning by doing zwar ein hoher Lerneffekt bescheinigt, problematisch ist aber der hohe Aufwand (Lerndauer, Lernen durch Fehler). Theoretisches Lernen soll ja gerade Fehler verringern. Wir sind also gezwungen, theoretische Bezugspunkte zu entwickeln, um das praktische Lernen zu verkürzen.

5.2 Das Produktlebenszyklusmodell

In diesem Modell wird eine Analogie zu biologischen Prozessen gewählt. Das Werden und Vergehen von Produkten wird in einem Beschreibungsmodell strukturiert. Man findet Modelle mit vier (Einführung, Wachstum, Reife, Rückgang) und fünf Phasen (Einführung, Wachstum, Reife, Sättigung, Niedergang).

Aus Beobachtungen in der Praxis wird zum Beispiel auf folgenden Kurvenverlauf geschlossen (Kotler/Bliemel 2001, S. 574):

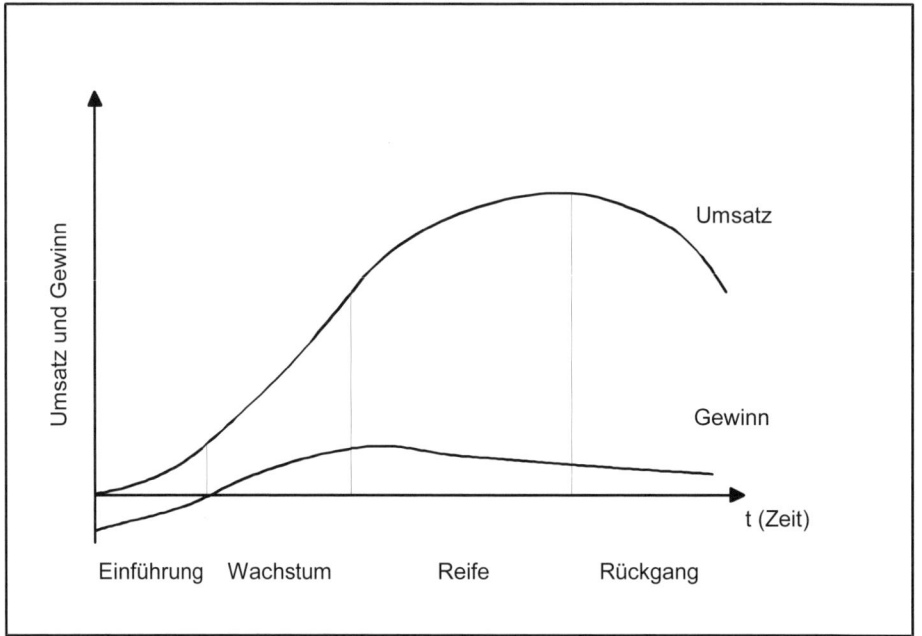

Übersicht 90: Produktlebenszyklus

Bei der Umsatzkurve kann der Umsatzverlauf in der Zeit

– einer Branche,
– einer Produktkategorie,
– einer Marke,
– eines Produktes

erfasst worden sein. Hier interessiert das Einzelprodukt. Praxis wie auch Theorie sind von diesem Modell beeindruckt, sonst lassen sich die vielen Maßnahmenhinweise nicht erklären. Kotler/Bliemel (2001, S. 604) wählen folgende Maßnahmenzusammenstellung:

Phase / Instrumente	Einführung	Wachstum	Reife	Rückgang
Produkt	ein Grundprodukt anbieten	Produktvarianten, Serviceleistungen und Garantien anbieten	unterschiedliche Marken und Modelle anbieten	absatzschwache Artikel eliminieren
Preisbestimmung	am maximalen Wert für den Nutzer orientiert	Kontaktbereitschaft Personaladäquanz Medienadäquanz Einkaufsmesse Lieferantentag	Preis wie die Konkurrenz oder niedriger	Preissenkung
Distribution	Distributionsnetz selektiv aufbauen	Distributionsnetz verdichten	Distributionsnetz weiter verdichten	selektiv auslichten: unrentable Distributionspunkte eliminieren
Werbung	Produkte bei den Frühadoptern im Handel bekanntmachen	Produkt im Massenmarkt bekannt und interessant machen	Unterscheidungsmerkmale und Vorteile der Marke betonen	Werbung auf das Niveau herunterfahren, das zur Erhaltung der treuesten Kunden nötig ist
Verkaufsförderung	mit intensiver Verkaufsförderung zu Erstkäufen anregen	Aufwand senken, hohe Nachfrage voll ausnutzen	Aufwand erhöhen, Anreize zum Markenwechsel geben	auf ein Minimum senken

Übersicht 91: Phasenspezifische Instrumentalzuordnung

Hier findet somit eine phasenspezifische Kombination der Marketinginstrumente statt. Diese Problemlösung hat jedoch ihre Tücken:

– Es handelt sich um einen eher idealtypischen Umsatzverlauf, der auf der Beobachtung beruht, dass ein innovatives Produkt „gelernt" werden muss, die Einführung meist zäh verläuft, bis sich über Gewöhungsmaßnahmen eine schnelle Verbreitung herausbildet. Dann verharrt der Umsatz auf hohem Niveau, Abnutzungserscheinungen (psychische Alterung, bessere Konkurrenzprodukte) führen zum Umsatzrückgang. Hinter dieser Annahme des Umsatzverlaufs steht das Diffusionsmodell von Rogers (1962, S. 156 f.). Dieses zeigt Übersicht 92:

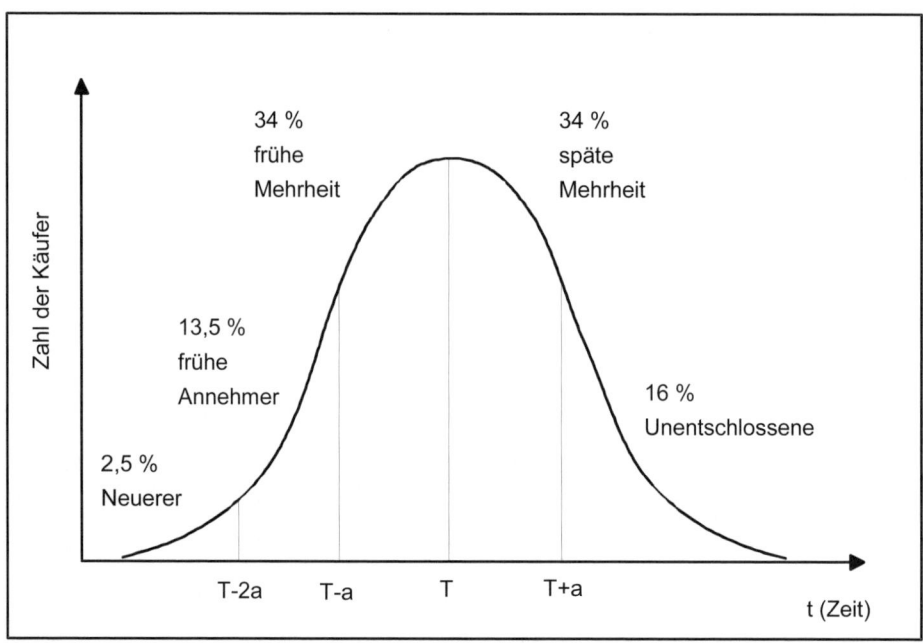

Übersicht 92: Innovationsbedingte Käufertypen

- Doch auch dieses Modell fußt lediglich auf einem sehr engen empirischen Beobachtungsbereich (Pharmaka). Mehr als eine plausible gedankliche Leitlinie ist es nicht.
- Die Praxis zeigt vielfältige, nur unter Nutzung eines Kurvenlineals homogenisierbare Umsatzverläufe; die Gefahr induktiver Fehlschlüsse ist offenkundig. Dennoch ist die Idee, aus der Vergangenheit für die Zukunft zu lernen, nicht grundsätzlich falsch. Wenn nämlich feststeht, dass in sehr vielen Fällen immer wieder ein sehr ähnlicher Umsatzverlauf zutage tritt, dann kann man von der Grundannahme ausgehen, dass auch zukünftig dieser Umsatzverlauf nicht ganz unwahrscheinlich sein wird. Man prüft dann vor allem Gründe für ein mögliches Abweichen.
- Die Zeit wird nur formal betrachtet. Insbesondere bei einigen bekannten Marken (Nivea, Odol, Maggi, Underberg, Coca-Cola als Verbrauchsprodukte; Porsche 911, Barcelona-Chair, Wasily-Sessel usw. als Gebrauchsprodukte) die teilweise um die 100 Jahre alt sind, wissen wir noch gar nicht, ob wir uns bereits in der Reifephase befinden. Wir sprechen hier von Long-Life-Produkten (Wöllenstein 2004).
- Das Problem dieser Analyse liegt darin, dass man abhängige und unabhängige Variable vertauscht. Die Umsatzkurve ist das Resultat des Einsatzes ausgewählter Marketinginstrumente und nicht umgekehrt. Bei der hier offenkundigen Betrachtung besteht die Gefahr der „self-fullfilling-prophecy"; setzt man die für die Reifephase als typisch erachteten Instrumente ein, wird man sich mit gro-

ßer Wahrscheinlichkeit in die Degenerationsphase hineinbewegen. Aufgabe des Marketingmanagers ist es jedoch herauszufinden, wie er die augenblickliche Stagnation durch einen neuerlichen Aufschwung überwindet.

– Der Konkurrenz- und Umfeldaspekt taucht in diesem Modell nicht auf; wieweit ein Wachstumsrückgang auf Konkurrenzeinflüsse (z.B. intensive Werbung) zurückzuführen ist und wie man darauf bei insgesamt konstantem Käuferinteresse reagieren müßte, wird überhaupt nicht untersucht.

– Die Instrumentalzuordnungen bewegen sich mehr auf trivialem Niveau.

Generell kann man zusammenfassend betonen, dass ein **Beschreibungsmodell** solange nicht zu **Prognosezwecken** mißbraucht werden darf, wie es seine zeitinvariante Gültigkeit nicht bewiesen hat. Das ist aber unser Problem. Lediglich aus **didaktischen** Gründen, um auf die Möglichkeit situationsspezifischer Instrumentalzuordnungen zu verweisen, verdient dieses Modell Beachtung.

5.3 Heuristische Verfahren

Im Gegensatz zu systematischen Verfahren wird bei heuristischen Verfahren der Lösungsweg, auf dem die Ergebnisse gewonnen werden, genau beschrieben. Der Erfolg heuristischer Verfahren beruht auf dem „Vorwissen" der Benutzer. Laien werden mit diesen Verfahren im Regelfalle ihre Schwierigkeiten haben.

Die entwickelten Heuristiken basieren auf Beobachtungen. Wie geht ein Marketingmanager vor, wenn er ein Absatz- oder Beschaffungsmarketingmix entwickeln muss? Kennzeichnend ist

– eine **sequentielle Vorgehensweise;** erst wenn das Produkt fertiggestellt ist, beginnt er mit der Marketing-Mix-Planung – genauer müsste man sagen: mit der Planung des Vermarktungsmix, weil das Produkt ja als wichtiger Bestandteil des Marketing-Mix bereits vorliegt. Fertiggestellt kann hierbei gedanklich wie auch faktisch fertiggestellt bedeuten. Ein erfahrener Marketingmanager wird sich auf diesem Kontinuum zwischen Planung und Realisation möglichst nahe an der Realisationsebene mit dem Beginn der Vermarktungsmixplanung bewegen. Damit vermeidet er „Papierkorbplanung", die sich aus Realisationsproblemen ergibt;

– **bedingungsorientierte Planung;** darauf haben wir bereits in Übersicht 17 hingewiesen. Der Einsatz der Instrumente erfolgt nach dem Merksatz, der auch für Prüfungen gelten könnte: „Es kommt darauf an". Es kommt auf besondere Markt- und Unternehmensbedingungen an, welche den Einsatz dieser oder jener Instrumente nahelegen. So kategorisiert der Marketingmanager sein Produkt vor seinem Umfeld anhand ihm wichtig erscheinender Merkmale. Dies sind für ihn Eselsbrücken der Instrumentalzuordnung. Sie helfen ihm auch, Instrumentalkonflikte zu vermeiden.

Die folgende Heuristik löst einen Teil der geschilderten Probleme (Auswahl-, Sequenz-, Synergieprobleme). Das Intensitätsproblem wird nicht gelöst. Das hängt von der Marktsituation (Konkurrenz, Nachfrage) und den eigenen Zielen und Potentialen ab.

Für den Marketingmanager haben wir bereits mehreres untersucht, auf das wir jetzt zurückgreifen können. Wir wollen **Beeinflussungsinstrumente** benutzen (Kapitel 4), deren Wirkung von den **Beeinflussten** selbst (Abschnitte 2.2 und 2.3) und den **Konkurrenten** (Abschnitt 2.6) abhängt und deren Wirkungsabsicht und Einsatzmöglichkeit von **Zielen** und **Potentialen** geprägt wird (Kapitel 3). Wir suchen nach situationsadäquaten Merkmalen, die aufgrund der bisherigen Markthandhabung eine spezifische Instrumentalkombination nahelegen. Die Merkmale müssen

- isolierbar und operationalisierbar sein,
- sich prägnant im Markt wiederfinden lassen,
- eine spezifische Instrumentalauswahl zulassen,
- diese Zuordnung muss mit der Marketingrealität weitgehend übereinstimmen.

Um die besondere Bedeutung der Merkmale als Verknüpfungsinstrument hervorzuheben, wollen wir sie auch optisch noch einmal betonen:

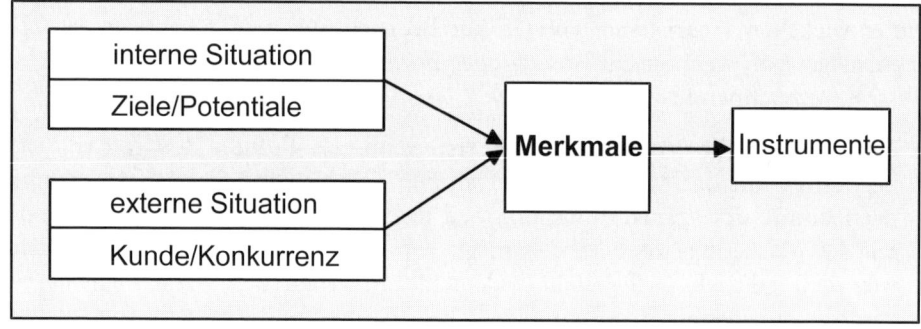

Übersicht 93: Ein heuristischer Lösungsweg der Instrumentalkombination

Aus einem großen situationsbezogenen Merkmalskatalog (s. Koppelmann 2001, S. 580 ff.; 2004, S. 48 ff.) wählen wir für diese Einführung lediglich einige Produktziele und wenige ergänzende Merkmale aus. Je nachdem, was man will, erhält man bereits spezifische Instrumentalverknüpfungen für den Absatz- und Beschaffungsbereich, welche die heuristische Denkweise ausreichend dokumentieren.

5.31   Absatzmix

Die folgenden Zuordnungen befinden sich entsprechend den hier erläuterten Variablenausprägungen auf einem mittleren Abstraktionsniveau, das in der jeweiligen Entscheidungssituation noch weiter heruntergebrochen werden kann. Es ist aber doch schon so konkret, daß der Leser seine eigenen Erfahrungen an diesen Aussagen spiegeln kann. Dazu greifen wir auf Ausführungen unter dem Instrumentalzielaspekt zurück. Um das Lesen zu erleichtern, verzichten wir nicht auf Wiederholungen.

(1) Spitzenprodukt

Ein Spitzenprodukt gehört zur im Augenblick höchsten Leistungsklasse. Das Niveau kann sich im Zeitablauf somit verschieben. Die S-Klasse von Mercedes in der Topversion galt bisher als Spitzenprodukt Mit der Einführung des ca. vier mal so teuren Maybach wurde ein neues Niveau kreiert, die bisherige Spitzenklasse rutschte auf das Premiumniveau herunter. Das kann sich auf Sach- oder Anmutungsleistungen (→ Luxusprodukt) beziehen. Bei Sachleistungen handelt es sich um höchste Präzision, Geschwindigkeit usw. Bei Anmutungsleistungen steht das Auserlesene, Brillante usw. im Vordergrund. Die Übergänge sind fließend: Auch Technisches kann anmutungshaft faszinieren, ein Ferrari Testarossa, eine Leica M8 bewirken bei einigen glänzende Augen. Daraus folgt eine spezifische Vermarktung. Die selektive Distribution dominiert. Im Konsumgütersektor wird meist indirekt über ausgewählte Spezialgeschäfte und im Industriegütersektor meist direkt über einen eigenen, bestens geschulten Außendienst vertrieben. Hohe Lieferzuverlässigkeit und Qualität sind ebenso selbstverständlich wie ein aufwendiger Kundendienst. Es wird überdurchschnittlicher Garantieumfang sowie Kulanz erwartet. Relative Höchstpreise werden unterstellt, Preiskämpfe sind tabu, örtliche und zeitliche Preiskonstanz werden gewählt. Die kleinen Zielgruppen werden gezielt umworben, der distinguierte, noble Werbestil herrscht vor. Für eine exklusive Präsentation mit geschultem Verkaufspersonal wird gesorgt.

(2) Billiges Massenprodukt

Das billige Massenprodukt überzeugt durch seinen niedrigen Preis. Aus Kostengründen erfüllt es deshalb gerade noch die geforderten Leistungen. Der niedrige Preis sorgt für große Absatz- und Produktionsmengen. Um die Kostendegressionseffekte nutzen zu können, wird ein kontinuierlicher Großmengenabsatz angestrebt - Kosten der Leerkapazität stören. Für große Mengen muß intensiv und breitflächig geworben werden. Viele müssen wissen, daß es dieses Produkt so billig gibt. Häufig beteiligt sich der Hersteller an der Händlerwerbung, die dann eher im Basarstil gehalten ist. Sonderangebote und Zweitplazierung insbesondere im großflächigen Handel sind üblich. Distribuiert wird über den Handel (also indirekt), wobei eine möglichst ubiquitäre Distribution interessiert - der Kunde soll möglichst häufig mit dem neuen Produkt konfrontiert werden, Beschaffungsaufwand vermieden werden. Alle weiteren Instrumente werden daraufhin geprüft, ob man auf sie aus Kostengründen verzichten kann.

(3) Solides Produkt

Zwischen den beiden genannten Produktzielen liegt das solide Produkt. Hier steht das Bewährte, die lange haltbare Gestaltungslösung im Vordergrund, weniger das Neue, Pfiffige. Der Käufer will Risiken vermeiden und kauft das Gute zum vernünftigen Preis, der durchaus etwas über der Preismittellage liegen kann („lieber etwas teurer; da weiß man, was man hat" oder „das gönn' ich mir"). Vorrangig wird über Fachgeschäfte verkauft. In einigen Fällen findet man im Konsumgütersektor auch die direkte Distribution (z.B. Vorwerk, Avon), die eher für die Industriegüterdistribution gilt. Während bei billigen Massenprodukten auf die schnelle, kostengünstige Logistik Wert gelegt wird, interessiert hier eher die zuverlässige, schadenfreie Logistik. Die Werbung richtet sich an traditionelle, mittlere bis gehobene Schichten, sie ist eher zurückhaltend gestaltet, Traditionssymbole werden bevorzugt. Verkäufer werden geschult, um gut beraten zu können. Lieferbereitschaft, Lieferzuverlässigkeit und hohe Lieferqualität werden erwartet. Ein zuverlässiger Kundendienst, möglichst in eigener Regie, sorgt für Kundenzufriedenheit.

(4) Standardprodukt

Zwischen billigem Massen- und solidem Produkt ist das Standardprodukt angesiedelt. Es handelt sich vielfach um im Auftrag großer Handelsorganissationen hergestellte Produkte. Im Rahmen des Handelsmarketing sollen sie eine eigenständige, nur vom Handel beeinflusste „Günstigkeitspreispolitik" sicherstellen. Sie werden neben Markenartikel als preisgünstige Variante gesetzt. Der relativ niedrige Preis und Werbung vor Ort (point of purchase → POS) dominieren.

(5) Pionierprodukt

Das Pionierprodukt ist durch hohe Neuartigkeit gekennzeichnet. Eine bisher nicht bekannte Produktleistung (z.B. i-Pod von Apple) hebt das neue Produkt aus dem Kreis der Konkurrenzprodukte deutlich heraus. Das Neue muß bekanntgemacht werden. Deshalb kommt der Werbung für die gewählte Zielgruppe große Bedeutung zu. Je sichtbarer das Neue, je einleuchtender der Vorteil, um so leiser kann der Werbeauftritt sein. Er kann durch Verkaufsförderungsmaßnahmen (Verkaufshilfen, Verkäuferschulung) verstärkt werden. Wichtig sind auch Produktpublizitätsmaßnahmen. Presseberichte fallen auf fruchtbaren Boden, da Neues zu verkünden ist. Im industriellen Sektor empfiehlt sich die persönliche Anwendungsberatung. Der nächstwichtige Instrumentalbereich ist die Distribution. Aus Kosten- und Risikogründen empfiehlt sich im Konsumgütersektor die indirekte Distribution. Von der Zielgruppe und den eigenen Niveauvorstellungen hängt es ab, ob man eher höhergenrig in Fachgeschäften oder eher breiter über Warenhäuser, Verbraucher- und Fachmärkte vertreibt. Wichtig ist, daß man möglichst schnell viele Händler des gewünschten Typs gewinnt, um eine breite und intensive Produktkonfrontation zu sichern. Deshalb ist auch der Werbeauftritt wichtig. Bei überschaubarer Kundenzahl, wie wir es im Industriegütersektor häufiger finden, ist auch eine direkte Distribution möglich. Pionierprodukte können hochpreisig (skimming policy) oder niedrigpreisig (penetration policy) eingeführt werden. Im ersten Fall werden innovatorbezogene Konsumentenrenten abgeschöpft, um dann schrittweise den Preis zu senken. Im zweiten Fall will man durch einen attraktiven Preis möglichst schnell einen großen Markt aufbauen und der Konkurrenz die Markteintrittsbarrieren hochsetzen. Einführungsrabatte können sich im Handel als nützlich erweisen. Bei hochwertigen Pionierprodukten sind Kredite oder Leasingmaßnahmen denkbar. Will man sukzessive den Markt öffnen (skimming policy), dann muß keine hohe Lieferbereitschaft vorliegen. Kundendienst und Garantiemaßnahmen sollen das Kaufrisiko schmälern.

(6) Me-too-Produkt

Das Imitieren setzt Pionierverhalten anderer voraus. Das Pionierprodukt wird im Regelfall vereinfacht, damit zu niedrigerem Preis (→ Unterschwellenpreise) eine größere Menge angeboten werden kann. Der Imitator wartet ab, ob die Rechnung des Pioniers aufgeht. Er lernt aus dessen Fehlern, er hängt sich an die Marktöffnungsaktivitäten des Pioniers an. Meist ergibt sich daraus ein prinzipiell ähnliches Vermarktungsmix auf niedrigerem Angebotsniveau.

(7) Designorientiertes Produkt

Hersteller wie Lamy, USM, Erco, FSB, interlübke, Cor, Cassina, Vitra, Flos, Artemide usw. entwickeln und verkaufen Produkte mit einem jeweils spezifischen ästhetischen Reiz, der sich aus der Masse der übrigen Produkte ihrer Gattung deutlich heraushebt. In den meisten Fällen sind diese Produkte teurer als die Konkurrenzprodukte. Man achtet darauf, daß Preiskämpfe vermieden werden. Der Verkauf in Fach- und Spezialgeschäften (z.B. Designboutiquen) dominiert. Bei Herstellern kleiner Produktserien erweisen sich Produktpublizitätsmaßnahmen als kostengünstige und wirksame Beeinflussungsmöglichkeit. Bei größeren Absatzmengen wird die Werbung in gehobenen Zeitschriften (z.B. DER SPIEGEL) bevorzugt. Damit der Verkauf in den Fachgeschäften auch das jeweilige ästhetische Flair sichert, werden Verkaufshilfsmittel, Ausstellungsplanungen, Verkäuferschulungen als Maßnahmen der Verkaufsförderung angeboten. Einige Hersteller haben die Klaviatur der Produktpublizität gekonnt bespielt (z.B. FSB). Je breiter die Distribution, um so intensiver werden die lieferpolitischen Maßnahmen gepflegt. Der Kundendienst wie auch die Garantiemaßnahmen gleichen denen, die wir von den soliden Produkten kennen.

Neben diesen zielorientierten Merkmalen gibt es weitere, die zur Kennzeichnung der Entscheidungssituation herangezogen werden können (angebotsorientiert: Produktleistungsniveau, Produktneuheit, Produktkonkurrenz, Erklärungsbedürftigkeit usw.; nachfrageorientiert: z.B. Bedarfsdichte, -weite, Produktimage). Jedem dieser Merkmale kann man ebenfalls spezifische Instrumente bzw. Variablenausprägungen zuordnen. Wir wollen darauf an dieser Stelle verzichten.

Damit sind wir der Lösung des **Auswahlproblems** näher gekommen. Es steht noch die Betrachtung des **Sequenz-** und **Synergieproblems** aus. Das Sequenz-problem kann man wie folgt in den Griff bekommen: Wenn das fertige Produkt vorliegt, läßt man es von Kennern des jeweiligen Produktmarktes anhand der gerade geschilderten charakterisierenden Merkmale bewerten. Dabei zeigt sich, daß nur ein kleiner Teil der Merkmale interessant ist. Aus den Zielmerkmalen ist im-mer ein Merkmal dabei (konstitutiv), aus den anderen beiden Gruppen treten einige hinzu (sukzessiv). Durch Hierarchisierung wird die Bedeutung der Merk-male untereinander festgelegt. Es wird also eine Bedeutungsrangfolge gebildet. Dann beginnt man mit der Auswahl der Vermarktungsinstrumente, die aufgrund des vorliegenden Produktes zu diesem erstwichtigen Merkmal passen (z.B. zu dem Spitzenprodukt). Dann wendet man sich dem zweitwichtigsten Merkmal zu und prüft, welche neuen Instrumente empfohlen werden. Das ist noch einfach. Da aber nicht alle zusätzlich empfohlenen Instrumente ausgewählt werden sollten, das würde nämlich zu einem additiven und nicht zu einem synergetischen Mix führen, muß überlegt werden, welche der neuen Instrumentalempfehlungen auf-grund der gewählten Strategie zu den bisherigen passen, sie also in ihrer Wirkung verstärken. So verfährt man auch beim dritten Merkmal, wenn denn überhaupt noch ein weiteres vorliegt. Nach dieser inhaltlichen Synergieprüfung bleibt dann noch eine intensitätsmäßige Fixierung. Man muß überlegen, welches der vorge-schlagenen Instrumente aufgrund der Konkurrenz- und Kundensituation die größte Wirkung entfaltet. Man legt also eine geschätzte Wirkungsrangfolge der Instrumente fest. Und schließlich, um dem ökonomischen Prinzip zu gehorchen, muß geschätzt werden, was die nach Wirkung hierarchisierten Instrumente kosten werden. Wenn sich dabei prognostizierte Kosten herausstellen, die man nicht tragen kann, muß nach einer second-best-Lösung gesucht werden, wobei man die best-Lösung nicht aus den Augen verliert.

Dies ist der systematische Nachvollzug (→ heuristischer Prozeß) des möglichen Entscheidungsprozesses eines Marketingmanagers. Mit Hilfe der folgenden Über-sicht 94 wollen wir dies beispielhaft sichtbar machen.

Instrumente (Dann-Entscheidung) \ Merkmale (Wenn-Bedingung)	billiges Massenprodukt	Spitzenprodukt	solides Produkt	Pionierprodukt	Me-too-Produkt	designorientiertes Produkt	hohes Produktimage	hohe Produktkonkurrenz	usw.
Merkmalsgewichtung		1					2	3	
produktpolitische Variablenausprägung									
servicepolitische Variablenausprägungen, …									
distributionspolitische Variablenausprägungen, …									
entgeltpolitische Variablenausprägungen…									
kommunikationspolitische Variablenausprägungen									
Einzelumwerbung		X							
Gruppenumwerbung		X					X		
Massenumwerbung								(X)	
Leistungsumwerbung		X					X		
Preiswerbung								(X)	
Basarstil									
technischer Leistungsstil									
solider Werbestil									
distinguierter Werbestil		X					X		
Verkaufspromotions		X							
Händlerpromotions		X					X	X	
Kundenpromotions								(X)	
pers. Anwendungsberatung									
Gebrauchsanweisung									
Pressemassnahmen		X							
Product Placement									
Sponsoring		X							

(x): nur isoliert, aber nicht zu bisherigen Fixierungen passende Variablenausprägungen

Übersicht 94: Merkmalsabhängige Variablenausprägungen

In der Kopfzeile haben wir einige Merkmale als Wenn-Bedingung eingetragen, es können weitere hinzutreten. Dann haben wir für einen konkreten Fall (z.B. Braun-Rasierapparat, "360° Complete") die besonders bedeutsamen herausgegriffen und sie hierarchisiert. In diesem Fall bedeutet dies, daß das Produktziel Spitzenprodukt den Ausgangspunkt der Überlegungen bildet. In der Vertikalen haben wir dann die Vermarktungsinstrumente und bei der Kommunikationspolitik die Variablenausprägungen aufgelistet. Danach haben wir die für ein Spitzenprodukt geeignet erscheinenden Variablenausprägungen angekreuzt. Dem liegen Beurteilungen von Fachleuten zugrunde. Anschließend haben wir die Zuordnungen vorgenommen, die sich aus der isolierten Beurteilung anhand des Merkmals hohes

Produktimage und hohe Produktkonkurrenz ergeben. Dabei stellen wir fest, daß das hohe Produktimage die bereits vorgenommenen Zuordnungen bestätigt. Anders sieht es für die Wenn-Bedingung hohe Produktkonkurrenz aus. Wenn man sich für Leistungswerbung entscheidet, ist Preiswerbung schlecht möglich. Kundenpromotions stören das hohe Produktimage. Die Gruppenumwerbung entspricht am besten dem Werbeobjekt, das in großer Stückzahl verkauft wird. Wenn es gelingt, eine hochwertige Gestaltung in Massenmedien (z.B. Fernsehen) zu finden, kann man über diese Variablenausprägung durchaus nachdenken.

So kann ein Produktmanager mit seiner Produktmarke umgehen. Handelt es sich innerhalb eines Konzerns (z. B. VW) um mehrere Dachmarken (z. B. VW, Skoda, Seat, Audi, Rolls-Royce, Lamborghini, Bugatti) hat man mit diesem System auch die Möglichkeit, für eine jeweils marktgerechte differenzierte Markenpolitik zu sorgen.

5.32   Beschaffungsmix

Auch für den Beschaffungsbereich eignen sich die produktzielbezogenen Kombinationsüberlegungen. Aus der Vielzahl möglicher Variablenausprägungen (siehe Übersichten 83-87) greifen wir einige entsprechend den Zielvorstellungen heraus.

(1) Spitzenprodukte

Spitzenprodukte können von allen (selbst, Lieferant, Partner) entwickelt werden, sofern sie über das beste Entwicklungs-Know-how verfügen. Es handelt sich um Neuentwicklungen. Solange man nicht selbst entwickelt, wird man nur Leistungsvorschriften mit geringen Toleranzen machen. Verfügt der Lieferant über einen großen Namen, kann man Lieferantenmarkierung vereinbaren. Der Lieferant kann angehalten werden, auf das Zusammenpassen Wert zu legen (Integralqualität). Verfügt der Lieferant über eine starke Stellung, wird man sich ihm anpassen müssen. Geringe Realisationstoleranzen sind als Forderung üblich. Man kann davon ausgehen, daß die vereinbarten Produktleistungen über einen größeren Zeitraum konstant bleiben sollen.

Bei einem im Aufbau befindlichen Lieferanten kann man Gestaltungshilfen anbieten. Man erwartet von ihm Lieferbereitschaft, Lieferzuverlässigkeit, Lieferqualitätseinhaltung; um Schäden zu vermeiden, wird eine produktionsgerechte Anpassung gefordert. Eine lange Ersatzteilverfügbarkeit entspricht dem Leistungsniveau. Eine umfangreiche Garantiepolitik entspricht dem Leistungsstandard ebenso wie eine effektive Leistungssicherungspolitik.

Wegen des meist hohen Stückpreises wird Wert auf die genaue Einhaltung der Bestellmenge gelegt. Die Bedeutsamkeit des Produktes führt meist zum Zentraleinkauf. Rahmenaufträge sind verbreitet. Damit das Produkt während des Transports nicht beschädigt wird, legt man fest, wer wie transportieren soll.

Spitzenprodukte werden nicht wie Sand am Meer angeboten, meist liegen angebotsmonopolistische Strukturen vor. Statt einer Preisdruckpolitik wird man interessante Preise bieten müssen (→ Preissogpolitik). Zusätzliche Leistungen müssen entgolten werden. Zur Not wird eine Belieferungsprämie fällig.

Besonders wichtig ist die Kommunikationspolitik. Gerade bei Spitzenprodukten sind die Bereitschaft zum Informationsaustausch und die Personen- und Technikeignung dazu besonders bedeutsam. Der Lieferantentag kann ein geeignetes Instrument sein. Um sich schnell richtig zu verständigen, ist es hilfreich, den Angebotsmodus genau zu fixieren. Für zukünftige Angebote empfiehlt sich die Offertenresonanz. Je mehr man gemeinsam entwickelt, um so notwendiger ist der Problemaustausch, die Bereitschaft, gemeinsam nach Problemlösungen zu suchen. Je mehr man selbst Know-how transferiert, um so eher wird der Geheimhaltungswunsch geäußert. Je deutlicher das Informationsgefälle, um so dringender wird die Notwendigkeit der Anwendungsberatung. Bei Erstlieferkontakt wird man bei einem so sensiblen Produkt Informationen über die Lieferantenzuverlässigkeit aus neutraler Quelle haben wollen. Als angenehme Dreingabe wird es empfunden, wenn der Lieferant die eigene Absatzwerbung unterstützt (→ Sprungwerbung).

(2) Billigprodukte

Im Beschaffungsbereich ist es zweckmäßig, das im Absatzbereich nützliche Ziel „billige Massenprodukte" zu zerlegen. Hier müssen Billigprodukte nicht unbedingt in großer Menge eingekauft werden.

Billigprodukte sind einfach, zweckmäßig, auf rationelle Produktion hin gestaltet. Standardisierung soll zur Anwendungsverbreitung und damit zu Skaleneffekten beitragen. Es handelt sich meist um Lieferantenentwicklungen. Der Beschaffer beschränkt sich auf Leistungsvorgaben mit Vereinheitlichungstendenzen. Lieferbereitschaft und Lieferzuverlässigkeit ragen als servicepolitische Maßnahmen heraus. Der Lieferort (Ankunftsort) muß genau und zeitexakt eingehalten werden. Eine aggressive Preispolitik ist weit verbreitet: Neben der Preisdruckpolitik begegnet uns die Preissetzungs- und Konkurrenzpreispolitik. Billigprodukte sind weltmarktgeeignet; deshalb sind umfassende Informationen nötig. Dazu dienen zum Beispiel Einkaufsmessen und reagible Informationsmedien (Internet). Um Abwicklungskosten zu sparen, sind genormte Abwicklungsformalitäten hilfreich (→ e-procurement, reverse auctions).

(3) Bewährte Produkte

Im Absatz spricht man von soliden, hier von bewährten Produkten. Es handelt sich um Wiederholungskäufe. Die Produkte werden allenfalls an Neuentwicklungen angepaßt. Es liegen Gestaltungs- und Leistungsvorschriften vor, geringe Gestaltungs- und Realisationstoleranzen werden ebenso erwartet wie eine hohe Produktleistungskonstanz. Eine hohe Lieferbereitschaft, -zuverlässigkeit und -qualitätseinhaltung werden gefordert. Die unveränderte Gestaltung soll dazu beitragen, daß eine lange und problemlose Ersatzteilversorgung möglich ist. Um das

Bewährte zu erhalten, wird großer Wert auf die verschiedenen Maßnahmen der Leistungssicherungspolitik gelegt. Im Prinzip kommen alle Bezugsorgane für die Beschaffungsabwicklung in Frage. Weil sich das Beschaffungsobjekt nicht verändert, liegt ein langfristiger Rahmenauftrag nahe. Daraus folgt meist ein Festpreis, vielfach wird ein Preis vom Beschaffer bestimmt. Der Rahmenauftrag erfordert einfachen Informationsaustausch (Kontaktbereitschaft, Medienadäquanz). Über Einkaufsmessen kann man sich um neue Lieferanten bemühen, über die man, um das Qualitätsrisiko zu senken, genaue Informationen benötigt (→ Lieferantenreferenz).

(4) Innovative Produkte

Dem Pionierprodukt im Absatz entspricht das innovative in der Beschaffung. Eine neue Lösung ist immer mit größeren Risiken als eine bewährte verbunden. Dafür eröffnet sie Profilierungsmöglichkeiten. Der Entwicklungsspielraum (eigen, fremd, Partner) ist groß. Bei einer Fremdentwicklung beschränkt man sich auf Leistungsvorschriften mit möglichst engen Gestaltungs- und Realisationstoleranzen. Das neue Objekt muß sich in das Gesamte einfügen. Eine hohe Produktleistungskonstanz ist wünschenswert. Handelt es sich um eine Fremdentwicklung, dann sind – eigene Fähigkeiten und Kapazitäten vorausgesetzt – Gestaltungshilfen möglich. Lieferbereitschaft, -zuverlässigkeit und -qualitätseinhaltung werden betont. Um Schäden bei der Verarbeitung zu vermeiden, kann die produktionsgerechte Anpassung erforderlich sein. Eine schnelle Ersatzteilversorgung reduziert ebenso wie eine intensive Garantiepolitik und die Leistungssicherungspolitik das Risiko. Bei innovativen Produkten wird auf die Bestellmengeneinhaltung großer Wert gelegt. Sie werden eher zentral als dezentral eingekauft. Sie eignen sich für Rahmenaufträge. Um Qualitäten und Mengen sicher zu führen, werden in der Logistik enge Grenzen gesetzt. Die Neuartigkeit, das damit verbundene Risiko und Profil erfordern eine eher entgegenkommende Preispolitik (z.B. Leistungspreispolitik). Es kann sich sogar eine Belieferungsprämie als nützlich erweisen. Bei einem fähigen Entwicklungslieferanten ist auch Kreditgewährung denkbar.

(5) Normprodukte

Bei diesem Merkmal sieht das Beschaffungsmix ganz anders aus. Wegen der meist genormten Qualität spielt die Produktqualität keine besondere Rolle (Ausnahme: Produktleistungskonstanz). Bei der Servicepolitik dominieren die Variablenausprägungen der Lieferungspolitik (Zustellen, Lieferbereitschaft, -zuverlässigkeit, Abnahmebereitschaft, -zuverlässigkeit, Lieferqualitätseinhaltung). Die Bezugspolitik konzentriert sich auf die Varianten der Bezugsorganpolitik; bei der Modalitätspolitik stehen die incoterms im Mittelpunkt und bei der Bezugslogistikpolitik interessiert alles, was zur Kostenreduktion beiträgt. Die Entgeltpolitik ist vorrangig auf alle Variablen fokussiert, die möglichst niedrige Kosten erlauben (z.B. durch Variablen der Preispolitik). Die Maßnahmen der Kommunikationspolitik beschränken sich auf die der Einkaufsabwicklungsmodalitäten.

Diese Zuordnungen lassen sich inhaltlich begründen, sie begegnen uns in der Praxis. Von der bisherigen Realität schließen wir auf morgiges Handeln. Dieses deduktive Vorgehen weist den Nachteil der Innovationsfeindlichkeit auf. Es soll jedoch der Weg für neue Instrumentalkombinationen nicht verbaut werden. Deshalb dürfen diese Zuordnungen nur als ein tauglicher Handlungs**rahmen** verstanden werden, den man begründend verlassen kann.

6   Marketingkontrolle

Wir haben die letzte Stufe unseres Planungsprozesses erreicht (siehe auch Übersicht 13).

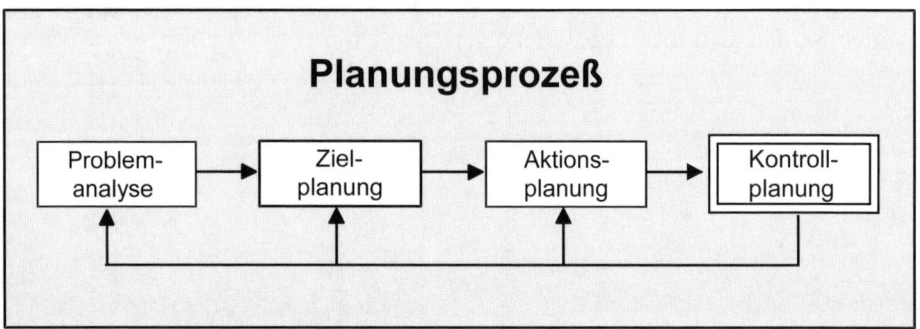

Übersicht 95: Stufen des Planungsprozesses

Kontrolle wird im Wesentlichen als Soll-Ist-Vergleich verstanden.

Die Aufgaben der Kontrolle sind mehrschichtig. Im Rahmen der **diagnostischen** Funktion geht es um die Ergebnisfeststellung. Dem geplanten Soll werden die realisierten Ist-Werte gegenübergestellt. Darauf bauen weitere Funktionen auf. Als **therapeutische** Funktion kann man die Verhaltensbeeinflussung bezeichnen; es soll anders oder besser gehandelt werden; Lernen und Motivieren sind Stichworte. Als **prognostische** Funktion kann man die Regelungsfunktion umschreiben; nachgelagerte Planungsentscheidungen sollen über eine bessere Informationsbasis verfügen.

6.1   Der Kontrollprozeß

Wie die meisten komplexen betriebswirtschaftlichen Tätigkeiten, so vollzieht sich auch die Kontrolle schrittweise. Dabei ist die Vorgehensweise aus Übersicht 96 denkbar:

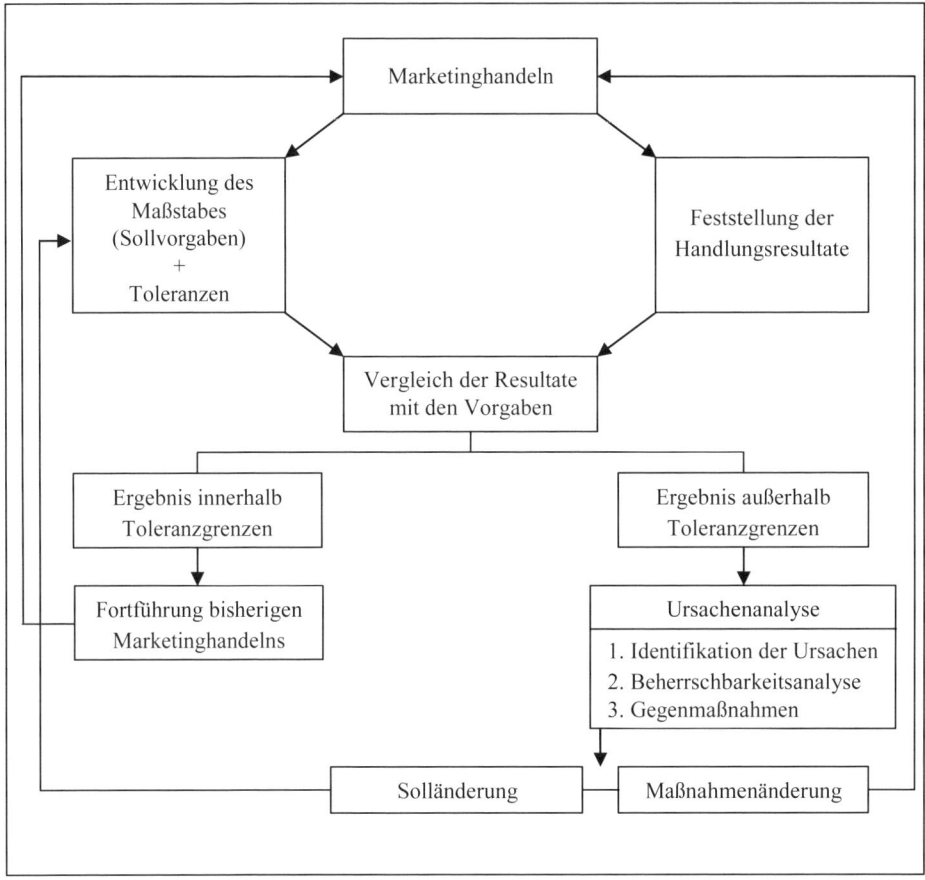

Übersicht 96: Stufen des Kontrollprozesses

Aus dem Vergleich der Handlungsergebnisse (Ist) mit den Vorgaben (Soll) ergibt sich für den Fall, dass das Ergebnis außerhalb der Toleranzgrenzen liegt, die Notwendigkeit der Ursachenanalyse. Liegen die Ergebnisse innerhalb der Toleranzgrenzen, können die bisherigen Maßnahmen fortgesetzt werden, solange die Sollvorgaben nicht geändert werden.

Die Ursachenanalyse beginnt mit der Identifikation der Ursachen, die für die Abweichung maßgeblich waren. Das ist häufig leichter gesagt als getan. Es ist möglich, dass man eine Vermutung darüber hat, welche Entscheidung für die Abweichung ursächlich war. Dazu ist Erfahrungswissen nötig. Ein junger Produktmanager wird eher gezwungen sein, den genannten Planungsprozess (Problemanalyse, Ziel- und Potentialanalyse, Maßnahmenplan) mit den jeweiligen Teilschritten zu analysieren. Findet er einen erfahrenen Coach, der ihn bei der Analyse begleitet, kann er für Fehlermöglichkeiten sensibilisiert werden. Das Ergebnis der Ursachenanalyse kann dazu führen, dass man die bisher gewählten Maßnahmen ändert oder, weil sich die Marktbedingungen verändert haben, die Maßstäbe (die Solls), den relevanten Bedingungen anpasst.

Einige allgemeine Hinweise erleichtern die Arbeit.

6.2 Kontrollbereiche

Die Kontrollarbeit kann sich auf mehrere Schwerpunkte konzentrieren. Auch hier wollen wir der bisher gewählten Zweiteilung in Absatz- und Beschaffungsaspekte folgen.

6.21 Absatzkontrolle

Als Leitlinie für die folgenden Überlegungen kann die gewählte Zielstruktur dienen. Der Konkretheitsgrad wächst, die Allgemeinverbindlichkeit schwindet mit der Abnahme des Abstraktionsniveaus.

6.211 Basiszielkontrolle

Auf der Basiszielebene dient z.B. der **Umsatz** als Kontrollgröße. Der Umsatz pro Periode (Tag, Woche, Monat usw.), pro Gebiet (Verkaufsbezirk, Nielsengebiet), pro Kundengruppe, pro Produktgruppe wie auch der Umsatz nach mehreren dieser Kriterien miteinander kombiniert, kann relativ einfach ermittelt werden. Bei Planabweichungen muß in der Ursachenanalyse geprüft werden, inwieweit diese Abweichungen instrumentalbedingt sind oder durch andere Markteffekte (z.B. Konkurrenzmaßnahmen) hervorgerufen wurden.

Eine besondere Form der Umsatzkontrolle ist die **Marktanteilskontrolle**. Hier wird der eigene Umsatz (Absatzvolumen) in Relation zum spezifischen Umsatz aller Anbieter eines Marktes gesetzt (Marktvolumen). Bei gesättigten Märkten ist eine Steigerung des Marktvolumens kaum möglich. Das Marktpotential (insgesamt möglicher Absatz) ist kaum größer. Ein Wachstum ist nur zu Lasten der Konkurrenz, also über eine Erhöhung des eigenen Marktanteils möglich. Der Weg zu einem hohen Marktanteil ist meist dornenreich; ist das Ziel erreicht (z.B. Effem-Tierfutter), dann muß der Handel, will er nicht Umsatzausfälle in Kauf nehmen, diese Produkte führen. Nicht profilierende Werbung der Konkurrenten stärkt zudem meist den Marktführer. Die folgende Abbildung (Übersicht 97) zeigt Unterschiede:

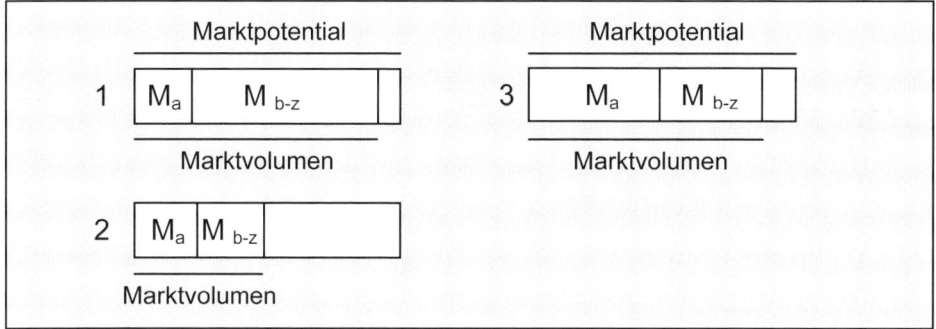

Übersicht 97: Verschiedene Marktsituationen

Die Situationen 1 und 3 kennzeichnen gesättigte Märkte, während in der Situation 2 noch erhebliches Absatzwachstum möglich ist. Auch die Stärke der Anbieter differiert erheblich. Das Unternehmen a im Fall 1 wird größere Probleme zum Beispiel bei der Einführung eines neuen Produktes als im Falle 3 haben.

Wichtig bei der Bestimmung des Marktanteils ist die Festlegung des **relevanten Marktes**. Nicht der Pkw-Markt ist der relevante Markt, sondern die aus der Sicht der Zielgruppe miteinander konkurrierenden Pkw-Marken einer Klasse (z.B. untere Mittelklasse: VW Golf, Opel Astra, Ford Focus, Fiat-Stilo, Renault-Mégane).

So wünschenswert die Erfassung der eigenen Dynamik im Verhältnis zur Konkurrenzdynamik ist, beachten muß man dabei die Datenproblematik. Damit nicht Äpfel mit Birnen verglichen werden, muß darauf geachtet werden, daß auch die gleiche Datenstruktur hinsichtlich Zeit, Gebiet, Kunden, Produkt benutzt wird. Nur für die wenigsten Produkte stehen die nicht ganz billigen Paneluntersuchungen zur Verfügung.

Um **Gewinnaspekte** zu berücksichtigen, müssen neben dem Umsatz auch Kosten verglichen werden; mit der Vertriebskostenrechnung oder der Absatzsegmentrechnung werden Hilfen für den Kosten- und Gewinnvergleich zur Verfügung gestellt. Dabei muß überlegt werden, ob man von einer Voll- oder Teilkostenrechnung ausgehen soll. Für die Teilkostenrechnung (z.B. Deckungsbeitragsrechnung) spricht, daß man nur unmittelbar durch das Produkt verursachte Kosten berücksichtigt und sich der Willkür von Gemeinkostenverteilungen entzieht. Vollkostenrechnungen beachten dagegen mit der Betonung der langfristigen Perspektive, daß ohne vollständigen Kostenersatz das Unternehmen zum Tode verurteilt ist.

Der Kontrolle des **Liquiditätserhalts** dienen **Cash-flow-Rechnungen**. Es sind Einnahmen-/Ausgabenrechnungen, welche zur Sicherung der Zahlungsfähigkeit beitragen sollen. Die Sicherung der Liquidität dient auch dem Ziel Sicherheit und Unabhängigkeit. Der Verkauf an große Kunden, deren Zahlungsfähigkeit nicht sicher ist, kann ebenso problematisch sein wie an Großkunden, die mit Abbruch der Bezüge drohen, weil sie wissen, daß sich dies der Lieferant nicht leisten kann, weil er sonst in die Verlustzone geriete. Das führt zur Handlungsanweisung, keinen größeren Kunden zu akzeptieren als denjenigen, durch dessen Verlust man nicht unter die Gewinnschwelle sinkt. Große Kunden führen zu Bequemlichkeit und Abhängigkeit.

6.212 Absatzzielkontrolle

Ob man die **Absatzerlöse** pro Produkt, Kunde, Gebiet erhöht hat, ergibt sich zum einen aus dem Zeitvergleich (gestern/heute). Das sagt allerdings nicht sehr viel, wenn man damit nicht auch die Veränderung der Konkurrenzpreise vergleicht. Ein Erfolg kann es sein, wenn man eher und stärker als die Konkurrenz die Preise erhöhen konnte, ohne dadurch an Marktanteil zu verlieren.

Ähnliche Überlegungen gelten für das Ziel der **Absatzkostensenkung.** Wenn es gelungen ist, durch Optimierung der Marktbeeinflussungsinstrumente Beeinflussungssynergien zu mobilisieren und dem ökonomischen Prinzip folgend das gegebene Ziel (z.B. Marktanteilserhalt) mit geringeren Kosten (z.B. Reduktion der Servicekosten, Konzentration auf wichtige Einzelhändler) zu erreichen, dann hat man in der betrachteten Periode erfolgreich gearbeitet.

Dem Ziel **Absatzrisikosenkung** dienen mehrere Maßnahmen, somit ergeben sich unterschiedliche Kontrollansatzpunkte. Auf den Aspekt der Kundenstreuung wurde unter dem Sicherheitsaspekt bereits insofern verwiesen, als das Größenmerkmal betont wurde. Kunden- und Märktestreuung bedeutet aber auch, unterschiedliche Kunden zu mischen, um möglichst den Rückgang in einem Fall durch eine Zunahme im anderen Fall ausgleichen zu können. Das führt dann zu einer differenzierten Kundenakzeptanzkontrolle. Ist man in wachsenden Märkten vertreten? Verfügt man über wachsende Marktanteile in diesen wachsenden Zukunftsmärkten?

Absatzflexibilität und **-qualität** bedeutet Mengen- und Leistungsänderungsfähigkeit. Ist man in der Lage, bei Mengenschwankungen schnell mehr oder weniger zu liefern? Zu welchen Bedingungen? Kann man die Leistungen des Angebots steigern, reduzieren oder ändern? Um schnell reagieren zu können, müssen alle am Erfolg beteiligten Bereiche zusammenarbeiten. Das Absatzmarketing muß ein sensibles Marktbeobachtungssystem installieren. Dazu gehört auch die Bereitschaft, mit „weak signals" zu arbeiten, mit weichen Daten statt mit hard facts. Wenn Produkte wie Blei im Ladenregal liegen, ist die Abverkaufskontrolle zu spät. Dazu gehört auch die Flexibilität der Produktion, zum Beispiel auf Änderungen des Farbgeschmacks schnell zu reagieren. Und sicherlich muß auch die Beschaffung in der Lage sein, Aufträge bei Lieferanten im partnerschaftlichen Sinn zu verändern.

6.213   Absatzinstrumentalzielkontrolle

Entsprechend der hier gewählten Einteilung der Marktbeeinflussungsinstrumente müssen wir von einer

- Produktkontrolle,
- Servicekontrolle,
- Distributionskontrolle,
- Entgeltkontrolle,
- Kommunikationskontrolle

sprechen.

Wir wollen uns auf den wichtigen Bereich der **Produktkontrolle** konzentrieren. Es handelt sich um eine Wirkungskontrolle: Hinterläßt das von uns angebotene Produkt die von uns gewünschten Wirkungen?

Eine Wirkungskontrolle kann als **ex-ante-** (Pretest) und als **ex-post-Kontrolle** (Posttest) erfolgen. Im ersten Fall wird vor der Produkteinführung geprüft, ob denn das morgen auf dem Markt angebotene Produkt unsere Erwartungen erfüllen wird. Wir prüfen Wirkungsvermutungen. Tatsächliche Marktspuren werden dagegen in der ex-post-Kontrolle ermittelt: Es handelt sich um eine Vergangenheitskontrolle. Beide Kontrollen werden auch als Test bezeichnet. Übersicht 98 dürfte hilfreich sein.

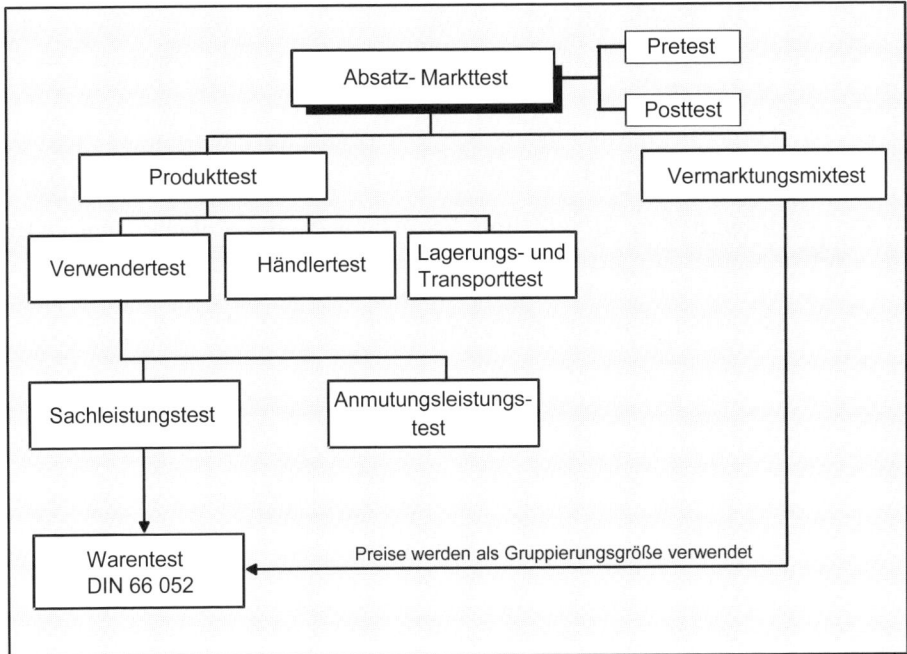

Übersicht 98: Testaspekte

- Im Rahmen der **Produktkontrolle** können neben den hier erwähnten Schwerpunkttests auch noch eine Konkurrenzkontrolle (Produktvergleich) und eine Limitierungskontrolle (Kontrolle der rechtlichen Zulässigkeit) interessant sein. Beim Verwendertest bereitet der Sachleistungstest (Warentest) als rationaler Soll-Ist-Vergleich von Fachleuten geringere Probleme als der Vergleich der Anmutungsansprüche mit den Anmutungsleistungen.

- Die **Händlerkontrolle** leitet sich als Kontrolle der Warenumschlagsgeschwindigkeit aus dem Verwenderakzeptanztest ab, den man als store-test im Laden durchführen kann. Und zum anderen interessiert die Rationalisierungskontrolle, das heißt, mit welchem Input an Personal und Sachmitteln welcher Warendurchsatz erzielt wird.

- Die **Lagerungs- und Transportkontrolle** prüft die Raumnutzung, die Manipulationsvereinfachung, die Schadensrückgänge. Ausgehend von den typischen Ansprüchen der Zielgruppe hofft man, daß die Testperson auch diese Ansprüche so oder doch zumindest sehr ähnlich äußerst, also aus der Mitte der Zielgruppe selbst stammt. So ist ein „Putzfrauentest" nur sinnvoll, wenn Putzfrauen die Zielgruppe bilden. Die Zielperson soll die Leistungen wahrnehmen, nutzen, mit ihren Ansprüchen vergleichen und erst dann zu einem Werturteil, das heißt zu einem Qualitätsurteil, gelangen.

Entsprechend dem Profilierungsgebot (siehe Abschnitt 2.6) gehen wir von einer strengen **Urteilssubjektivität** aus. Die Alltagssprache ist da leider weniger präzise. Wir können dabei von Übersicht 99 ausgehen.

- **Faktische** Qualitätsurteile ergeben sich aus der Leistungsnutzung und ihrer Bewertung anhand der eigenen Ansprüche.

- Die **intendierten** Urteile sind Vorstellungen, die Anbieter (Hersteller, Händler) darüber haben, wie aus ihrer Sicht (-> Planung) der Verwender das zu beurteilende Produkt bewerten müsste („Das ist prima Qualität, das kann ich Ihnen nur empfehlen".)

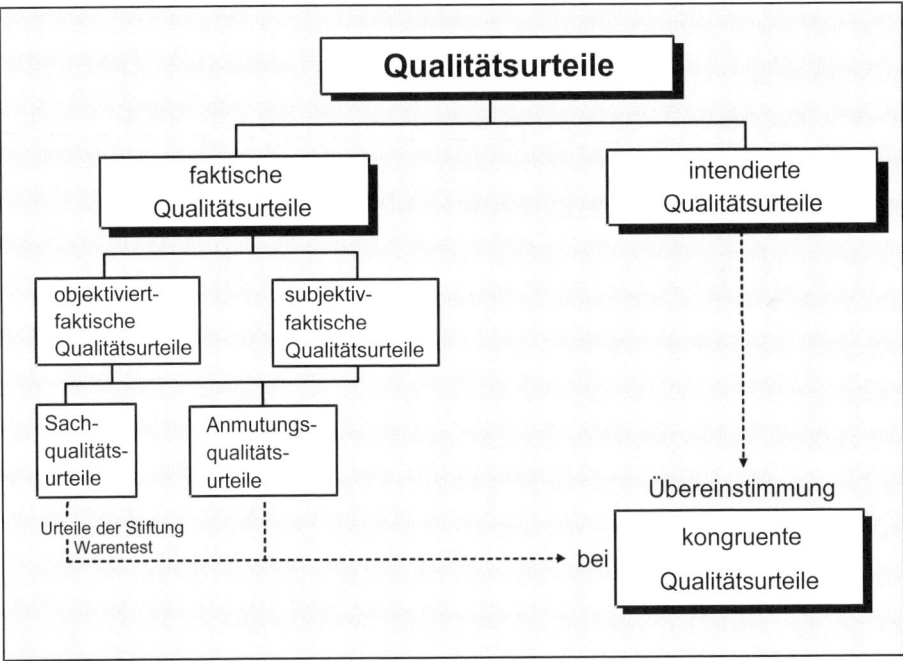

Übersicht 99: Mögliche Qualitätsurteile

Eigentlich müssten wir uns auf die subjektiv-faktischen Qualitätsurteile konzentrieren. Über die erfahren wir lediglich insofern etwas, als Käufer bei Zufriedenheit (die Leistungen entsprechen den Ansprüchen) ihre Markenentscheidung wiederholen. In der Zeitschrift „test" werden dagegen Urteile von Fachleuten veröffentlicht (objektiviert-faktische Qualitätsurteile). Die Bewertung von Fachleuten muß nicht mit den Käuferbewertungen übereinstimmen. Je nachdem, worin der Leistungsschwerpunkt eines Produktes liegt, kann man von kognitiven **Sachqualitätsurteilen** oder emotional gefärbten **Anmutungsqualitätsurteilen** sprechen. In der Zeitschrift „test" werden ausschließlich Sachqualitätsurteile veröffentlicht. Da sie meist apparativ gewonnen werden, halten sich die juristischen Probleme in Grenzen, wenn zum Beispiel das Produkt mit mangelhaft abqualifiziert wurde. Bei Anmutungsurteilen (z.B. ästhetischen Urteilen) ist das sehr viel schwieriger. Man kann hier mit an den Zielgruppen (Milieus, Übersicht 36) orientierten semantischen Differentialen arbeiten (Frey 1992). Mit diesen Urteilen sind größere Unschärfen als bei den Sachqualitätsurteilen verbunden.

Wenn sich nun bei der Kontrolle herausstellt, daß das faktische Urteil mit der eigenen Zielvorstellung (intendiertes Qualitätsurteil) übereinstimmt, dann liegt ein **kongruentes** Urteil vor. Das wird eher die Ausnahme sein; grundsätzlich ist zu prüfen, welche Urteilsabweichungen man noch glaubt hinnehmen zu können (→ Festlegen der Toleranzgrenzen) und ab wann man Leistungsveränderungen beim Produkt vornimmt. Erschwert werden diese Entscheidungen dadurch, daß ein neues Produkt gelernt werden muß, daß es selbst Ansprüche wiederum beeinflußt. Würde man sich sofort den Ansprüchen anpassen, würde man innovative Chancen vergeben, man würde sich immer am Gestrigen orientieren. Man hat es mit dynamischen Urteilen zu tun.

Aus methodischer Sicht ist zu prüfen, wie und wer kontrolliert werden soll. Das „Wie" haben wir bereits erörtert (Abschnitt 2.8). Man kann Kunden befragen oder beobachten. Bei den Personen, die man befragt oder beobachtet, unterlaufen Fehler. Entschließt man sich zur **ex-post-Kontrolle**, haben also die Personen Zeit, das Produkt zu „erlernen", dann kann man sich getrost an die eigenen Kunden wenden. Anders sieht das bei der **ex-ante-Kontrolle** aus. Hier besteht die Gefahr, daß der Kunde das neue Produkt am Maßstab seiner bisherigen Erfahrungen mißt. Daran würden dann vielfach innovative Produkte scheitern, weil bei der Bewertung ein Hang zum Vertrauten besteht. Eine solche Kontrolle kann nur von Fachleuten vorgenommen werden, die nicht nur die Kunden kennen, sondern auch über ein gutes Gespür verfügen, wie sie sich morgen verhalten werden.

Das Kontrollergebnis kann auch zur **Produktelimination** führen. Der Geschmack hat sich eben verändert, allgemeiner: die Ansprüche haben sich gewandelt. Es gibt inzwischen offenkundig bessere Konkurrenzprodukte. Das Produkt ist ins Gerede gekommen. Hat man das niederschmetternde Ergebnis vorliegen, kann man das Produkt sofort aus dem Markt nehmen, man kann das aber auch mit Ankündigung tun (siehe Abschnitt 4.311.4).

6.22   Beschaffungskontrolle

Die Basiszielkontrolle obliegt weniger dem Funktionsbereich Beschaffung. Wir haben das im Absatzbereich deshalb tun können, weil wir absatzrelevante Relativierungen (z.B. Marktanteil, Umsatz je Kunde, Gewinn je Produkt) benutzten. Darauf wollen wir jetzt verzichten und statt dessen gleich mit der Funktionskontrolle beginnen.

6.221   Beschaffungszielkontrolle

Im Beschaffungsbereich erweist es sich als hilfreich, mit **Kennzahlen** zu arbeiten. Diese Kennzahlen können **absolute** (z.B. Summen, Differenzen, Mittelwerte) oder **Verhältniszahlen** sein (z.B. Gliederungszahlen, Beziehungszahlen, Indices). Wir wollen uns hier auf **Beziehungszahlen** konzentrieren. Diese Beziehungszahlen können interne (z.B. heute/Vorperiode) oder externe Zahlen sein. **Benchmarks** sind meist externe (z.B. bester Konkurrent, Bester in einer anderen Branche) Beziehungszahlen. Wir wollen uns hier auf interne Kennzahlen eher beispielhaft beschränken.

In der folgenden Übersicht 100 haben wir für die wichtigsten Beschaffungsziele beispielhaft einige Kennzahlen aufgelistet. Sie können für den gesamten Funktionsbereich, aber auch für einzelne Beschaffungsobjekte erhoben werden.

Kostensenkungsziel	Beschaffungskosten-quote	=	$\dfrac{\Sigma \text{ Beschaffungskosten}}{\text{Nettoumsatz}}$ x 100	
	Ø Kosten/Bestellung	=	$\dfrac{\text{Gesamtkosten der Bestellung}}{\text{Anzahl der Bestellungen}}$	je Abteilung je Produkt je Mitarbeiter
	Fmkq	=	$\dfrac{\text{Stillstandkostenen}}{\text{Herstellungskosten}}$ x 100	Senkung der Fehl-mengenkostenquote (Fmkq)
Leistungssteigerungsziel	Lieferungsmängelquote	=	$\dfrac{\text{Anzahl beanstandeter Lieferungen}}{\Sigma \text{ Anzahl der Lieferungen}}$ x100	je Lieferant je Werk je Land usw.
	Servicebeanstandungs-quote	=	$\dfrac{\text{Anzahl beanstandeter Serviceleistungen}}{\text{Anzahl der Serviceleistungen}}$ x100	je Lieferant
	Handlingschadenquote	=	$\dfrac{\Sigma \text{ Anzahl/Wert beschädigter BO`s}}{\Sigma \text{ Anzahl/Wert gelieferter BO`s}}$ x100	je Lieferant
Flexibilitätsziel	Reservekapazitätsgrad	=	$\dfrac{\text{vertraglich gesicherte Kapazität}}{\text{maximal benötigte Kapazität}}$ x100	
	Planungsschnelligkeit	=	Zeitpunkt: Planungsrevision => neuer Beschaffungsplan => Vertragsänderung/Neuverträge	
Sicherheitssteigerungsziel	Lagerreichweite	=	$\dfrac{\text{Lagerbestand am Stichtag}}{\text{Ø Verbrauch pro Tag/Monat}}$	
	Lieferausfallquote	=	$\dfrac{\text{Anzahl der Lieferausfälle}}{\Sigma \text{ Anzahl der Lieferungen}}$ x100	
	Standardisierungsquote	=	$\dfrac{\text{Anzahl standardisierter BO's}}{\Sigma \text{ Zahl der BO's}}$ x100	

Übersicht 100: Zielabhängige Beziehungszahlen

6.222   Beschaffungsinstrumentalzielkontrolle

Wenn man sich die Fülle der in Abschnitt 4.6 erläuterten beschaffungspolitischen Instrumente vor Augen führt, wird man schnell einsehen, daß es hier nicht möglich sein wird, für alle Instrumente Kontrollkennzahlen zu benennen. Deshalb wollen wir uns auch hier mit einigen Beispielen zum Abschluß begnügen (siehe Übersicht 101).

Beschaffungsinstrumentalziel	Märktepräsenz	=	$\dfrac{\text{Anzahl genutzter Märkte aller BO`s / spezifische BO`s}}{\text{Anzahl möglicher Märkter aller BO`s / spezifische BO`s}}$
	Exclusivbezugsquote	=	$\dfrac{\text{Exklusivlieferanten}}{\Sigma \text{ Anzahl der Lieferanten}}$ x100
	Einkaufskooperation	=	$\dfrac{\text{Anzahl realisierter Kooperationen}}{\text{Anzahl möglicher Kooperationen}}$
		=	$\dfrac{\text{Kooperationseinkaufsvolumen}}{\Sigma \text{ Einkaufsvolumen}}$ x100
	Lieferbereitschaftsgrad	=	$\dfrac{\text{Anzahl sofort bedienter Wünsche}}{\Sigma \text{ Anzahl Belieferungswünsche}}$
	Festpreisquote	=	$\dfrac{\text{Anzahl an Festpreiskontrakten je Periode}}{\text{alle BO-Preise je Periode}}$
	€-Preisquote	=	$\dfrac{\text{Anzahl Lieferkontrakte auf €-Basis}}{\Sigma \text{ Lieferkontrakte}}$

BO: Beschaffungsobjekte

Übersicht 101: Beschaffungsabhängige Beziehungszahlen

Damit schließt sich der Kreis des Marketingplanes. Entdeckte Abweichungen außerhalb der fixierten Toleranzgrenzen werden grundsätzlich untersucht. Die Untersuchungsergebnisse können zu einer Modifikation der

- Aktionsplanung,

- Zielplanung,

- Problemanalyse

führen.

Übersichtenverzeichnis

Literaturverzeichnis

Abshof, I.-A.: Modetrends Deutscher Mode, Bd. 20 der Schriftenreihe "Beiträge zum Produktmarketing", hrsg. von U. Koppelmann, Köln 1992

Ansoff, I.: A Model for Diversification, in: Management Science, Vol. 4, Juli, 1958, S. 362 ff.

Barnard, C.: The Functions of the Executive, 16. Aufl., Cambridge 1964

Berekoven, L.: Erfolgreiches Einzelhandelsmarketing, 2. Aufl. München 1995

Berekoven, L.: Grundlagen des Marketing, 5. Auflage, Herne – Berlin 1993

Bieberstein, I.: Dienstleistungsmarketing, hrsg. v. Weis, C., 2. Aufl., Ludwigshafen 1998

Biergans, B.: Zur Entwicklung eines marketingadäquaten Ansatzes und Instrumentariums für die Beschaffung, Bd. 1 der Schriftenreihe »Beiträge zum Beschaffungsmarketing«, hrsg. v. U. Koppelmann, Köln 1984

Bolte, K. M./Kappe, D./Neidhardt, F.: Soziale Schichtung, Opladen 1968

Böhler, H.: Marktforschung, 3. Auflage, Stuttgart 2004

Breuer, N.: Einstellungstypen als Instrumentarium für Produktmarketingentscheidungen, Bd. 6 der Schriftenreihe »Beiträge zum Produktmarketing«, hrsg. v. U. Koppelmann, 2. Auflage, Köln 1986

Brodersen, K.: Beschaffungsmarktwahl, Bd. 17 der Schriftenreihe »Beiträge zum Beschaffungsmarketing«, hrsg. von Udo Koppelmann, Köln 2000

Bruhn, M.: Marketing, 7. Aufl., Wiesbaden 2004

Conrad, P./Staehle, W.: Management – eine verhaltenswissenschaftliche Perpektive 8. Aufl., München 1999

Corsten, H.: Dienstleistungsmanagement, 4. Aufl., München/Wien 2001

Cyert, R. M./March, J. G.: A Behavioral Theory of the Firm, 2. Aufl., Maeden 2001

Fahn, E.: Die Beschaffungsentscheidung, Dissertation, München 1972

Freter, H.: Marktsegmentierung, Stuttgart 1983

Freter, H.: Stichwort Marktsegmentierung, in: Handwörterbuch des Marketing, hrsg. v. Tietz/Köhler/Zentes, 2. Aufl., Stuttgart 1995

Frey, B.: Zur Bewertung von Anmutungsqualitäten, Bd. 22 der Schriftenreihe »Beiträge zum Produktmarketing«, hrsg. v. U. Koppelmann, Köln 1992

Frey, B.: Stichwort Marktsegmentierung, in: Handwörterbuch des Marketing, hrsg. v. Tietz/Köhler/Zentes, 2. Auflage, Stuttgart 1995

Fritz, W./v.d. Oelsnitz, D.: Marketing, 3. Auflage, Stuttgart u.a. 2001

Grochla, E./Schönbohm, P.: Beschaffung in der Unternehmung, Stuttgart 1980

Gutenberg, E.: Grundlagen der Betriebswirtschaftslehre, Bd. 1, 24. Aufl., Berlin u.a. 1983

Gutenberg, E.: „Der Absatz", Bd. 2, Grundlagen der Betriebswirtschaftslehre, 17. Aufl., Berlin u.a. 1984

Haedrich, G./Tomczak, T.: Produktpolitik, Stuttgart 1996

Hahn, D.: Planung und Kontrolle in: Handwörterbuch der Betriebswirtschaftslehre, 5. Aufl., 2. Bd., Stuttgart 1993

Hansen, U.: Absatz- und Beschaffungsmarketin des Einzelhandelsg, 2. Aufl., Göttingen 1990

Henderson, B. D.: Die Erfahrungskurve in der Unternehmensstrategie, 2. Aufl., Frankfurt u.a. 1984

Homans, G. L.: Elementarformen sozialen Verhaltens, 2. Aufl., Opladen 1972

Homburg, C., Werner, H.: Beschaffungsverhalten – Situative Determinanten relationalen Beschaffungsverhaltens, in ZfbF, Heft 11, November 1998, S. 979

Howard, J. A./Sheth, J. N.: The Theory of Buyer Behavior, New York 1969, in der Übersetzung von R. Schulz: Kaufentscheidungsprozesse des Konsumenten, Wiesbaden 1972, S. 78 ff.

Koppelmann, U.: Produktwerbung, Stuttgart u.a. 1981

Koppelmann, U.: Beschaffungsmarketing, 4. Aufl., Berlin u.a. 2004

Koppelmann, U.: Produktmarketing, 6. Aufl., Heidelberg u.a. 2001

Koppelmann, U.: Outsourcing, Stuttgart 1996

Kosiol, E.: Die Unternehmung als wirtschaftliches Aktionszentrum, Reinbek b. Hamburg 1972

Kotler, P./Armstrong, G.: Marketing – Eine Einführung, Nachdruck, Wien 1997

Kotler, P./Bliemel, F.: Marketing-Management, 10. Aufl., Stuttgart 2001

Kroeber-Riel, W./Weinberg, P.: Konsumentenverhalten, 8. Aufl., München 2003

Kuß, A.: Marketing-Einführung, 2. Aufl. Wiesbaden 2003

Labonté, E.: Produkt-Publizität als Instrumentalvariable der Kommunikationspolitik, Bd. 14 der Schriftenreihe »Beiträge zum Produktmarketing«, hrsg. v. U. Koppelmann, Köln 1988

March, J. G./Simon, H. A.: Organizations, New York 1958

Meffert, H.: Marketing, 9. Aufl., Nachdruck 1991, Wiesbaden 2000

Meffert, H./Bruhn, M.: Dienstleistungsmarketing, 4. Aufl., Wiesbaden 2003

Müller-Hagedorn, L.: Der Handel, Stuttgart u.a. 1998

Müller-Hagedorn, L.: Handelsmarketing, 4. Aufl., Stuttgart 2005

Nieschlag, R./Dichtl, E./Hörschgen, H.: Marketing, 7. Aufl., Berlin 1974

Nieschlag, R./Dichtl, E./Hörschgen, H.: Marketing, 19. Aufl., Berlin 2002

Nowak, D.: Neue Lebenswelten zwischen Brauchtum und Internet, in: Absatzwirtschaft, Oktober 1998, S.18 ff.

Pfeffer, J./Salancik, G. G.: The External Control of Organizations, New York 1978

Porter, M. E.: Wettbewerbsvorteile, 6. Aufl., Frankfurt 2000

Rogers, E. M.: Diffusion of Innovations, New York/London 1962, in der deutschen Übersetzung von R. Schulz: Kaufentscheidungsprozesse des Konsumenten, Wiesbaden 1972 (4. Aufl., New York 1995 – engl. Version)

Schäfer, E.: Absatzwirtschaft, 3. Aufl., Stuttgart 1981

Scheuch, F.: Dienstleistungsmarketing, 2. Aufl., München 2002

Schuckel, M./Müller-Hagedorn, L.: Einführung in das Marketing, 3. Aufl., Stuttgart 2003

Schumpeter, J.-A.: Theorie der wirtschaftlichen Entwicklung, Leipzig 1912

Simon, H. A.: A Behavioral Model of Rational Choice, in: Quarterly Journal of Economics, 69 (Februar), 1955, S. 99-118

Spiegel, B.: Werbepsychologische Untersuchungsmethoden, 2. Aufl., Berlin 1970, S. 43

Steffenhagen, H.: Marketing , 5. Auflage, Stuttgart 2004

Sydow, J.: Strategische Netzwerke, Wiesbaden 1995

Tietz, B.: Handwörterbuch der Absatzwirtschaft, 1. Aufl. , Stuttgart 1974

Tietz, B., Köhler, R., Zentes, J.: Marketing, 2. Aufl., Stuttgart 1995

Umminger, P.: Einsatzmöglichkeiten qualitativer Prognoseverfahren im Produktmarketing", Bd. 16 der Schriftenreihe „Beiträge zum Produktmarketing", hrsg. von U. Koppelmann, Köln 1990

Weuthen, I. G.: Werbestile – Zur Analyse und zum produktspezifischen Einsatz ganzheitlicher Gestaltungskonzepte, Bd.13 der Schriftenreihe »Beiträge zum Produktmarketing«, hrsg. v. U. Koppelmann, Köln 1988

Wöllenstein, A.: Longlife - Zur Umsetzung einer zeitinvarianten Produktstrategie, Bd. 36 der Schriftenreihe „Beiträge zum Produktmarketing", hrsg. von U. Koppelmann, Köln 2004

Zentes, J.: Neue Informations- und Kommunikationstechnologien in der Marktforschung, Berlin u.a. 1984

Index

A

B

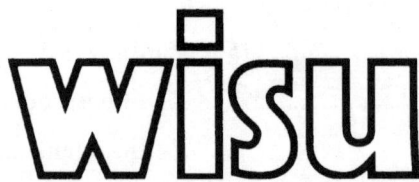